电力电子系统仿真——基于PLECS

汤代斌 编 著

電子工業出版社
Publishing House of Electronics Industry
北京•BEIJING

内容简介

本书采用由浅入深的编写思路，首先介绍电力电子系统仿真软件 PLECS 的安装与授权；其次介绍电路模型创建与编辑，模型元件与仿真参数设置，以及仿真波形显示与输出等操作；再次介绍依托仿真软件，从单相整流电路仿真分析逐步深入，直到 PWM 元件模型的创建与应用；最后介绍 SPWM 逆变电路和直流调速系统的建模、仿真和分析，通过大量的仿真实例和丰富多彩的仿真波形来分析电力电子技术和直流调速控制系统的原理。

本书可作为高职和应用型本科院校的自动化类专业的电力电子系统仿真教材，也可作为本科或专科电力电子技术、直流调速控制系统技术等课程设计的教学辅助用书，还可作为相关专业研究生和工程技术人员的参考书。

未经许可，不得以任何方式复制或抄袭本书之部分或全部内容。
版权所有，侵权必究。

图书在版编目（CIP）数据

电力电子系统仿真：基于 PLECS / 汤代斌编著. —北京：电子工业出版社，2021.6

ISBN 978-7-121-41481-7

Ⅰ. ①电… Ⅱ. ①汤… Ⅲ. ①电力电子电路－电路分析－应用软件－高等学校－教材 Ⅳ. ①TM13-39

中国版本图书馆 CIP 数据核字（2021）第 125729 号

责任编辑：郭乃明　　　　　特约编辑：田学清
印　　刷：涿州市般润文化传播有限公司
装　　订：涿州市般润文化传播有限公司
出版发行：电子工业出版社
　　　　　北京市海淀区万寿路 173 信箱　　　　邮编：100036
开　　本：787×1092　1/16　印张：15.5　字数：348.7 千字
版　　次：2021 年 6 月第 1 版
印　　次：2025 年 2 月第 5 次印刷
定　　价：45.00 元

凡所购买电子工业出版社图书有缺损问题，请向购买书店调换。若书店售缺，请与本社发行部联系，联系及邮购电话：（010）88254888，88258888。

质量投诉请发邮件至 zlts@phei.com.cn，盗版侵权举报请发邮件至 dbqq@phei.com.cn。

本书咨询联系方式：guonm@phei.com.cn，QQ34825072。

前　言

电力电子技术是20世纪70年代发展起来的新兴技术，是高新技术产业发展的主要基础技术之一，也是传统产业改造的重要手段。随着各种新型电力电子器件的不断涌现，电力电子技术在国民经济发展中起着越来越重要的作用。

电力电子技术综合了电子电路、自动控制理论和计算机技术等多门学科的知识，是一门实践性和应用性很强的课程。由于电力电子开关器件具有非线性的特点，通常采用波形分析和分段线性化处理的方法来研究电力电子电路。计算机仿真技术为电力电子电路和系统的分析提供了崭新的方法，可以使复杂的电力电子电路和系统的分析和设计变得更加容易和有效，是学习电力电子技术的重要手段。

有关电力电子仿真方面的软件有很多，作者曾使用过MATLAB/Simulink、PLECS、IsSpice、PSIM、Saber和CASPOC等电力电子相关的仿真软件，每款软件各具特色。

PLECS是瑞士Plexim GmbH公司的一款用于电路和控制综合系统的多功能仿真软件，有嵌入版和单机版两个版本。嵌入版以MATLAB/Simulink为运行环境，是Simulink的工具箱之一。独立运行的单机版于2010年开发，拥有功能丰富的控制元件、大量电路元件模型和优化的求解器，采用理想化开关模型和基于状态空间的分段线性化求解等方法来实现高速仿真，具有安装快捷、占用存储空间小（仅500MB左右）、操作简单、界面友好、仿真波形显示色彩逼真、分辨率高等特点。

教师可以在电力电子技术和直流调速控制系统课程教学中逐步引入PLECS软件仿真，通过仿真加深学生对这两门课程的理解，激发学生学习兴趣。实验是这两门课程的重要组成部分，但实验会受到设备和学时限制，而仿真不受空间、时间和设备条件的限制，学生可以在课外进行仿真。电力电子技术和直流调速控制系统课程设计的结果也能通过仿真来验证。仿真在促进教学改革、加强学生能力培养方面起到了积极的推动作用。

本书采用由浅入深的编写思路，首先介绍电力电子系统仿真软件PLECS的安装与授权；其次介绍电路模型创建与编辑、模型元件与仿真参数设置，以及仿真波形显示与输出等操作；再次介绍依托仿真软件，从单相整流电路仿真分析逐步深入，直到PWM元件模型的创建与应用；最后介绍SPWM逆变电路和直流调速系统的建模、仿真和分析，通过大量的仿真实例和丰富多彩的仿真波形来分析电力电子技术和直流调速控制系统的原理。

本书的编写得到了英富美（深圳）科技有限公司彭湘华女士的大力支持和关注，以及瑞士 Plexim GmbH 公司给予的 50 套 PLECS 教学软件的学术研究赞助和出版资助。

另外，英富美（深圳）科技有限公司总经理吴健铭先生对本书的编写给予了大力支持并提出了宝贵建议，瑞士 Plexim GmbH 公司软件应用工程师罗岷先生和赵思思女士对本书软件技术方面的内容进行了细致严谨的审核。本书由安徽工业大学刘晓东教授审阅，他提出了许多指导性意见。

在此对以上给予支持和帮助的人士一并表示衷心的感谢。

本书在编写体系和内容表述上进行了一些新的尝试，提出了一些新见解。限于作者的学术水平和实践经验，不足之处在所难免，敬请同行专家和广大读者指正。

本书在编写时参阅了许多国内外同行专家的教材和资料，得到了不少启发，在此表示诚挚的谢意！

汤代斌

2021 年 5 月于安徽机电职业技术学院

目　　录

1 使用前的准备

内容提要

1.1　PLECS 简介

PLECS（Piecewise Linear Electrical Circuit Simulation，分段线性电路仿真）是瑞士 Plexim GmbH 公司开发的一款用于电路和控制综合系统的多功能仿真软件。PLECS 具有丰富的元件库、极快的仿真速度、友好的操作界面、功能丰富的示波器和波形分析工具、独特的热分析功能等众多优势。

PLECS 软件有嵌入版和单机版两个版本。

1.1.1　PLECS 嵌入版

PLECS 嵌入版以 MATLAB/Simulink 为运行环境，作为 Simulink 的工具箱之一，与 Simulink 下的其他模块并列存在，实现无缝兼容。熟悉 Simulink 的用户，会很轻松地掌握 PLECS 软件的使用。PLECS 是特别为电力电子系统仿真开发的，当仿真既含有电路部分又含有复杂控制方案的系统时，它同样是一个非常实用、有效的工具。

1.1.2　PLECS 单机版

PLECS 单机版于 2010 年开发，可以在没有 MATLAB/Simulink 的情况下运行。PLECS 单机版具有控制元件库和电路元件库，采用优化的求解器，系统控制部分可以在 PLECS 单机版中被直接快速仿真，从而降低了投资和维护成本。与嵌入版的 PLECS 工具箱相比，PLECS 单机版电路模型编辑器仍保持以往易于使用的人性化界面的简约风格。

本书主要介绍 PLECS 单机版的内容。

1.2　PLECS 的安装

PLECS 单机版可运行于 Microsoft Windows 32-bit、Microsoft Windows 64-bit，Mac/Intel 64-bit 和 Linux / Intel 64-bit 系统环境下。

1.2.1　安装源文件下载

在瑞士 Plexim GmbH 公司的网站 https://www.plexim.com/download 上提供了以下 4 种版本的安装文件，如图 1.1 所示，以 Microsoft Windows 64-bit 操作系统为例，需要下载红色框中的文件。

Platform	File name
Microsoft Windows 32-bit	plecs-standalone-4-4-5_win32.exe (264966736 bytes)
Microsoft Windows 64-bit	plecs-standalone-4-4-5_win64.exe (281039440 bytes)
Mac / Intel 64-bit	plecs-standalone-4-4-5_maci64.dmg (228496117 bytes)
Linux / Intel 64-bit	plecs-standalone-4-4-5_linux64.tar.gz (240464073 bytes)

图 1.1　PLECS 单机版安装源文件下载

1.2.2　安装

在 Windows 系统下安装 PLECS 不需要具有系统管理员权限，步骤如下。

（1）安装源文件下载后，双击安装程序可执行文件 plecs-standalone-4-4-5_win64.exe，进入安装界面。

（2）单击“Next”按钮，进入下一个界面，如图 1.2 所示。

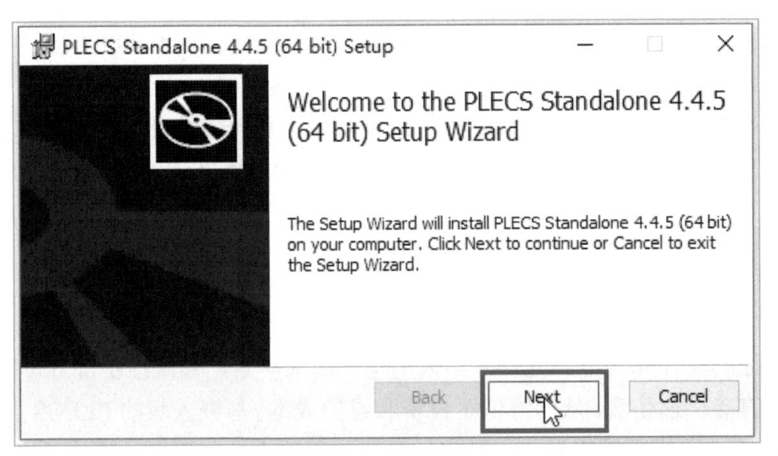

图 1.2　安装开始

（3）勾选“I accept the terms in the License Agreement”复选框后，单击“Next”按钮，进入下一个界面，如图 1.3 所示。

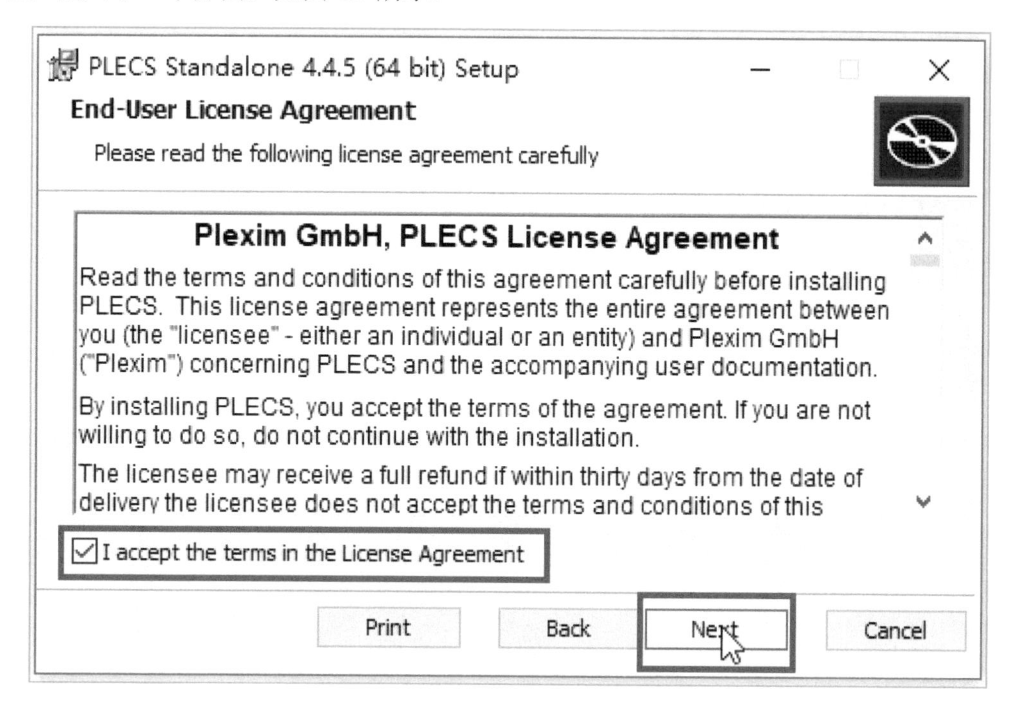

图 1.3 同意许可协议中的条款

（4）默认软件安装位置，如果必须修改，则单击“Change…”按钮选择安装位置，然后单击“Next”按钮，进入安装过程，直到下一个界面，如图 1.4 所示。

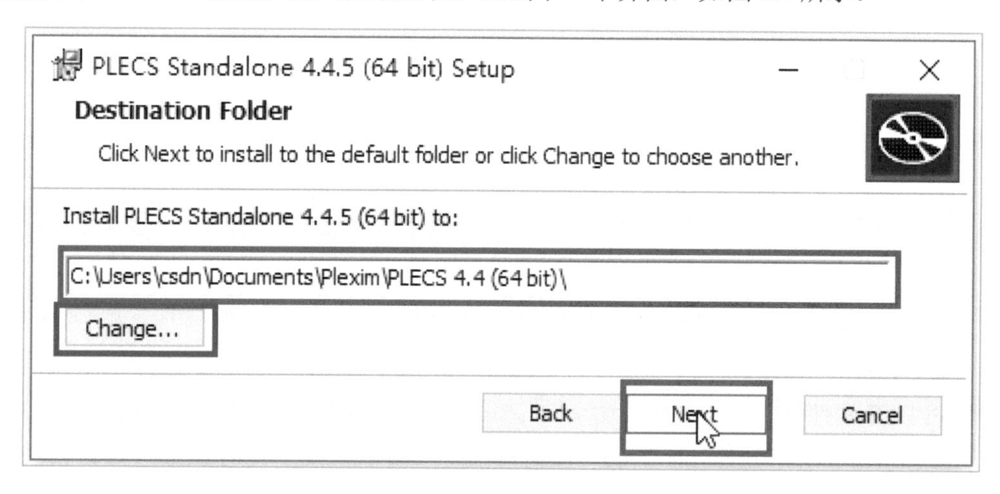

图 1.4 选择软件安装位置

（5）单击“Finish”按钮，结束安装，如图 1.5 所示。

图 1.5 安装结束

1.3 PLECS 的授权

首次运行 PLECS 时，会弹出软件授权窗口，如图 1.6 所示。

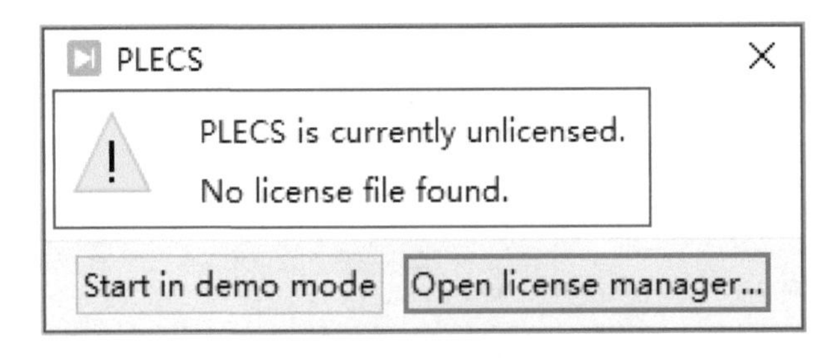

图 1.6 PLECS 首次运行界面

如果没有任何授权文件，PLECS 会因找不到授权文件，显示红色框中的信息，则表明 PLECS 软件是未经授权的。

（1）单击“Start in demo mode”按钮，在受限演示模式下使用 PLECS，该模式允许用户构建模型并运行仿真，持续时间为 60 分钟。在此模式下，将禁用保存模型或数据功能。

（2）单击“Open license manager…”按钮打开授权管理器，该管理器允许用户安装授权文件或请求有时间限制的试用授权或学生授权。

如果 PLECS 确实找到了授权文件，但它不包含有效的授权（如因为它已经过期），那么它将立即打开授权管理器，而没有“Start in demo mode…”按钮（启动演示模式选项），如图 1.7 所示。

图 1.7 获取 HostID

这种情况下，可以在 Plexim GmbH 网站上申请试用授权或学生授权。下面以 PLECS 单机版试用授权为例进行介绍。

（1）提供运行 PLECS 软件计算机的 HostID，单击“Get HostID...”按钮，出现图 1.8 所示的对话框。

（2）单击“Copy to clipboard”（复制到剪切板）按钮以备用；再单击图 1.7 中的“Request license...”按钮，出现图 1.9 所示的申请授权对话框。

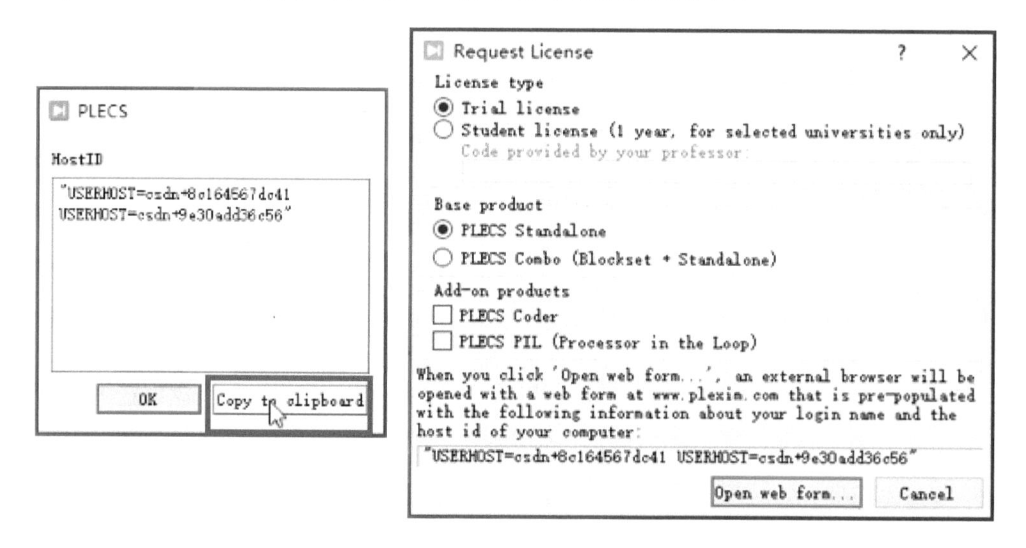

图 1.8 保存 HostID　　　　图 1.9 打开申请授权对话框

（3）选择申请授权的类型和版本，单击“Open web form...”按钮，打开 Plexim GmbH 网站的授权申请页面，如图 1.10 所示。

（4）依次填写好带*号的相关信息，单击“Submit”按钮，几天后就会收到 Plexim GmbH 公司的试用授权或学生授权文件，如图 1.11 所示，其后缀名为.lic，将其复制到电脑。

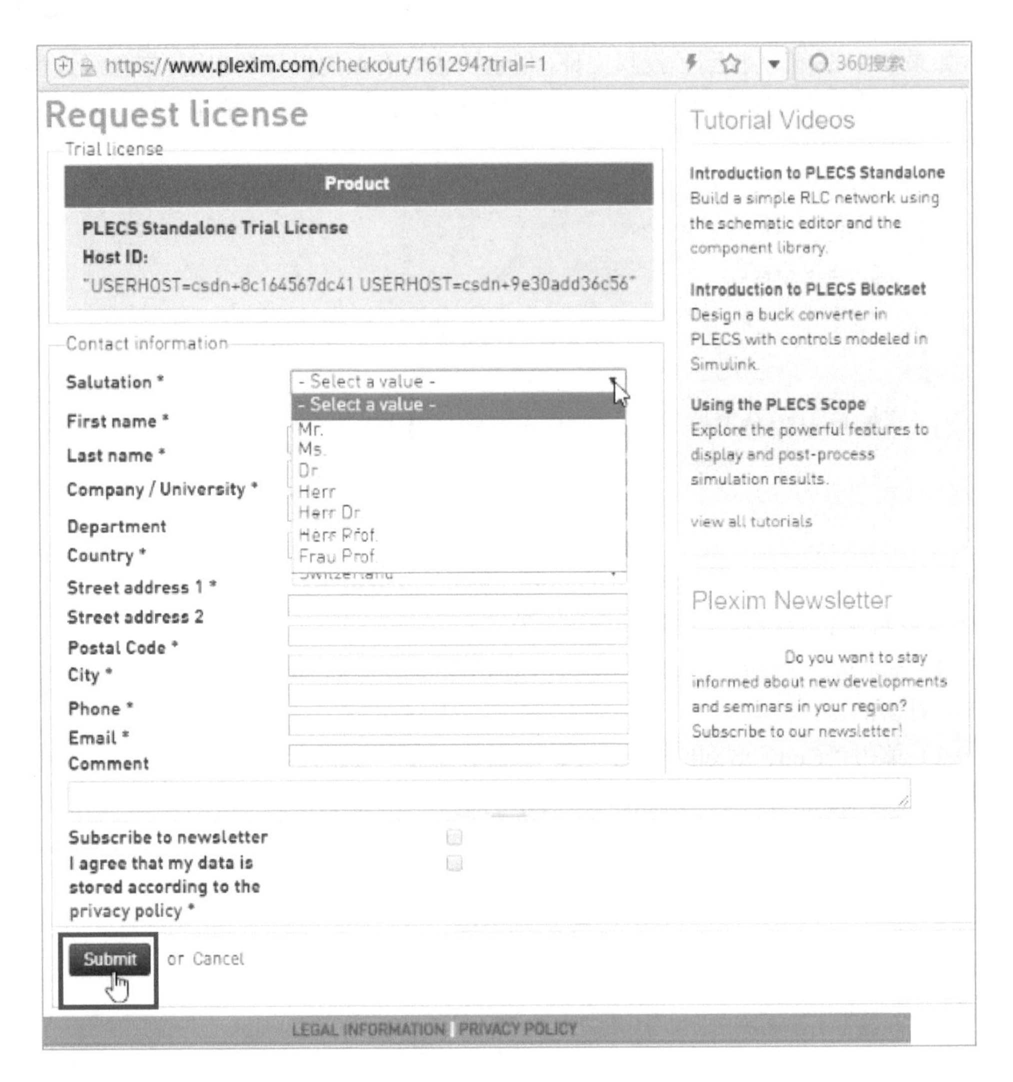

图 1.10　授权申请页面

图 1.11　授权文件

（5）再次启动 PLECS，进入图 1.7 所示“PLECS License Manager”对话框，单击“Manage license files...”按钮，出现授权文件安装对话框，如图 1.12 所示，单击“Install...”按钮，出现选择授权文件对话框，如图 1.13 所示，

（6）选中之前保存的授权文件，单击“打开”按钮，出现授权文件安装提示信息对话框，如图 1.14 所示，单击“OK”按钮，完成 PLECS 授权。

如果用户所在的学校或单位购买了 PLECS 的网络授权，那么授权的过程从上述步骤（5）开始，在步骤（6）中选择网络管理员给用户的 network.lic 授权文件，单击“打开”按钮，出现授权文件安装提示信息对话框，如图 1.14 所示，单击“OK”按钮，完成 PLECS 授权。

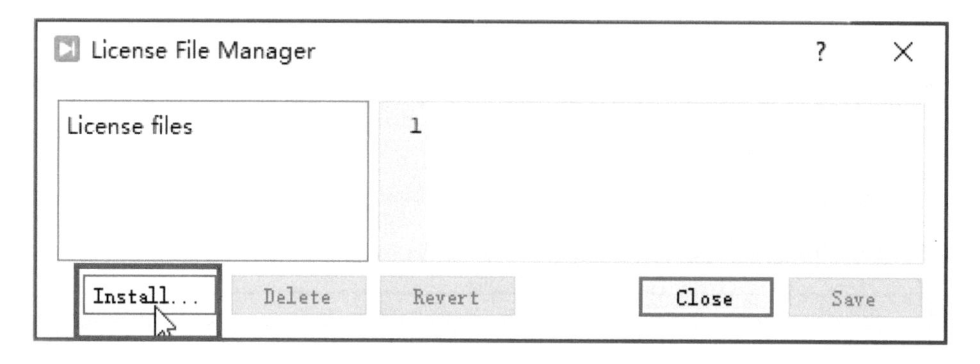

图 1.12 授权文件安装对话框

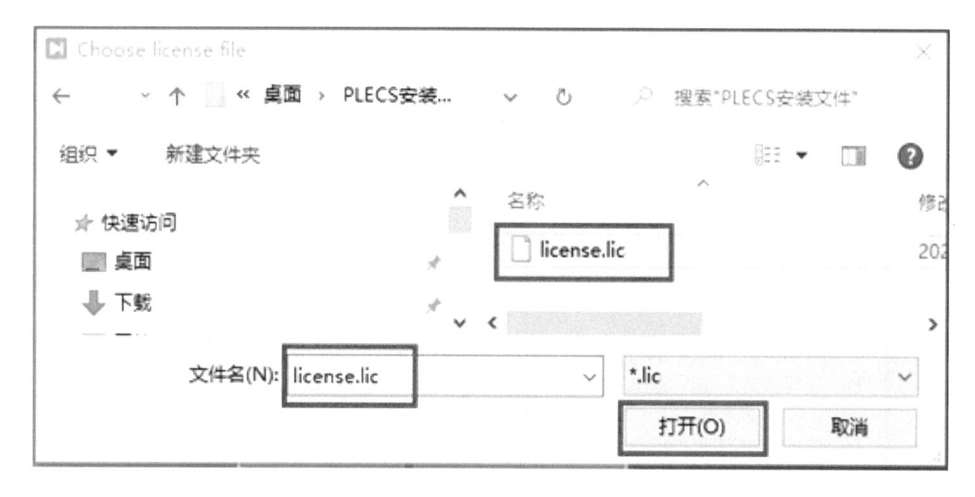

图 1.13 选择授权文件对话框

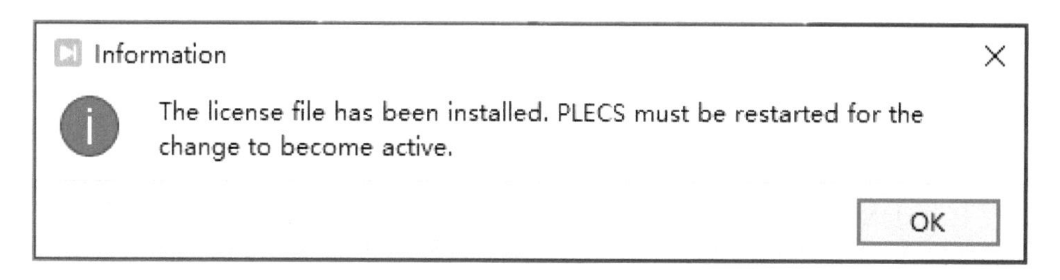

图 1.14 授权文件安装提示信息对话框

1.4 PLECS 的启动与退出

1.4.1 PLECS 单机版的启动方法

（1）从 Windows 的开始菜单中单击程序图标 PLECS 4.4.5 (64 bit)，启动 PLECS。

（2）直接双击桌面 PLECS 的快捷图标，启动 PLECS。

启动后首先出现 PLECS 欢迎界面，然后是元件库浏览器。

1.4.2　PLECS 欢迎界面

如图 1.15 所示，PLECS 欢迎界面分 4 个区域。

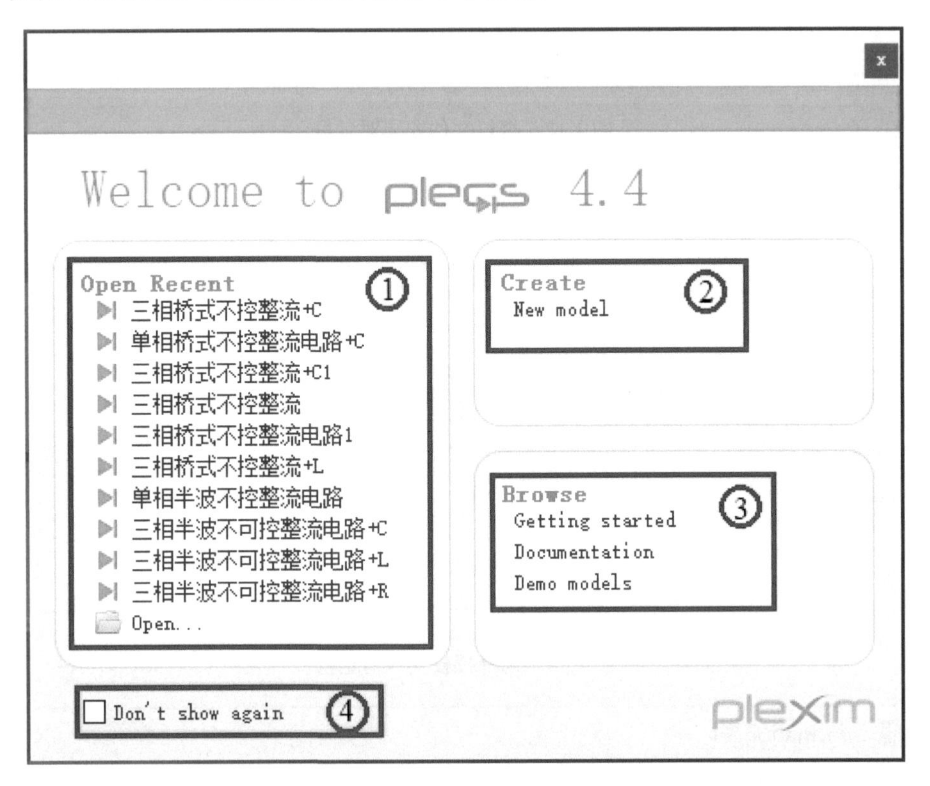

图 1.15　PLECS 欢迎界面

（1）区域①显示了最近使用到的电路仿真模型，如果所要的模型未包含在其中，可以单击该区域左下角的文件夹 Open... 图标，打开最近保存电路模型的文件夹，查找所需要的电路模型。

（2）区域②为新建电路模型，单击后将进入电路模型编辑器窗口。

（3）区域③为 PLECS 帮助浏览器，单击任意一项，均可以打开“PLECS Help Viewer”窗口：

① 单击“Getting started”按钮显示入门文档内容；

② 单击“Documentation”按钮以目录形式显示 PLECS 帮助文档；

③ 单击“Demo models”按钮打开 PLECS 演示模型库，如图 1.16 所示。

PLECS 演示模型库提供了 Basic Topologies（基本电路拓扑）、Power Supplies（开关电源）和 Motor Drives（电机驱动）等电路演示模型。

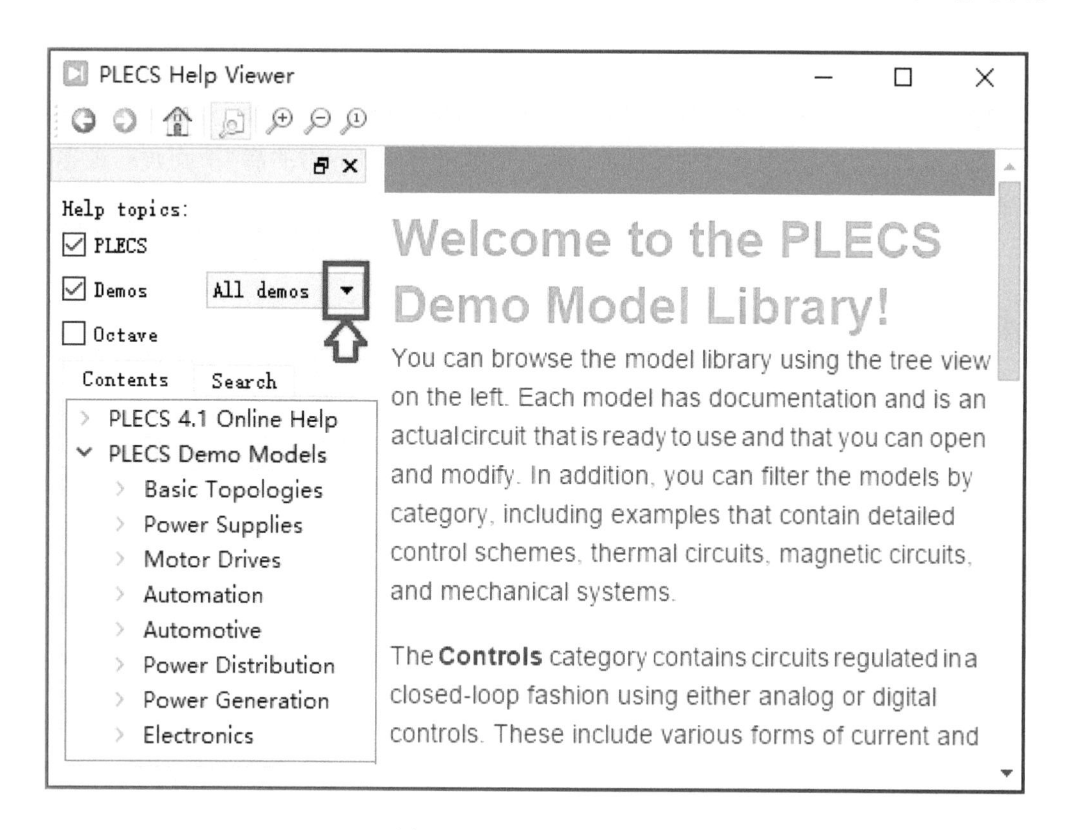

图 1.16 PLECS 演示模型库

PLECS 演示模型的筛选如图 1.17 所示，单击图中红色箭头所指的下拉按钮，可对演示模型的类别进行筛选。

（4）在区域④处勾选“Don’t show again”复选框，下次启动时将不再出现 PLECS 欢迎界面。

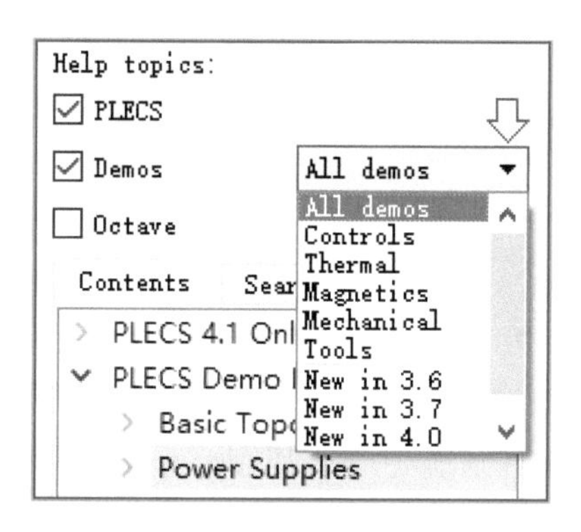

图 1.17 PLECS 演示模型的筛选

1.4.3 PLECS 元件库浏览器

如图 1.18 所示，PLECS 元件库浏览器分 4 个区域。

（1）区域①为主菜单，包括 File（文件）、Window（窗口）和 Help（帮助）。

（2）区域②为元件搜索框，在此处输入字母可搜索相关元件模型。

（3）区域③为按类型分列的元件库，单击库类型名前的向右的箭头，可展开该类元件库中的子类或元件。

（4）区域④为选中的元件的图标和简要描述。

1.4.4 PLECS 的退出

退出 PLECS，只要单击 PLECS 元件库浏览器右上角的关闭按钮或选择“File”菜单下的“Quit PLECS”选项即可，如图 1.19 所示。

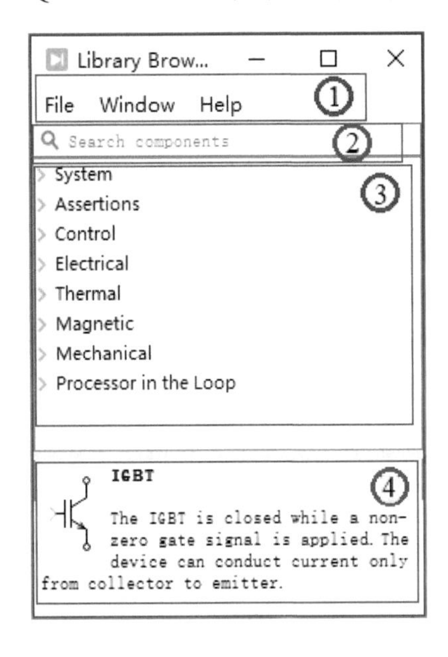

图 1.18 PLECS 元件库浏览器

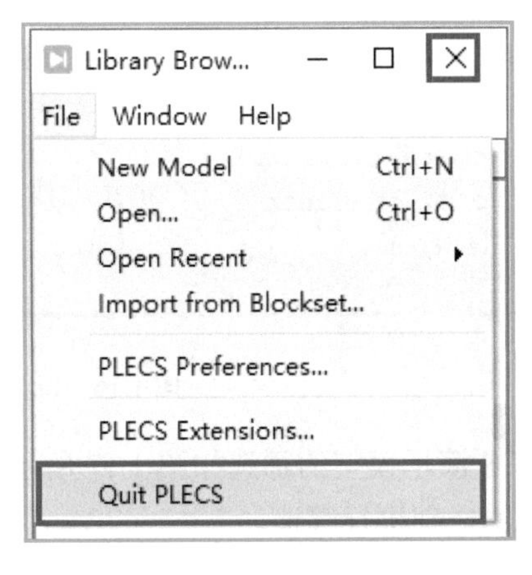

图 1.19 PLECS 退出方法

要点回顾

（1）PLECS 软件有嵌入版和单机版两个版本。

（2）单机版采用优化的求解器，电路模型编辑器界面简约，方便使用。

（3）单机版能运行于 4 种系统环境，Windows 操作系统下安装不需要系统管理员权限，安装快捷。

（4）可在 Plexim GmbH 网站申请试用授权或学生授权，申请需要提供运行软件计算机的 HostID。

（5）PLECS 授权有单机授权和网络授权等多种形式。

（6）PLECS 单机版启动和关闭方法，首次启动会出现 PLECS 欢迎界面。

2 PLECS 的基本操作

内容提要

2.1 RC 电路仿真
2.2 PLECS 的应用界面
2.3 降压斩波电路仿真
2.4 PLECS 的基本配置
2.5 单相半波不可控整流电路仿真

熟悉一个软件的最好方法就是使用它。从简单的电路仿真开始，新建一个电路模型，查找并拖放元件，调整元件的位置和方向，连接电路和信号，设置元件和仿真的参数，运行仿真并观察仿真结果等，一步一步地深入其中，当用户完成以上基本操作后，就具备使用 PLECS 仿真电路的基本技能了。

2.1 RC 电路仿真

下面从简单的 RC 电路开始，建立如图 2.1 所示的仿真电路模型，并用示波器来观察电容两端的电压波形。具体操作步骤如下。

2.1.1 新建电路模型

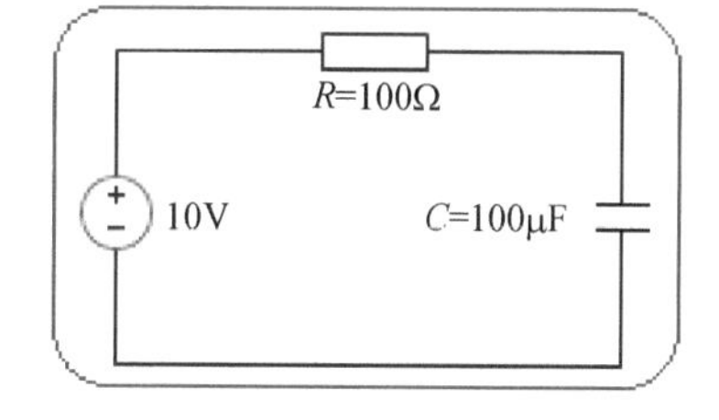

图 2.1 RC 电路原理图

新建电路模型有以下 4 种方法。

（1）启动 PLECS 后，单击图 1.15 所示的区域②中 Create 下的“New model”按钮。

（2）选择元件浏览器主菜单“File”，单击“New Model”按钮。

（3）使用快捷键 Ctrl+N。

（4）如果已经有打开的仿真电路模型，则可以在其窗口中选择主菜单“File”中“New...”选项，再单击“Model”按钮。

不管采用哪种方法，都将出现如图 2.2 所示的电路模型编辑器窗口。

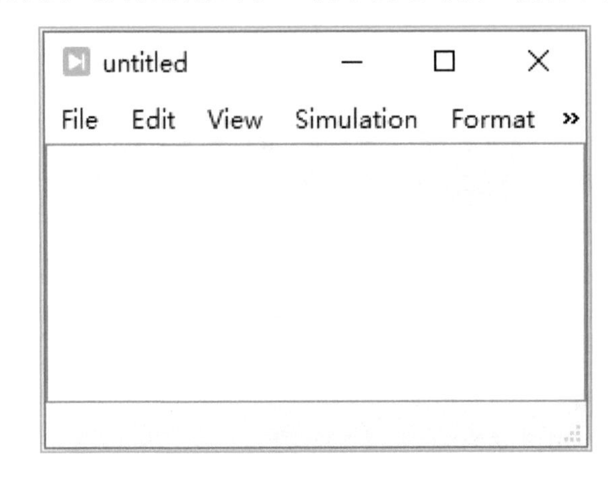

图 2.2 电路模型编辑器窗口

2.1.2 保存电路模型

新建的电路模型名称默认为“untitled”，为便于以后使用和查找该电路模型，应及时给模型命名并保存，操作步骤如下。

（1）选择模型编辑器主菜单“File”，单击“Save”按钮，或使用快捷键 Ctrl+S，出现如图 2.3 所示对话框。

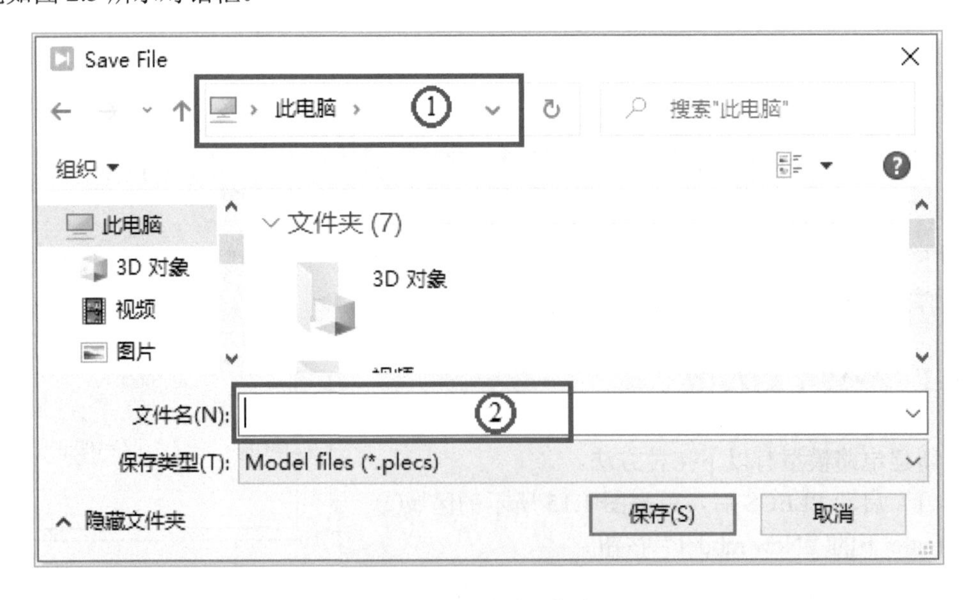

图 2.3 电路模型保存

（2）在图 2.3 中区域①通过下拉箭头选择模型保存的位置，在区域②输入文件名为“RC 电路”，然后单击“保存”按钮，之后模型编辑器窗口的标题变为“RC 电路”，如图 2.4 所示。

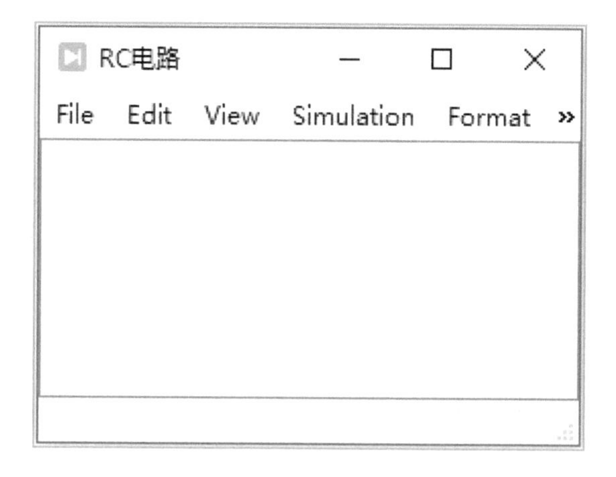

图 2.4 保存后电路模型编辑器窗口

2.1.3 拖放元件

RC 电路元件获取路径表如表 2.1 所示。

表 2.1 RC 电路元件获取路径表

序号	元件	库名称/中文名称	获 取 路 径	数值	单位
1	V_dc	Voltage Source DC/直流电压源	Electrical/Source	10	V
2	R1	Resistor/电阻	Electrical/Passive Components	100	Ω
3	C1	Capacitor/电容	Electrical/Passive Components	100	μF
4	Vm1	Voltmeter /电压表	Electrical/Meters	—	—
5	Scope	Scope/示波器	System	—	—

按照表 2.1，从元件库浏览器相应位置查找元件，选中并按住鼠标左键将其拖放到电路模型编辑器窗口中。完成所有元件拖放后的电路模型编辑器窗口如图 2.5 所示。

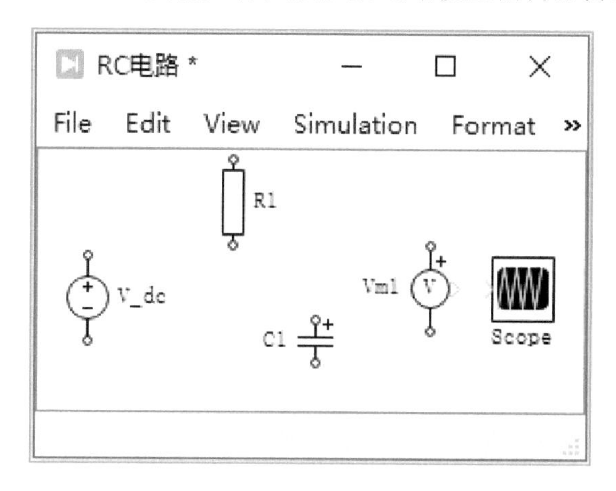

图 2.5 完成所有元件拖放后的电路模型编辑器窗口

2.1.4 调整元件位置和方向

对元件的位置进行调整，首先选中要调整的元件，然后按住鼠标左键进行拖放；对元件的方向进行调整，选中元件后再右击，出现如图 2.6 所示的快捷菜单。

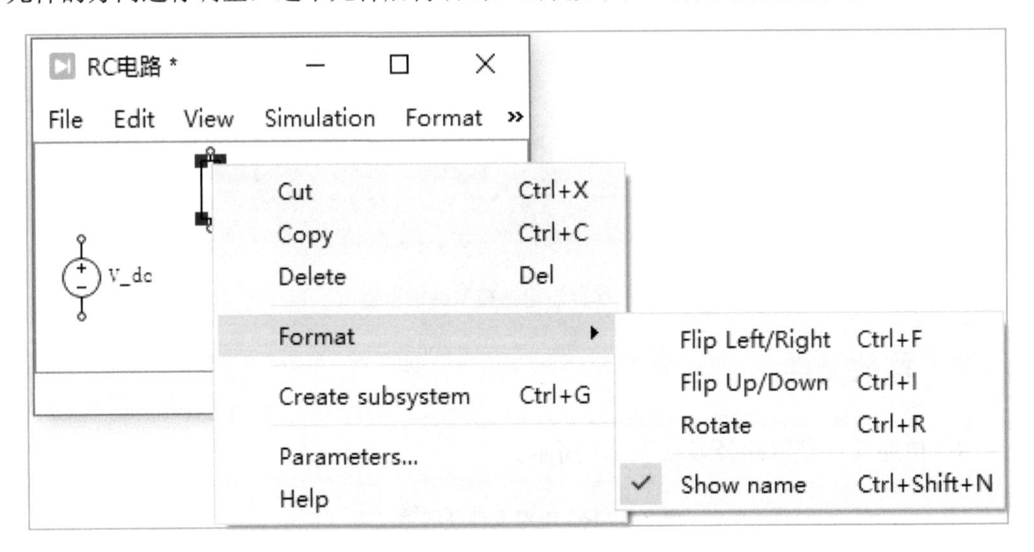

图 2.6　元件方向调整右击操作菜单

“Format”中的“Flip Left/Right”选项为水平翻转；“Flip Up/Down”选项为垂直翻转；“Rotate”选项为旋转。元件方向调整后的电路模型编辑器窗口如图 2.7 所示。

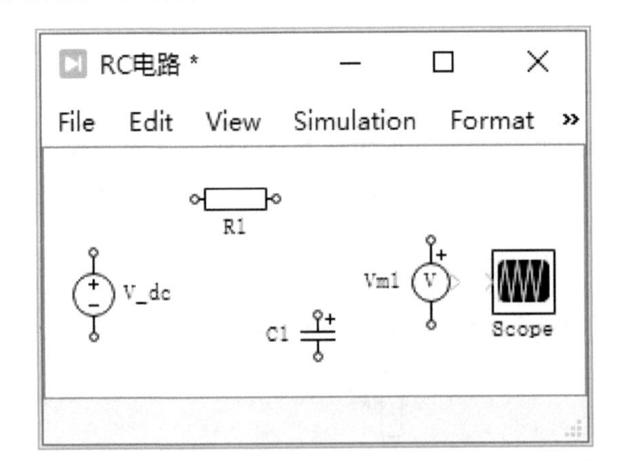

图 2.7　元件方向调整后的电路模型编辑器窗口

2.1.5 连接电路和信号

在图 2.7 中，元件的两端电气端子为黑色小空心圆圈，信号端子的标记是绿色的箭头。将鼠标指针靠近这样的端子，鼠标指针形状将从箭头变为十字，如图 2.8（a）所示，通过按住鼠标左键连接到另一个元件，当其接近另一个端子或一个现有的连接时，鼠标指针形状会变成一个双十字，如图 2.8（b）所示，松开鼠标左键，就会创建一个电气连接。

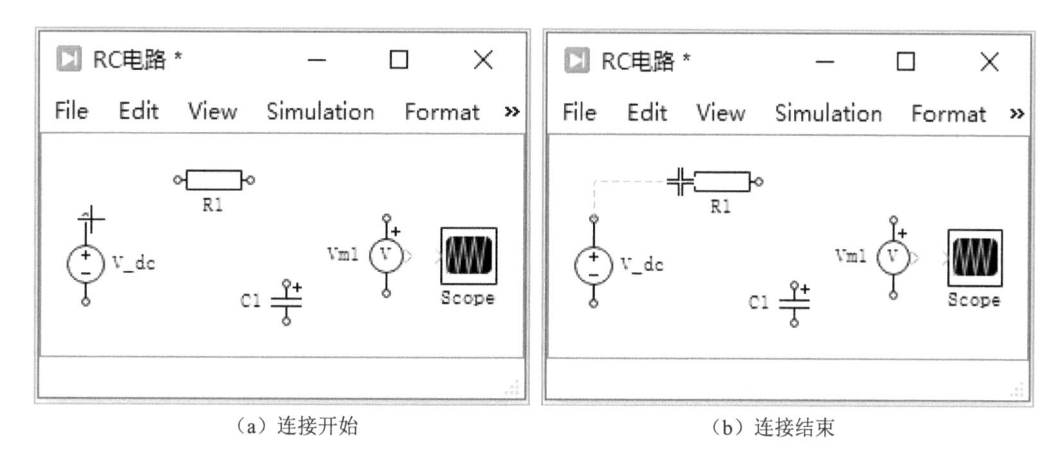

（a）连接开始　　（b）连接结束

图 2.8　元件或信号的连接

连接完成后的仿真电路模型如图 2.9 所示。

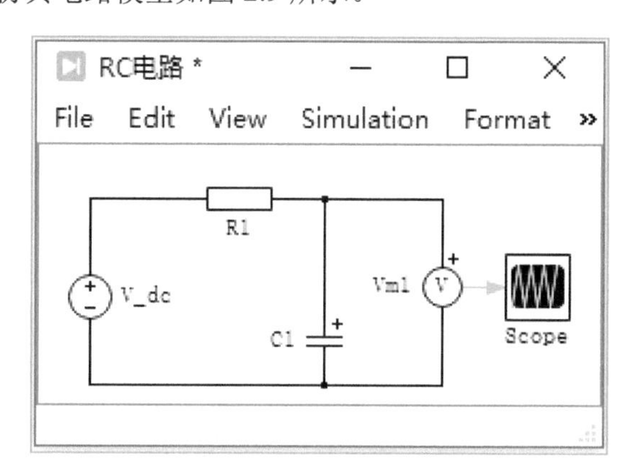

图 2.9　连接完成后的仿真电路模型

2.1.6　设置元件参数

元件参数的设置方法。

（1）双击所要设置参数的元件。

（2）在元件图标上右击，出现快捷菜单，如图 2.10 所示，选择“Parameters...”选项。

以上均会出现元件参数设置对话框。

本例中电源 V_dc 的参数设置，如图 2.11 所示。在“Voltage”下面的输入框中输入 10，表示电源电压为 10V，如果需要在模型中显示该参数，则选中参数输入框后的复选框。

采用同样的方法设置电阻 R1 的参数为 100Ω；设置电容 C1 的参数为 100e-6，表示

100×10^{-6}F，也就是 100μF。参数设置完成后模型编辑器窗口如图 2.12 所示。

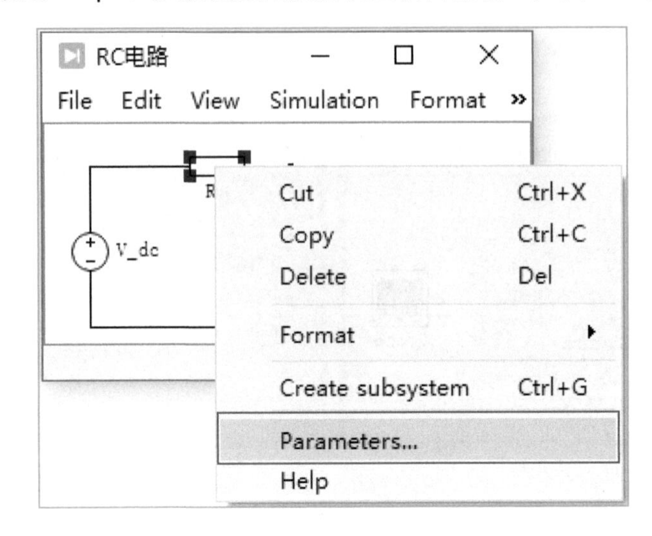

图 2.10　元件参数设置右击快捷菜单

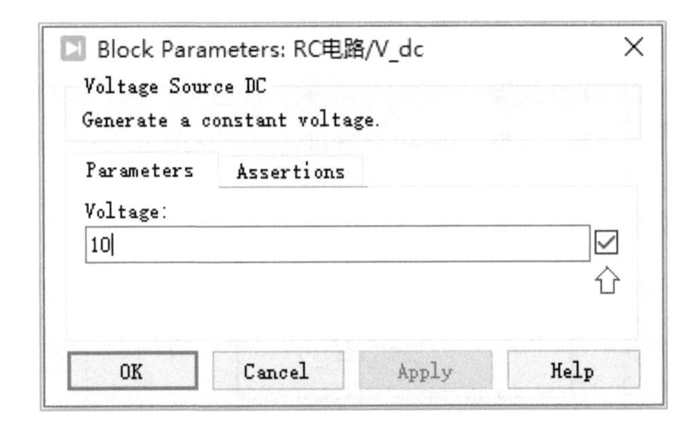

图 2.11　电源 V_dc 的参数设置

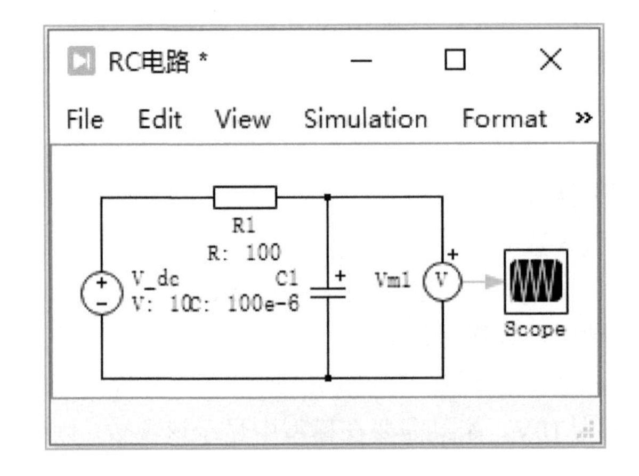

图 2.12　参数设置完成后模型编辑器窗口

2.1.7 设置仿真参数

仿真参数设置子菜单界面如图2.13所示，选择电路模型编辑器窗口主菜单“Simulation”中“Simulation parameters...”选项，或使用快捷键 Ctrl+E，出现仿真参数设置对话框，如图 2.14 所示。

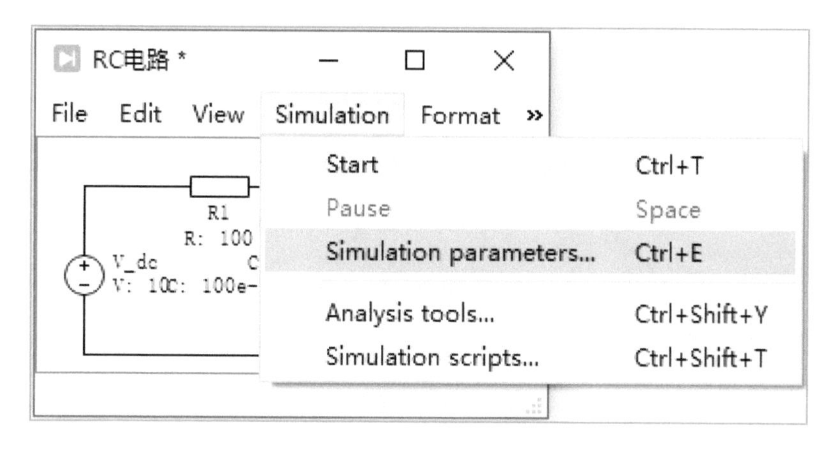

图 2.13 仿真参数设置子菜单界面

在仿真参数设置对话框“Solver”（求解器）选项卡中“Simulation time”（仿真时间）区域设置仿真的“Start time”（开始时间）和“Stop time”（停止时间），其他选项采用默认值，单击“OK”按钮，完成仿真参数的设置。

Simulation Parameters: RC电路

Solver Options Diagnostics Initialization

Simulation time

Start time: 0.0 Stop time: 0.1

Solver

Type: Variable-step Solver: DOPRI (non-stiff)

Solver options

Max step size: 1e-3 Relative tolerance: 1e-3

Initial step size: auto Absolute tolerance: auto

Refine factor: 1

Circuit model options

Diode turn-on threshold: 0

OK Cancel Apply Help

图 2.14 仿真参数设置对话框

2.1.8 运行仿真

设置好仿真参数后，选择图 2.13 所示电路模型编辑器窗口主菜单“Simulation”中“Start”选项，或使用快捷键 Ctrl+T，运行仿真，再双击 Scope（示波器）图标，便可观察到电容 C1 两端输出电压仿真波形，如图 2.15 所示。

至此，一个简单电路的仿真就完成了。要进一步应用 PLECS，就需要熟悉 PLECS 的应用界面。

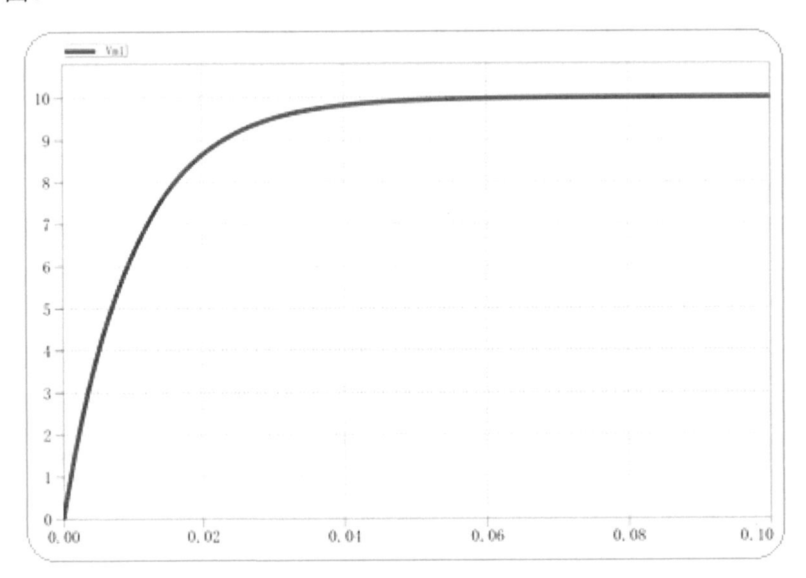

图 2.15　电容 C1 两端输出电压仿真波形

2.2　PLECS 的应用界面

2.1 节中使用最多的是元件库浏览器和电路模型编辑器两个界面，大部分操作都与这两个窗口有关，下面将逐一进行介绍。

2.2.1 元件库浏览器

元件库浏览器窗口包括主菜单、元件搜索框、元件库和元件预览 4 个区域，如图 2.16 所示。

1．菜单栏中有 File、Window 和 Help 3 个主菜单

（1）File 主菜单包含的子菜单如图 2.17 所示。

①　“New Model”选项为新建电路模型；

② “Open”选项为打开电路模型；

③ “Open Recent”选项为打开最近使用的电路模型；

④ “Import from Blockset…”选项为从 PLECS 嵌入版导入电路模型；

⑤ “PLECS Preferences…选项为 PLECS 的配置；

⑥ “PLECS Extensions…”选项为 PLECS 的扩展功能；

⑦ “Quit PLECS”选项为退出 PLECS。

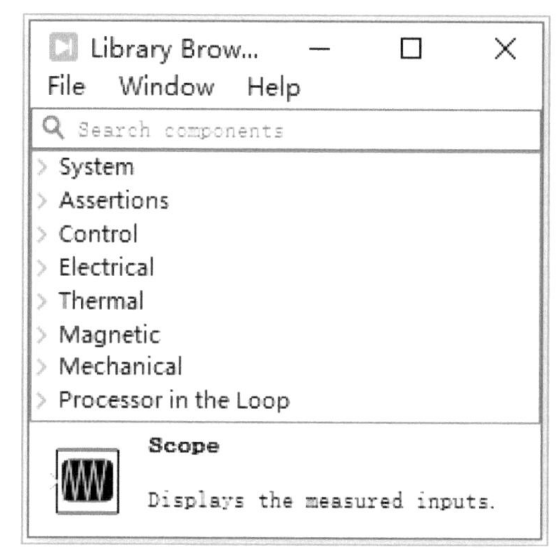

图 2.16　元件库浏览器窗口

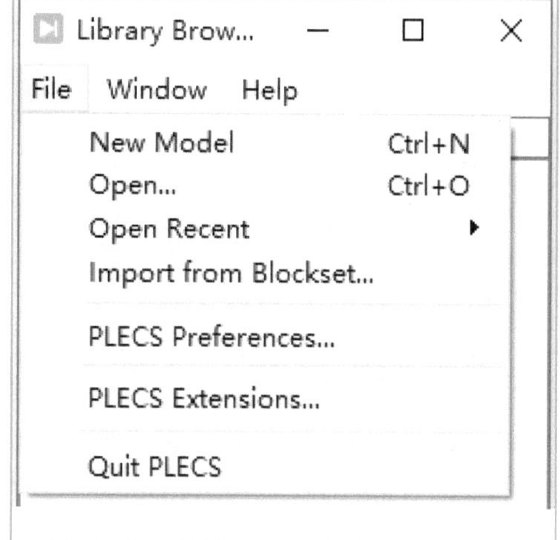

图 2.17　File 主菜单包含的子菜单

（2）Window 主菜单包含的子菜单如图 2.18 所示。

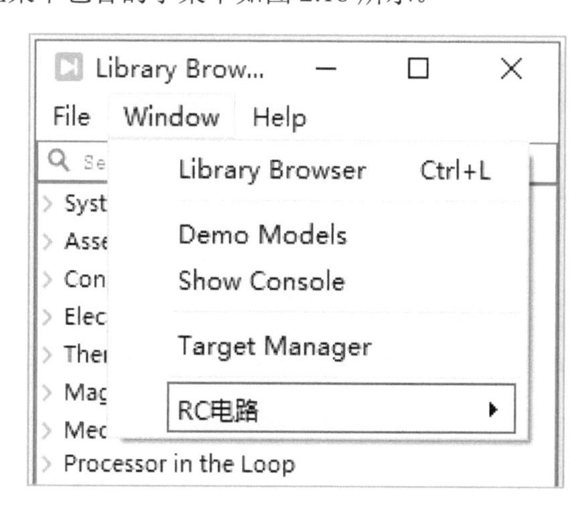

图 2.18　Window 主菜单包含的子菜单

① “Library Browser”选项为元件库浏览器；

② “Demo Models”选项为演示电路模型，单击会出现图 1.16 所示的 PLECS 演示模型库；

③ “Show Console”选项为显示 PLECS 控制命令窗口，单击会出现图 2.19 所示的基于 GNU Octave 软件的仿真控制命令窗口，仿真时可以在最下面的输入框内输入控制命令；

④ “Target Manager”选项为硬件在环/半实物仿真硬件目标管理；

⑤ 图 2.18 红色框内显示的是当前打开的电路模型，没有打开电路模型时不显示。

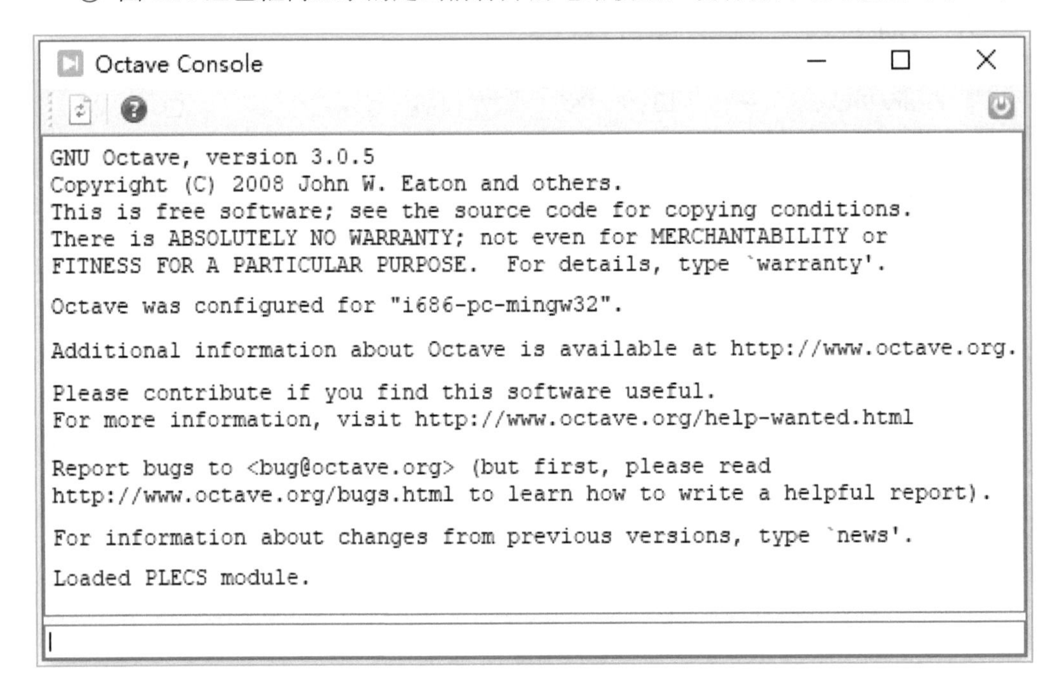

图 2.19　仿真控制命令窗口

（3）Help 主菜单包含的子菜单如图 2.20 所示。

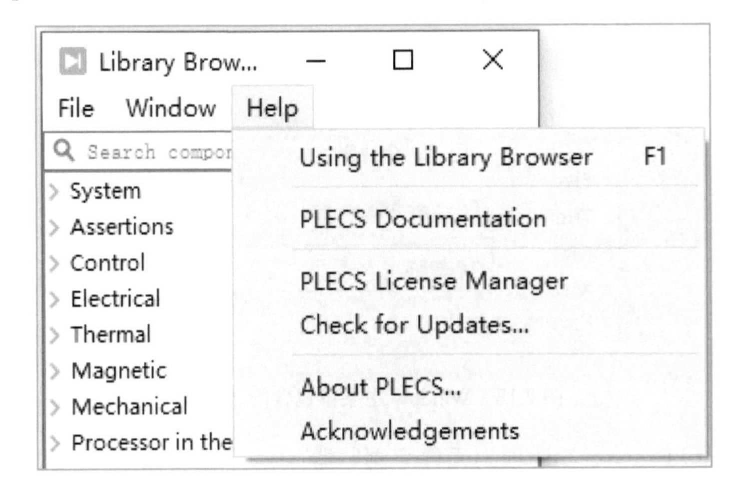

图 2.20　Help 主菜单包含的子菜单

① “Using the Library Browser”选项为使用元件库浏览器的帮助；

② “PLECS Documentation”选项为 PLECS 的帮助文档；

③ “PLECS License Manager”选项为 PLECS 授权管理器；

④ “Check for Updates…”选项为 PLECS 软件更新检查；

⑤ “About PLECS…”选项为 PLECS 版本信息；

⑥ “Acknowledgements”选项为致谢信息。

2. 元件库

PLECS 提供的元件模型非常丰富（见图 2.16），按类别分为以下几种。

（1）“System”选项为系统类，包含了 Scope（示波器）、Signal Multiplexer（信号混合器）、Subsystem（子系统）和 XY Plot（XY 图形）等 20 多种元件；

（2）“Assertions”选项为断言类；

（3）“Control”选项为控制类，包含 Sources（信号源）、Math（数学运算）、Logical（逻辑运算）、Continuous（连续模块）、Discrete（离散模块）和 Functions & Tables（函数和表格）等十多个子类；

（4）“Electrical”选项为电力类，包含 Sources（电源）、Meters（仪表）、Passive Components（无源元件）、Power Semiconductors（功率半导体）、Power Modules（功率模块）、Transformers（变压器）和 Machines（电动机）等子类；

（5）“Thermal”选项为热模型类；

（6）“Magnetic”选项为磁模型类；

（7）“Mechanical”选项为机械模型类；

（8）“Processor in the Loop”选项为处理器在环。

元件模型的简要信息请查阅附录 C：元件模型分类列表。

2.2.2　电路模型编辑器

电路模型编辑器是进行电路建模的主要窗口，如图 2.21 所示，包括菜单栏和电路模型编辑区。

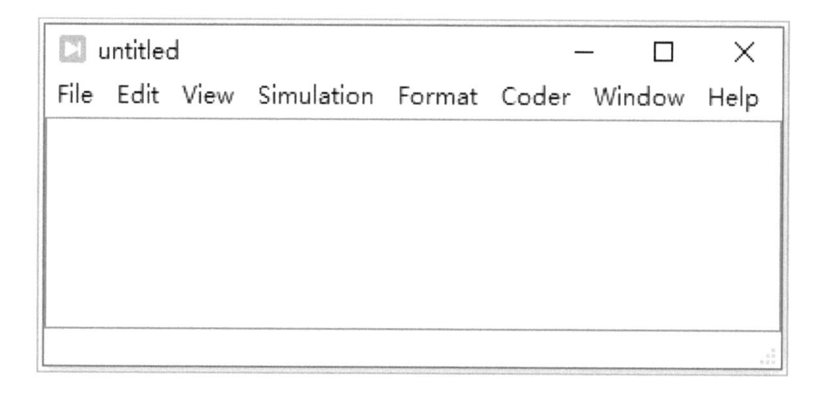

图 2.21　电路模型编辑器窗口

菜单栏包括 File（文件）、Edit（编辑）、View（视图）、Simulation（仿真）、Format（格式）、Coder（代码器）、Window（窗口）和 Help（帮助）等主菜单。

1．File 菜单

电路模型编辑器 File 菜单包含的子菜单如图 2.22 所示。

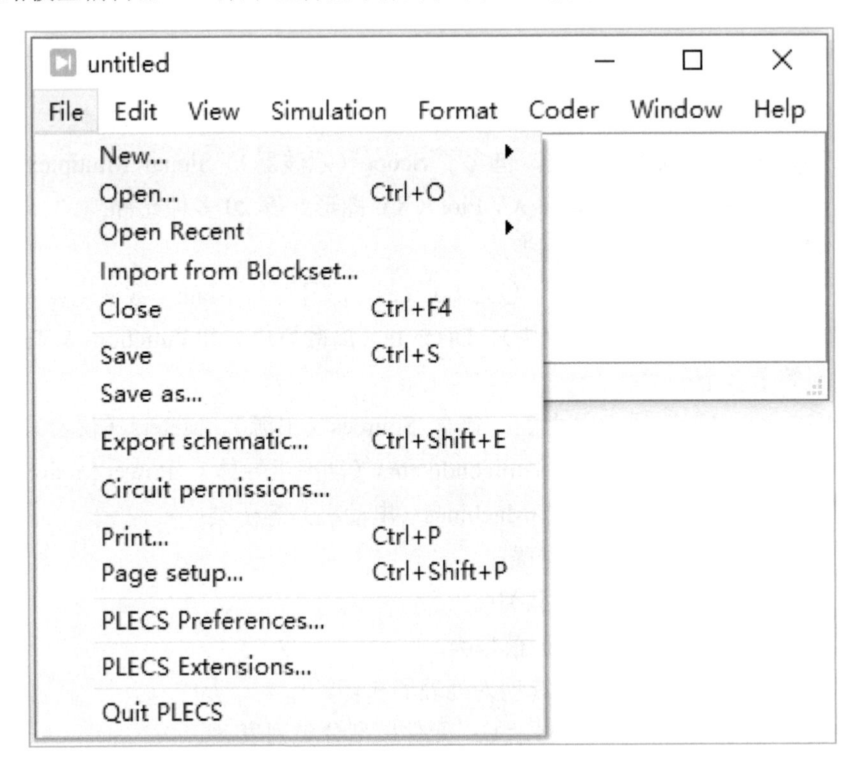

图 2.22　电路模型编辑器 File 菜单包含的子菜单

（1）文件操作相关子菜单。

① “New…”选项为新建；

② “Open…”选项为打开；

③ “Open Recent”选项为打开近期的电路模型；

④ “Import from Blockset…”选项为从 PLECS 嵌入版导入；

⑤ “Close”选项为关闭。

（2）文件存储相关子菜单。

① “Save”选项为保存；

② “Save as…”选项为另存为。

（3）“Export schematic…”选项为电路模型原理图输出。

（4）“Circuit permissions…”选项为电路模型保护。

（5）模型文件打印相关子菜单。

① “Print…”选项为打印模型原理图；

② “Page setup…”选项为打印页面设置。

（6）“PLECS Preferences…”选项为 PLECS 软件配置。

（7）“PLECS Extensions…”选项为 PLECS 扩展功能。

（8）“Quit PLECS”选项为退出 PLECS。

2. Edit 菜单

电路模型编辑器 Edit 菜单包含的子菜单如图 2.23 所示。

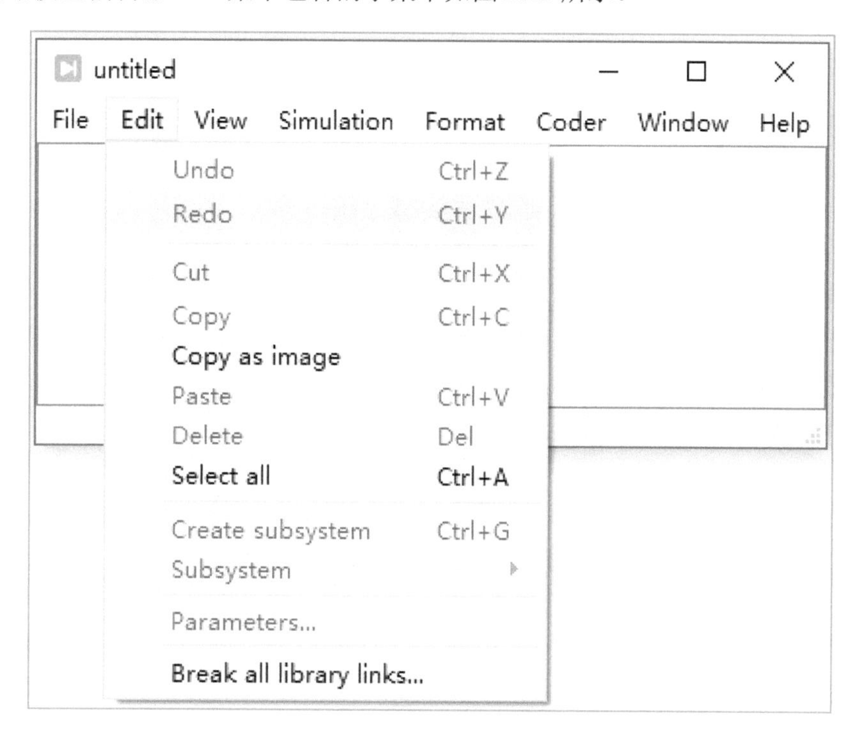

图 2.23 电路模型编辑器 Edit 菜单包含的子菜单

Edit 菜单下的子菜单除 Copy as image、Select all 和 Break all library links…3 个选项可用外，其余均为灰色不可用状态，在有选中对象或软件检测到与其相关的操作时才变为可用状态，主要包括如下选项。

（1）操作相关子菜单。

① “Undo”选项为撤销；

② “Redo”选项为恢复。

（2）复制粘贴类子菜单。

① “Cut”选项为剪切；

② “Copy”选项为复制；

③ “Paste”选项为粘贴；

④ “Delete”选项为删除；

⑤ “Select all”选项为选择全部；

⑥ “Copy as image”选项为以图像形式复制。

（3）子系统相关子菜单。

① “Create subsystem”选项为创建子系统；

② “Subsystem”选项为子系统。

（4）“Parameters…”选项为参数设置。

（5）“Break all library links…”选项为断开所有的库链接。

3．View 菜单

电路模型编辑器 View 菜单包含的子菜单如图 2.24 所示，该部分子菜单与显示相关，具体包括如下选项。

（1）“Go to parent”选项为返回上层电路或系统。

（2）“Show circuit browser”选项为显示电路浏览器。

（3）缩放相关子菜单。

① “Zoom in”选项为放大；

② “Zoom out”选项为缩小；

③ “Normal（100%）”选项为正常比例（100%）显示。

（4）显示相关子菜单。

① “Show highlighted”选项为突出（亮）显示；

② “Remove highlighting”选项为撤销突出（亮）显示。

4．Simulation 菜单

电路模型编辑器 Simulation 菜单包含的子菜单如图 2.25 所示。

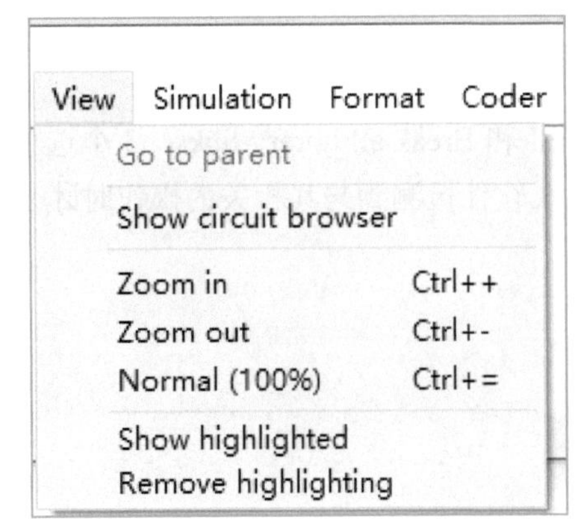

图 2.24　电路模型编辑器 View 菜单包含的子菜单

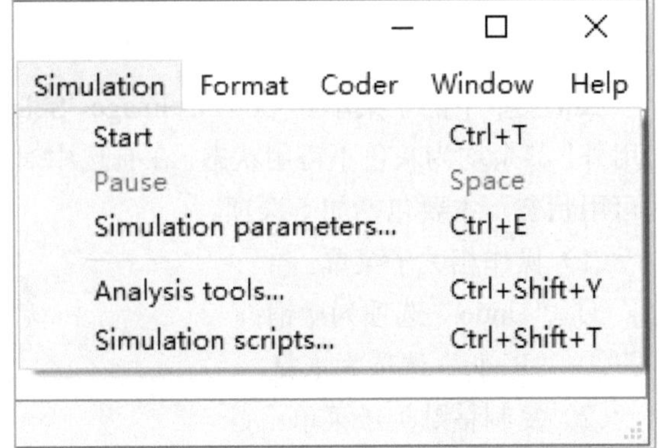

图 2.25　电路模型编辑器 Simulation 菜单包含的子菜单

该部分子菜单与仿真和模型分析相关，具体包括如下选项。

（1）仿真相关子菜单。

① “Start”选项为启动仿真；

② “Pause”选项为暂停仿真；

③ “Simulation parameters…”选项为仿真参数设置。

（2）“Analysis tools…”选项为分析工具。

（3）“Simulation scripts…”选项为仿真脚本。

5. Format 菜单

电路模型编辑器 Format 菜单包含的子菜单如图 2.26 所示，这部分子菜单主要与元件的方向调整及标注文本的操作相关，具体包括如下选项。

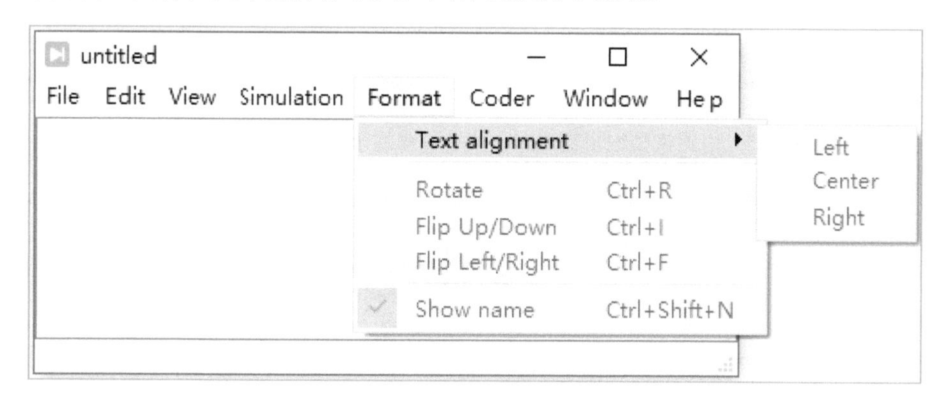

图 2.26 电路模型编辑器 Format 菜单包含的子菜单

（1）“Text alignment”选项为文本对齐方式。

① “Left”选项为居左；

② “Center”选项为居中；

③ “Right”选项为居右。

（2）元件方向调整相关子菜单。

① “Rotate”选项为旋转，每次顺时针旋转 90°；

② “Flip Up/Down”选项为垂直翻转；

③ “Flip Left/Right”选项为水平翻转。

（3）“Show name”选项为显示元件名称。

6. Coder 菜单

Coder 菜单下仅有一个子菜单 Coder options…，即代码生成功能选项，单击会出现代码生成功能选项窗口，如图 2.27 所示。

电路模型编辑器窗口的 Window 和 Help 两个主菜单，其中所包含的子菜单与元件浏览器窗口中大部分相同，在此不再赘述。

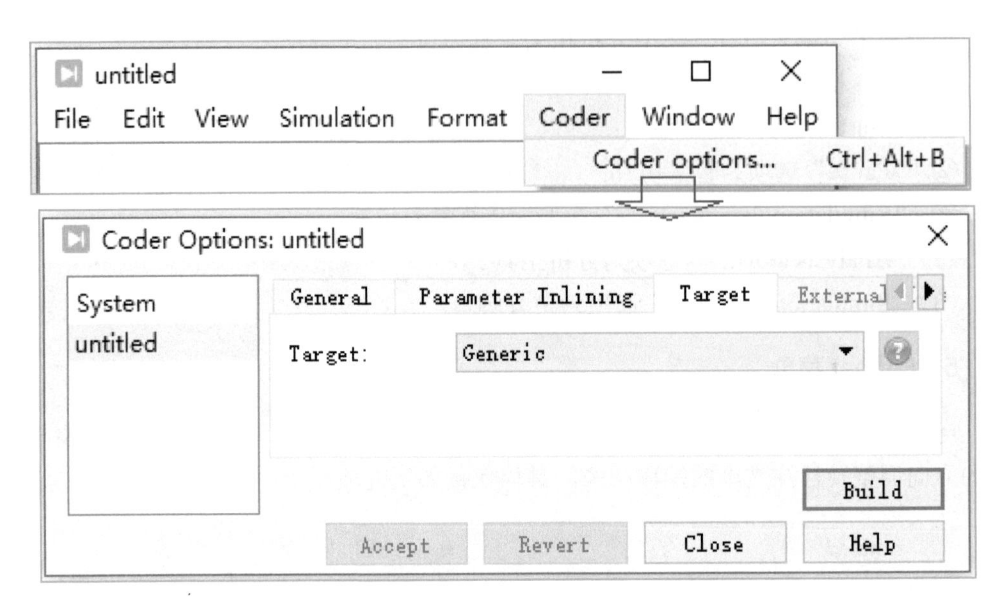

图 2.27　电路模型编辑器 Coder 菜单包含的子菜单和代码选项窗口

2.3　降压斩波电路仿真

降压斩波电路是最基本的直流斩波电路之一。图 2.28 所示为降压斩波电路原理图，图中的 S 为理想开关，当开关接通时输出电压为电源电压 U_i，当开关断开时输出电压为零。经过电感 L 滤波后，负载上将得到波动很小的输出电压。

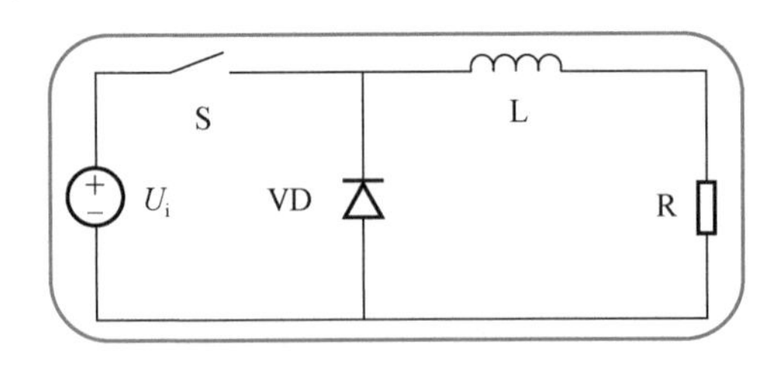

图 2.28　降压斩波电路原理图

PLECS 元件库中提供了丰富的基于理想开关的电力电子器件模型，以及控制其通断的脉冲信号发生器，也可以用控制类中元件构建系统来对其控制。

采用理想的功率 MOSFET 的降压斩波电路仿真模型原理图如图 2.29 所示，模型中除了用脉冲发生器对功率 MOSFET 的导通与关断进行控制，还用阶跃信号对可控电源的电压进行控制，通过仿真可观察到输入电源电压的变化对输出电压的影响。

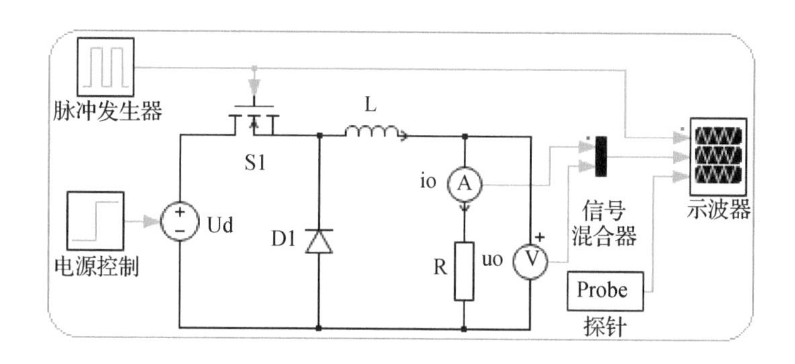

图 2.29　降压斩波电路仿真模型原理图

2.3.1　电路模型原理图设计

图 2.29 所示的仿真模型图是模型建好后由 PLECS 输出的仿真电路模型原理图，具体操作过程如下。

1．新建电路模型并保存为降压斩波电路

拖放所需的元件到电路模型编辑器窗口，调整元件的位置和方向，如图 2.30 所示。

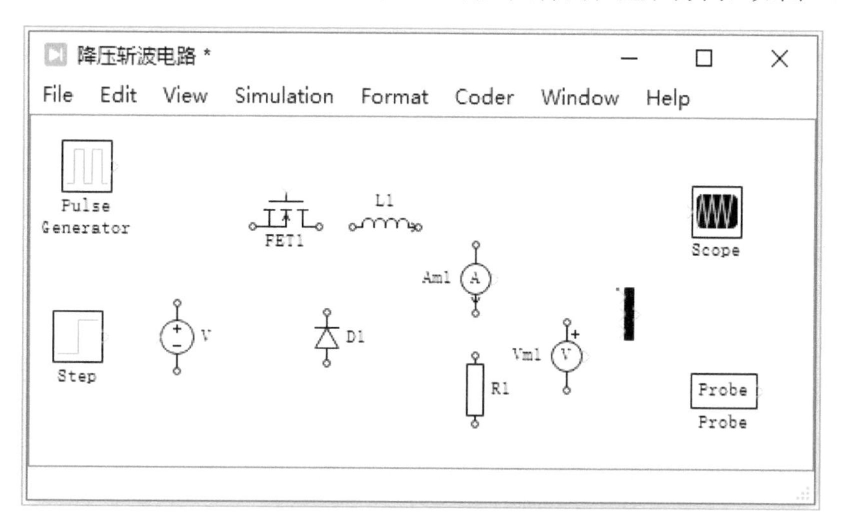

图 2.30　元件拖放和调整好的电路模型编辑器窗口

降压斩波电路元件获取路径表如表 2.2 所示。

表 2.2　降压斩波电路元件获取路径表

序号	元　　件	库名称/中文名称	获 取 路 径
1	信号混合器	Signal Multiplexer/信号混合器	System
2	探针	Probe/探针	System
3	Ud	Voltage Source DC（Controlled）/直流电压源（可控）	Electrical/Source

续表

序号	元　件	库名称/中文名称	获 取 路 径
4	io	Ammeter/电流表	Electrical/Meters
5	S1	MOSFET/功率场效应晶体管	Electrical/Power Semiconductors
6	D1	Diode/二极管	Electrical/Power Semiconductors
7	L	Inductor/电感	Electrical/Passive Components
8	电源控制	Step/阶跃信号	Control/Sources
9	脉冲发生器	Pulse Generator/脉冲发生器	Control/Sources

2. 输入信号数量的修改

（1）信号混合器：从元件库获取的信号混合器默认为 3 个输入，双击进入信号混合器设置对话框，如图 2.31 所示，将红色框内的数字修改为所需要的数量。

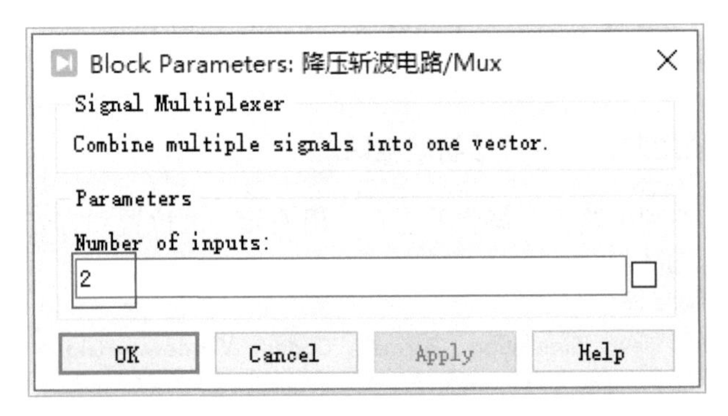

图 2.31　信号混合器设置

（2）示波器：双击示波器图标，进入示波器窗口，如图 2.32 所示。

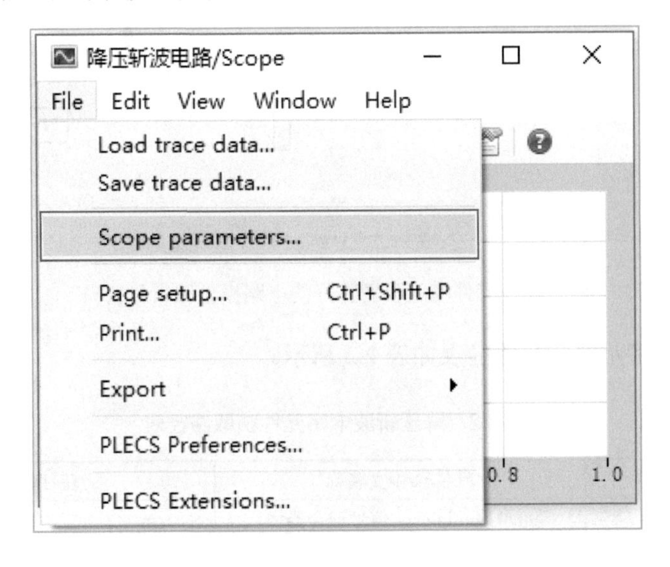

图 2.32　示波器窗口

单击“File”菜单，选择“Scope parameters…”选项，进入示波器参数设置对话框，如图 2.33 所示。

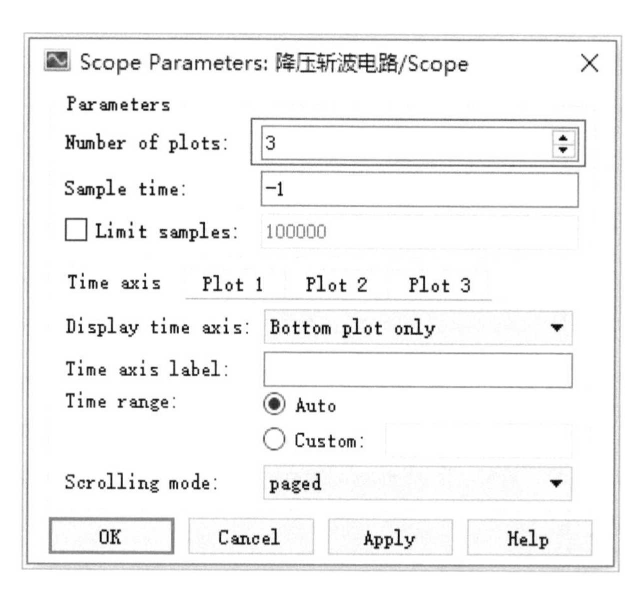

图 2.33　示波器参数设置对话框

将“Number of plots”波形显示区数量输入框内数字修改为 3，在 Plot 1 选项卡中的 Title：波形标题输入框内填入 u_G；Axis label：轴标签输入框内填入 U/V。按模型中的检测信号依次填写 Plot 2 选项卡和 Plot 3 选项卡，单击“OK”按钮，完成设置，调整后的示波器窗口如图 2.34 所示。

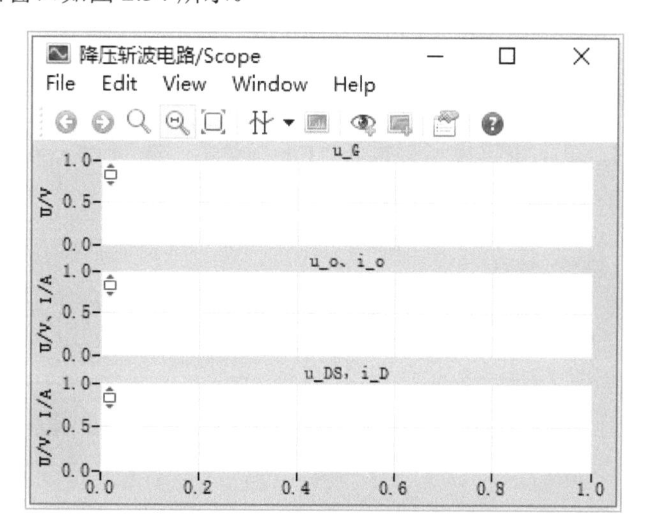

图 2.34　调整后的示波器窗口

3．元件标识修改

以脉冲发生器为例，如图 2.35 所示，双击“Pulse Generator”文本区域，出现虚线框和闪烁的光标，输入相应的文字后，在其他区域单击，完成元件标识的修改。

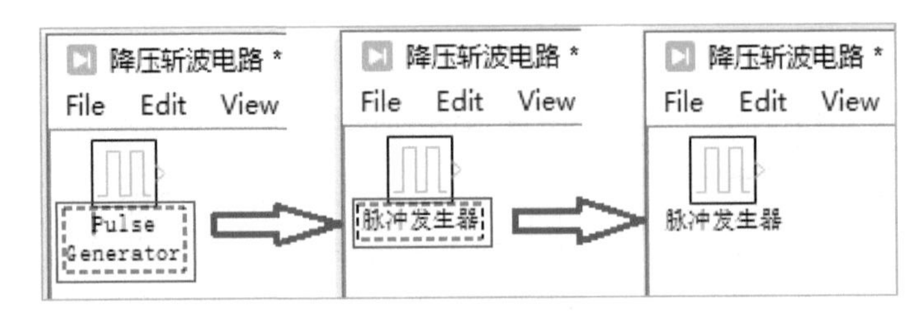

图 2.35 元件标识修改

4. 连接电路和信号

电路模型连接完成后的电路模型编辑器窗口如图 2.36 所示。

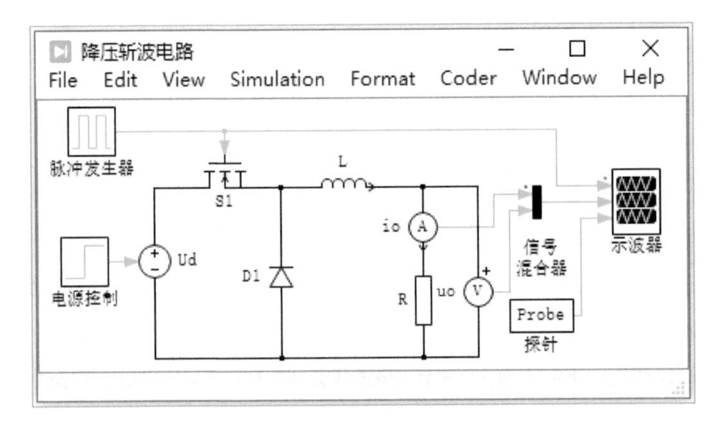

图 2.36 电路模型连接完成后的电路模型编辑器窗口

5. 输出仿真电路模型原理图

如图 2.37 所示，单击电路模型编辑器“File”菜单，选择“Export schematic…”选项，出现原理图保存对话框，如图 2.38 所示。

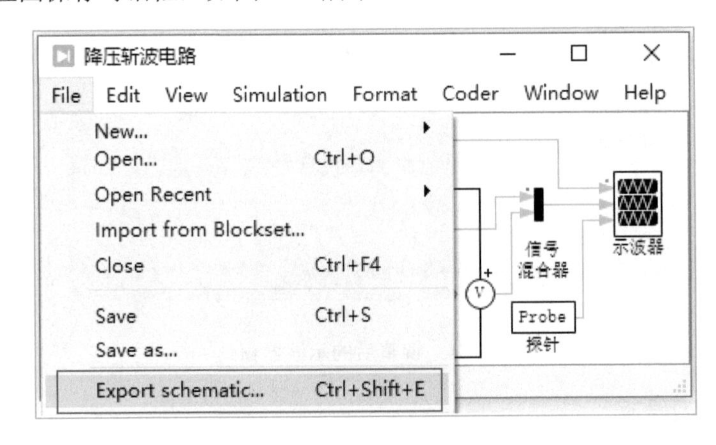

图 2.37 电路模型原理图输出操作

图 2.38　电路模型原理图保存对话框

在图 2.38 红色框内选择原理图保存的位置，在蓝色框内输入文件名，单击“保存”按钮，就可以得到图 2.29 所示的仿真电路模型原理图。

还可以通过单击“保存类型”下拉列表，选择将原理图保存为矢量图或 pdf 格式文件。

2.3.2　控制信号参数设置

1. 脉冲发生器

脉冲发生器参数设置如图 2.39 所示，包括如下参数。

① High-state output 为高电平输出值；

② Low-state output 为低电平输出值；

③ Frequency 为频率，单位为 Hz；

④ Duty cycle 为占空比，数值为 0～1；

⑤ Phase delay 为相位延迟，单位为 s。

在相应参数下方的输入框内填入所需的数值（注意参数的单位，否则仿真的结果将出错或与预期的结果相差很多），如果选中数值输入框后的复选框，则该参数将显示在电路模型中。本节中脉冲发生器参数设置如图 2.39 所示。

2. 电源控制

电源控制采用的是阶跃信号，其参数设置如图 2.40 所示，包括如下参数。

① Step time 为阶跃发生的时间，单位为 s；

② Initial output 为初始输出值；

③ Final output 为最终输出值。

Block Parameters: 降压斩波电路/脉冲发生器

Pulse Generator

Output periodic rectangular pulses.

Parameters　Assertions

High-state output:

1

Low-state output:

0

Frequency [Hz]:

25000

Duty cycle [p.u.]:

0.5

Phase delay [s]:

0

OK　Cancel　Apply　Help

图 2.39　脉冲发生器参数设置

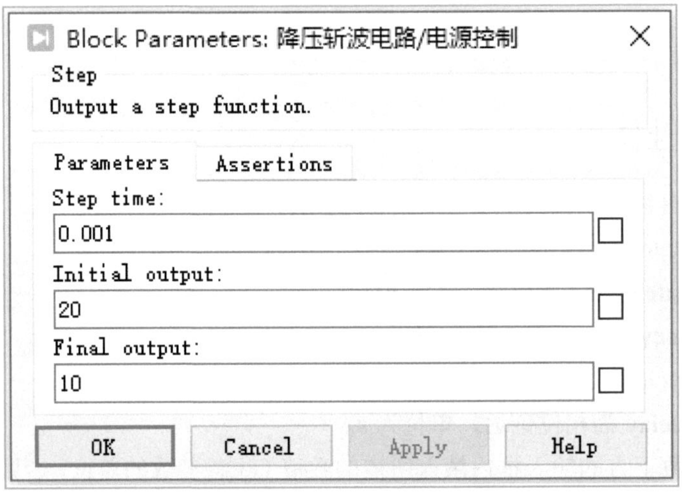

Block Parameters: 降压斩波电路/电源控制

Step

Output a step function.

Parameters　Assertions

Step time:

0.001

Initial output:

20

Final output:

10

OK　Cancel　Apply　Help

图 2.40　阶跃信号参数设置

本节中阶跃信号参数设置如图 2.40 所示，即在 0.001s 时阶跃信号的输出由 20 变为 10，表示电路模型中的可控电源电压由 20V 变为 10V。

2.3.3　探针模块使用

本节采用探针模块来检测功率场效应晶体管 S1 的电压和电流，具体操作过程如图 2.41 所示。

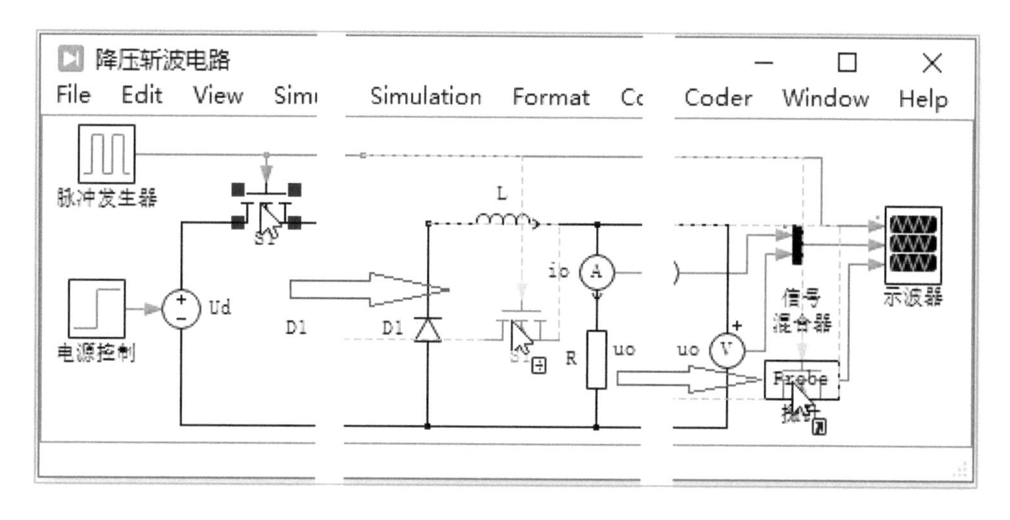

图 2.41　探针模块使用操作过程

选中功率场效应晶体管 S1 后按住鼠标左键，将其拖放到探针图标上，松开左键，弹出探针编辑器对话框，如图 2.42 所示。

MOSFET 模块有 7 个可以被探测的信号，选中 MOSFET voltage（电压）和 MOSFET current（电流）前的复选框，单击“Close”按钮完成探针模块的设置。

探针模块可以检测多个元件的内部信号，方便模型元件相关信号的获取，同时也简化了电路模型的设计界面。

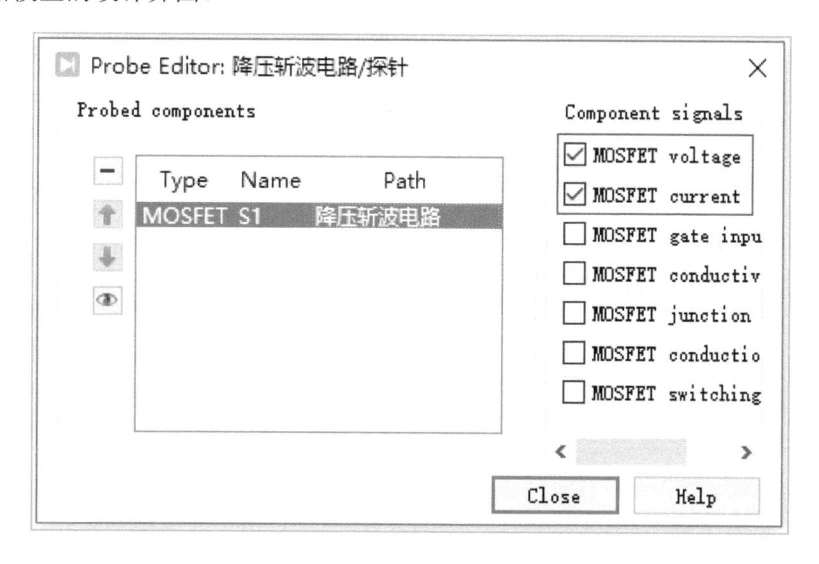

图 2.42　探针编辑器对话框

2.3.4　元件和仿真参数设置

本节中的可控电压源参数采用默认值，电阻 R=5Ω，电感 L=1mH。仿真停止时间设为 0.002s，其他设置为默认。

2.3.5 仿真结果分析

运行仿真，双击“示波器”按钮，降压斩波电路仿真波形如图 2.43 所示。

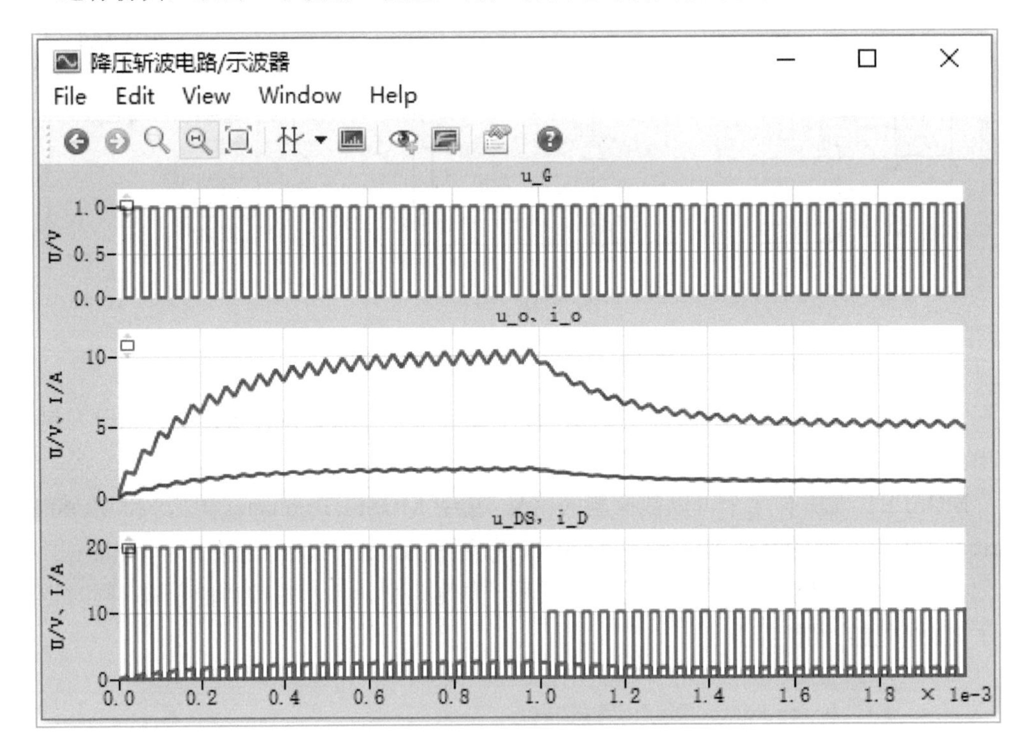

图 2.43 降压斩波电路仿真波形

由示波器显示波形可以观察到，输出电压和电流、功率场效应晶体管 S1 的电压和电流随输入电压的降低而降低。为了稳定输出电压，可以引入反馈控制模块，在电源电压降低时相应地调整控制 S1 脉冲的占空比，从而实现对输出电压的稳定。

2.4 PLECS 的基本配置

PLECS 的基本配置就是对其运行环境进行设置，如所使用的语言、符号的样式等进行设置。可以通过选择元件库浏览器或电路模型编辑器或示波器窗口中“File”菜单下的“PLECS Preferences...”选项，进入 PLECS 配置对话框，如图 2.44 所示。

PLECS 配置对话框包含 6 个选项卡，分别为 General（常规）、Libraries（元件库）、Thermal（热模型库）、Scope Colors（示波器颜色）、Updates（更新）和 Coder（代码器），一般情况下需要对 General 和 Scope Colors 两项进行设置。

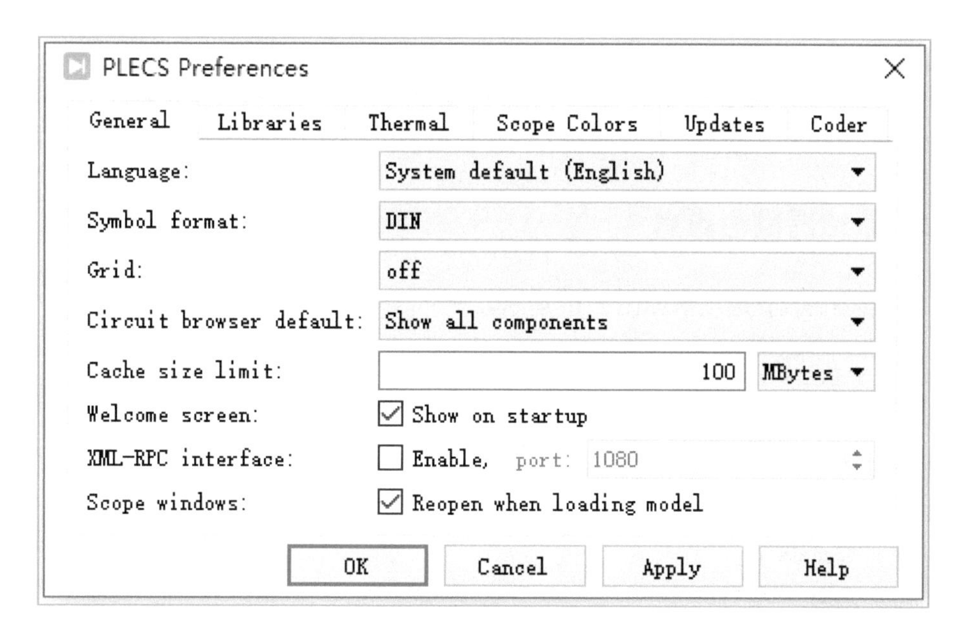

图 2.44 PLECS 配置对话框

2.4.1 常规设置

PLECS 的常规设置包含以下内容。

（1）Language：语言。PLECS 系统默认的语言为英语，另外一种语言是日语。

（2）Symbol format：符号的样式。有 DIN 和 ANSI 两种，两者最大的区别在于元件符号的显示样式，如图 2.45 所示，一般选择 DIN。

（3）Grid：栅格显示状态，默认状态为关闭，如果状态为打开，则电路模型编辑器窗口将显示栅格，在编辑原理图时，便于放置和对齐元件，以及电气和信号的连接。

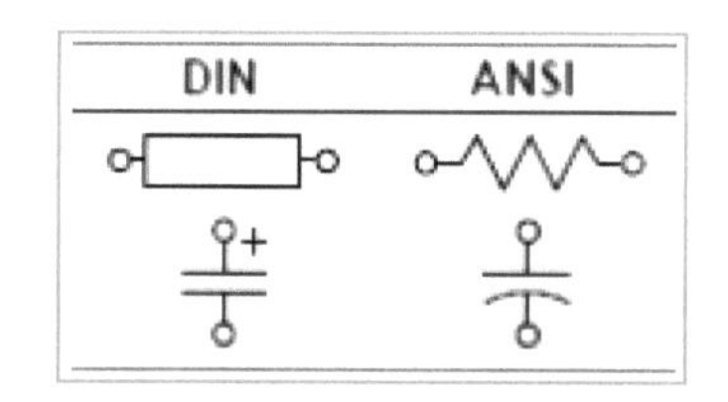

图 2.45 元件符号的显示样式

（4）Circuit browser default：默认电路浏览器设置。有 Show all components（显示所有元件）和 Show only subsystems（仅显示子系统）两项供选择，默认为 Show all components。

（5）Cache size limit：设置高速缓存大小限制。一旦 PLECS 达到内存限制，它将丢弃先前的计算结果，这些结果可能必须在稍后的仿真过程中重新计算。另外，该值不应高于运行 PLECS 的计算机物理内存的三分之一，否则可能由于数据交换而降低仿真性能。

（6）Welcome screen：启用或禁用欢迎界面。如图 2.44 所示，勾选“Show on startup”复选框表示启用，则在启动 PLECS 时显示 PLECS 欢迎界面。

（7）XML-RPC interface：启用或禁用 XML-RPC 接口以接受外部脚本对仿真的控

制。启用时，PLECS 在指定的 TCP 端口上侦听传入的 XML-RPC 连接信息。

（8）Scope windows：启用或禁用打开示波器窗口。当启用时，打开电路模型，PLECS 可以重新打开保存该模型时打开的所有示波器窗口。

2.4.2 示波器颜色设置

示波器颜色设置选项卡如图 2.46 所示。

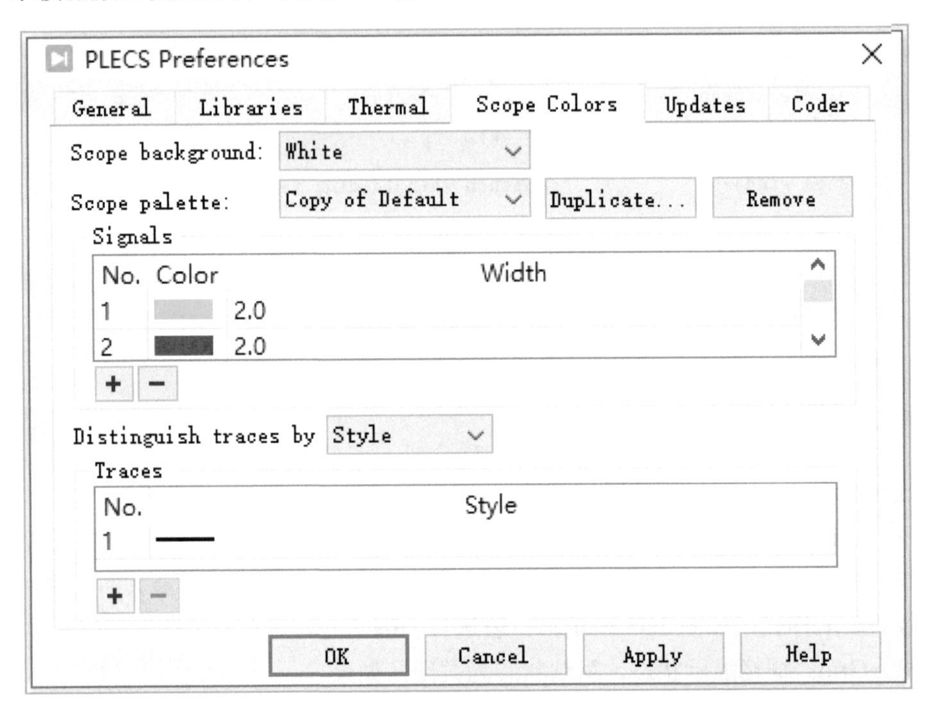

图 2.46 示波器颜色设置选项卡

（1）Scope background：示波器背景颜色设置。设置示波器背景为 Black（黑色）或 White（白色），默认背景为 Black。

（2）Scope palette：示波器调色板。设置 PLECS 示波器内波形曲线的颜色。若要创建新的自定义调色板，则选择任何现有的调色板，然后单击“Duplicate...”（复制）按钮。若要删除调色板，则请单击“Remove”（删除）按钮。注意，默认调色板是只读的，不能删除。

（3）Signals：信号波形曲线属性设置。该组合框内列出示波器中曲线的基本属性，可以为每条波形曲线单独指定颜色、线条样式和线条宽度。系统默认信号波形曲线在示波器波形显示区依次按默认的六种颜色实线样式一个像素宽的属性显示。

（4）Distinguish traces by：设置区分波形曲线的方式。在对比前后仿真结果时，区分同一信号波形曲线的方式，包括 Brightness（亮度）、Color（颜色）、Style（样式）和 Width（宽度）。默认通过 Brightness 来区分波形曲线。

2.5 单相半波不可控整流电路仿真

单相半波不可控整流电路虽然在实际应用中并不多见，但其结构简单，对其工作原理的掌握是分析其他不可控整流电路的基础。本节将实现单相半波不可控整流电路的仿真，仿真模型如图 2.47 所示。

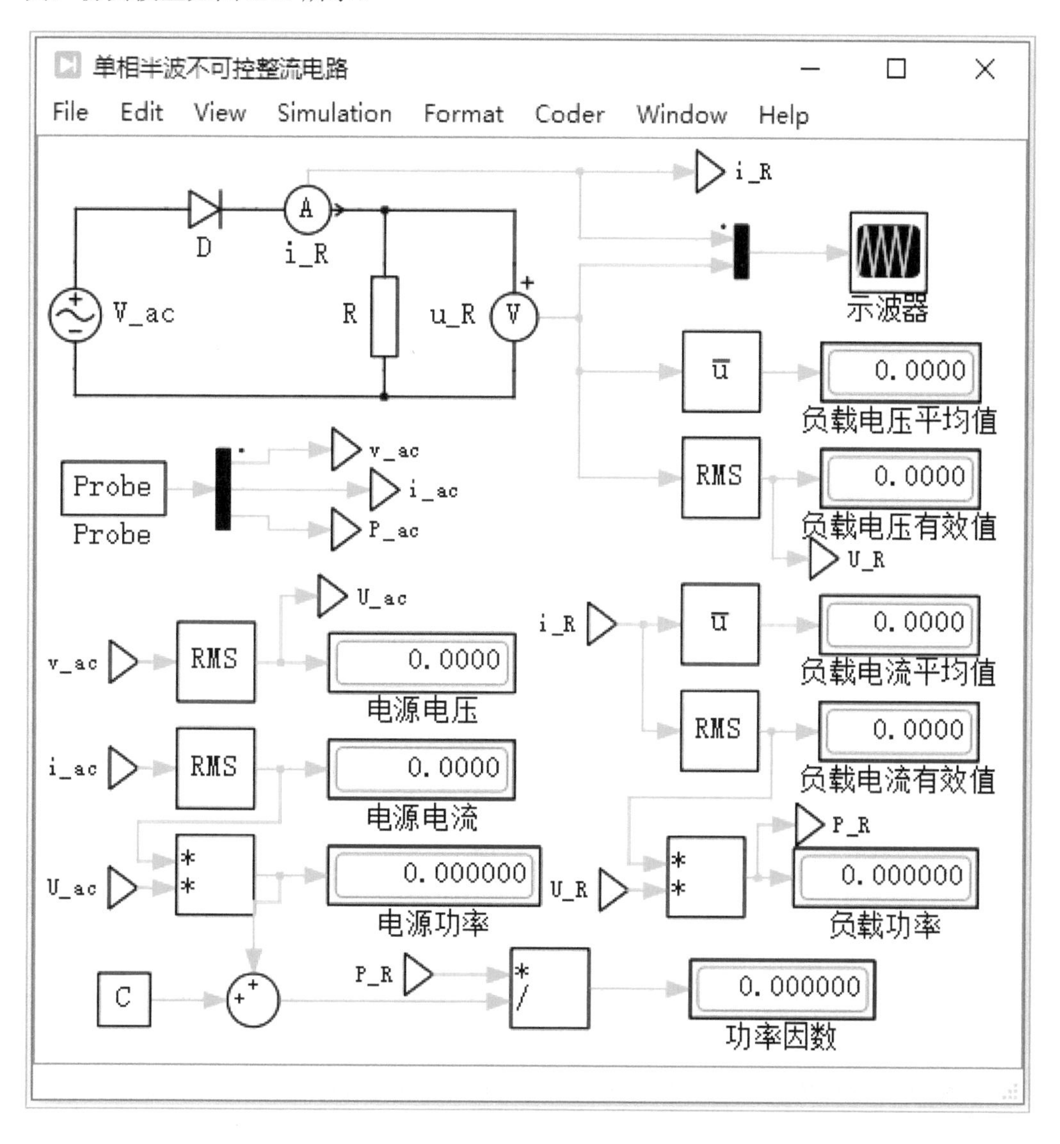

图 2.47 单相半波不可控整流电路仿真模型

单相半波不可控整流电路元件获取路径表如表 2.3 所示。

表 2.3　单相半波不可控整流电路元件获取路径表

序号	元　件	库名称/中文名称	获 取 路 径
1	信号分解器	Signal Demultiplexer/信号分解器	System
2	信号去向	Signal Goto/信号去向	System
3	信号来自	Signal From/信号来自	System
4	数字显示器	Display/数字显示器	System
5	常量	Constant/常量	Control/Sources
6	算术加	Sum/算术加	Control/Math
7	算术乘	Product/算术乘	Control/Math
8	算术除	Divide/算术除	Control/Math
9	离散平均值	Discrete Mean Value/离散平均值	Control/Discrete
10	有效值	RMS Value/有效值	Control/Fliters

2.5.1　电路仿真模型界面的优化

如图 2.47 所示的电路仿真模型中，信号线有很多，如果采用通常的直接连接方式，则将会使原理图看起来错综复杂，同时信号线之间的交叉也可能会产生连接错误，为避免这种情况，可以应用 Signal Goto 和 Signal From 标签来减少信号连接线的数量，以避免相互交叉，以电流表检测的电流信号 i_R 为例来介绍具体操作步骤。

1. 信号标签拖放

按照表 2.3 所给元件获取路径，查找到 Signal Goto 和 Signal From 模块，并将其拖放至电路模型编辑器窗口，如图 2.48 所示。

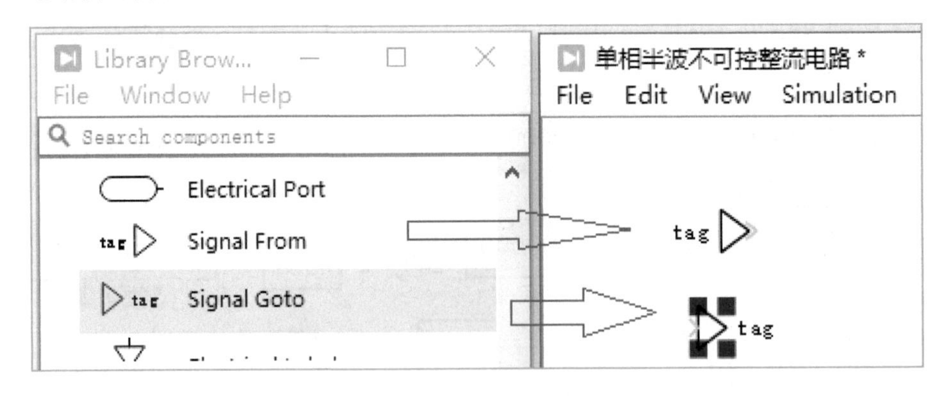

图 2.48　信号标签元件的拖放

2. 信号标签设置

信号标签设置如图 2.49 所示，双击打开①处 Signal Goto 模块，弹出其参数设置对话框，在红色框内输入标签名“i_R”，单击“OK”按钮，完成对 Signal Goto 标签的设置，完成设置后如图中②处箭头指向所示；双击打开②处上方 Signal From 模块，弹出参数设置对话框，在红色框内输入相同的标签名“i_R”，单击“OK”按钮，完成对 Signal From 标签的设置，完成后如图中③处箭头指向所示。

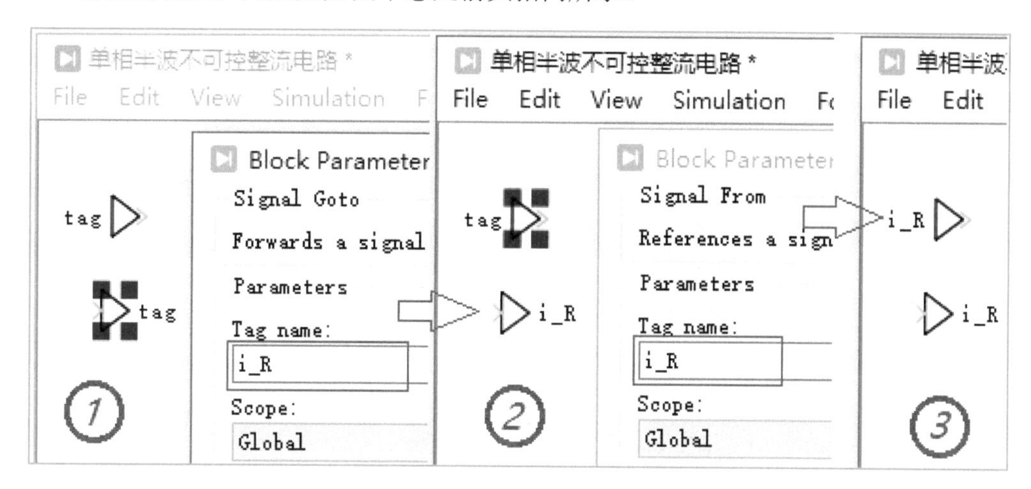

图 2.49 信号标签设置

3. 标签位置调整

信号标签位置调整如图 2.50 所示，将标签放在便于信号连接的位置，连接好后的电路仿真模型如图 2.47 所示。

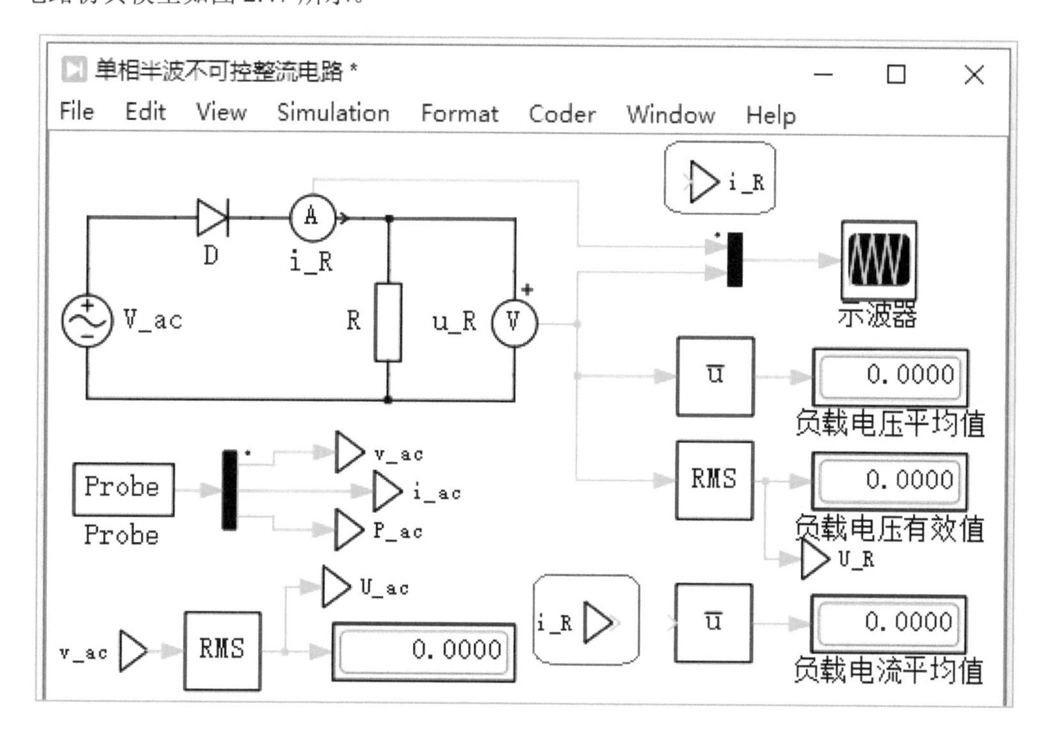

图 2.50 信号标签位置调整

2.5.2 平均值与有效值的显示

电压表和电流表所检测到的信号需要通过示波器来显示其波形，不能直接显示数值；若直接连接数字显示器，则也不能显示数据。通过离散平均值或离散有效值模块处理后再与数字显示器连接，就能直观地看到测量数据。

1．离散平均值模块参数设置

离散平均值模块参数设置如图 2.51 所示，其包括如下参数。

（1）Initial condition：初始条件，默认为 0。

（2）Sample time：采样时间，单位为 s。

（3）Number of samples：采样次数。

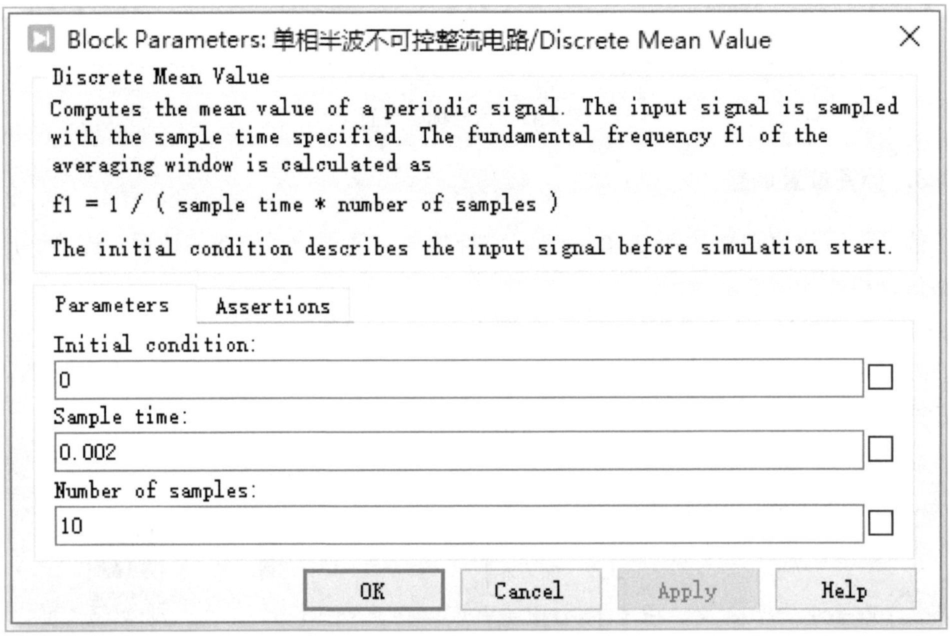

Block Parameters: 单相半波不可控整流电路/Discrete Mean Value

Discrete Mean Value

Computes the mean value of a periodic signal. The input signal is sampled with the sample time specified. The fundamental frequency f1 of the averaging window is calculated as

f1 = 1 / (sample time * number of samples)

The initial condition describes the input signal before simulation start.

Parameters　Assertions

Initial condition:

0

Sample time:

0.002

Number of samples:

10

OK　Cancel　Apply　Help

图 2.51　离散平均值模块参数设置

由参数设置提示信息可知：采样时间与采样次数乘积的倒数等于信号的基波频率，也就是交流电源的频率为 50Hz。一般采样次数设置为 10，由此可求得采样时间为 0.002s。

2．离散有效值模块参数设置

离散有效值模块参数设置（见图 2.52）与离散平均值参数设置相同，不再赘述。

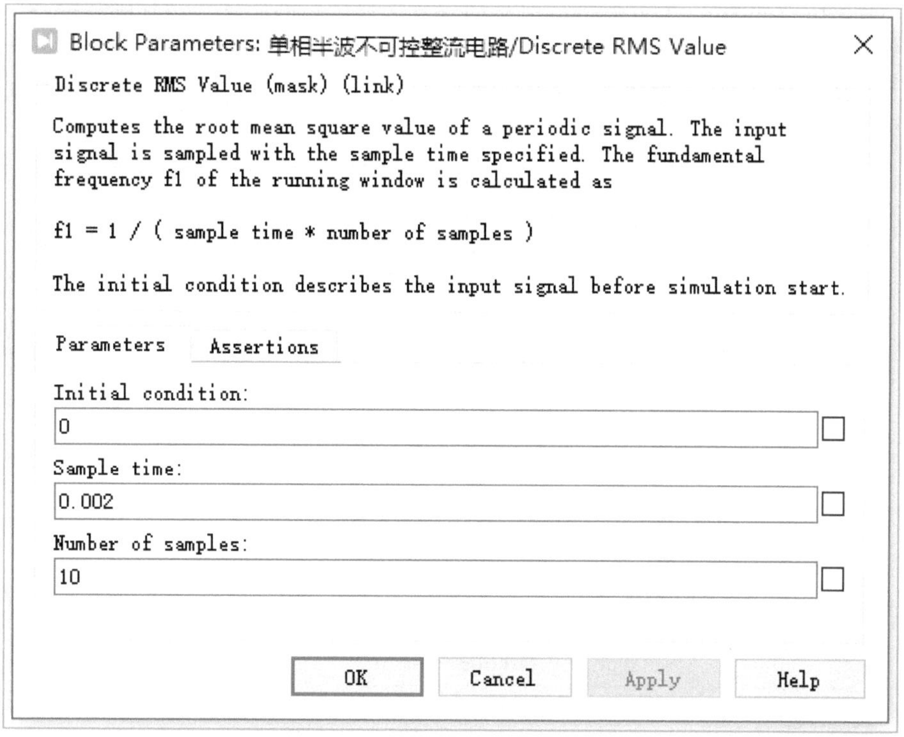

Block Parameters: 单相半波不可控整流电路/Discrete RMS Value

Discrete RMS Value (mask) (link)

Computes the root mean square value of a periodic signal. The input signal is sampled with the sample time specified. The fundamental frequency f1 of the running window is calculated as

f1 = 1 / (sample time * number of samples)

The initial condition describes the input signal before simulation start.

Parameters　Assertions

Initial condition:
0

Sample time:
0.002

Number of samples:
10

OK　Cancel　Apply　Help

图 2.52　离散有效值模块参数设置

2.5.3　功率与功率因数的测量

1. 功率计算

功率的概念有瞬时功率和平均功率之分，瞬时功率是电压和电流瞬时值的乘积；平均功率是一个电源周期内瞬时功率的平均值，也称为有效功率或功率，即通常所指的功率。

功率的计算有三种情况：当电压和电流均为恒定值时，功率是两者的乘积；若电压和电流其中之一为恒定值，则功率为此恒定值与另外一个的平均值的乘积；若电压和电流均随时间变化，则功率为这两者的有效值的乘积。本节中电源和负载的电压与电流均随时间变化，因而采用有效值相乘。

探针模块中对交流电源的功率信号进行检测，该信号为电压和电流瞬时值的乘积，不能采用离散有效值方法直接获得电源功率的数值，而是依然采用电源电压和电流有效值乘积的方法。

2. 功率因数计算

对于纯电阻电路来说，功率因数就等于整流电路的输出功率除以输入功率。为计算功率因数，需要乘法和除法等数学计算。

为避免出现如图 2.53 所示除数为 0 而导致仿真终止的情况，常在除数输入端预先加上一个很小的常数，或按提示信息：选择“Simulation parameters→Diagnostics”标签页下“Division by zero”选项，再选择“ignore”或者“warning”选项就不会导致仿真终止了。

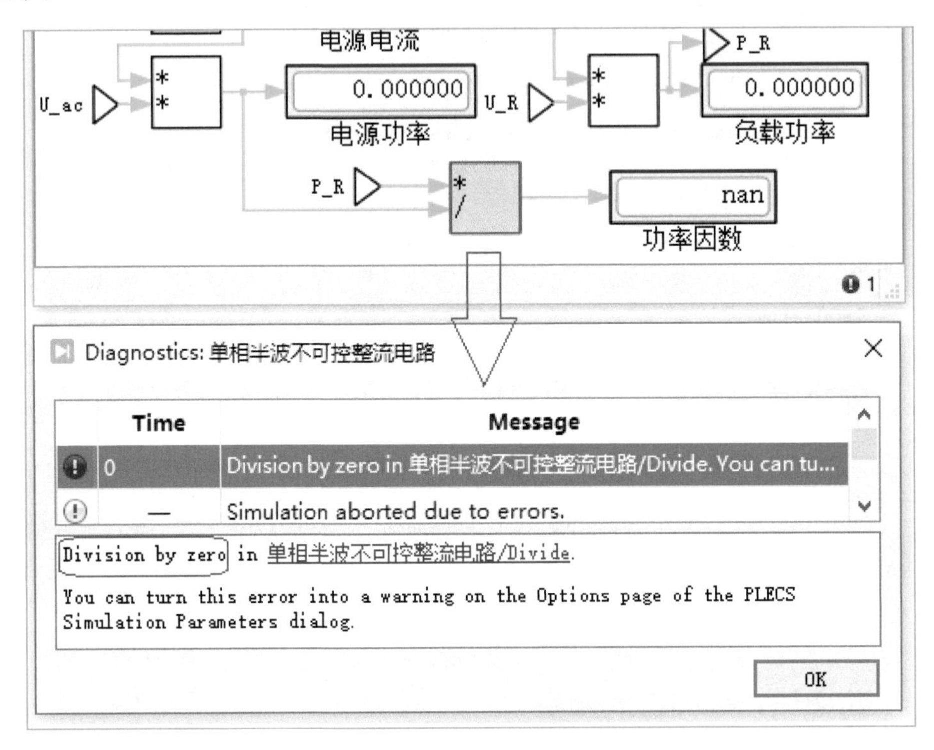

图 2.53　被 0 除出现的诊断信息

2.5.4　其他元件参数设置

1. 交流电源

交流电源的参数设置如图 2.54 所示。

交流电源的参数如下。

（1）Amplitude：幅值，单位为 V。对于有效值为 220V 的交流电，其幅值设为“311”。

（2）Frequency：频率，单位为 rad/sec。此处设为“2*pi*50”，表示 50Hz。

（3）Phase：相位，单位为 rad。默认为“0”。

2. 数字显示器

数字显示器参数设置如图 2.55 所示，主要包括 Notation 和 Precision，其中 Notation 为记数方式，有十进制和科学记数法两种方式选择；Precision 为精度位数，根据计算要求确定所需精度位数。

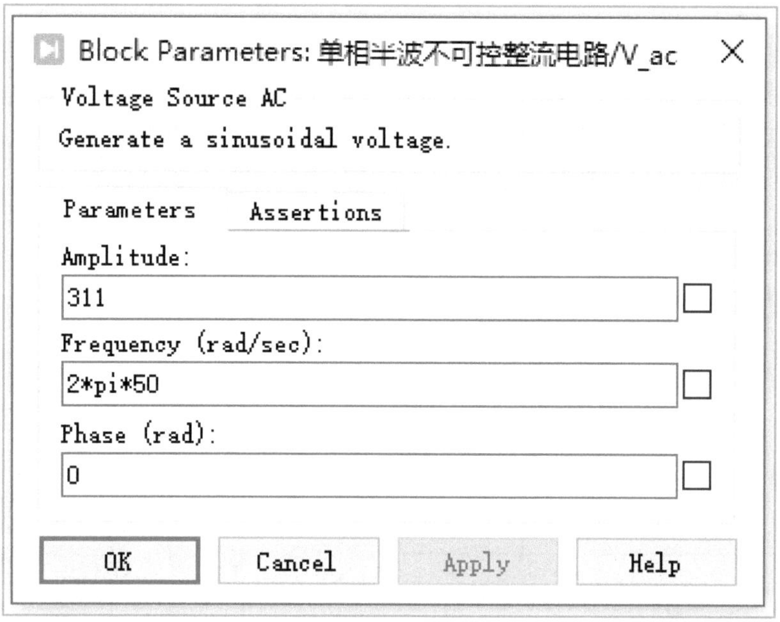

Block Parameters: 单相半波不可控整流电路/V_ac
Voltage Source AC
Generate a sinusoidal voltage.
Parameters Assertions
Amplitude:
311
Frequency (rad/sec):
2*pi*50
Phase (rad):
0
OK Cancel Apply Help

图 2.54 交流电源的参数设置

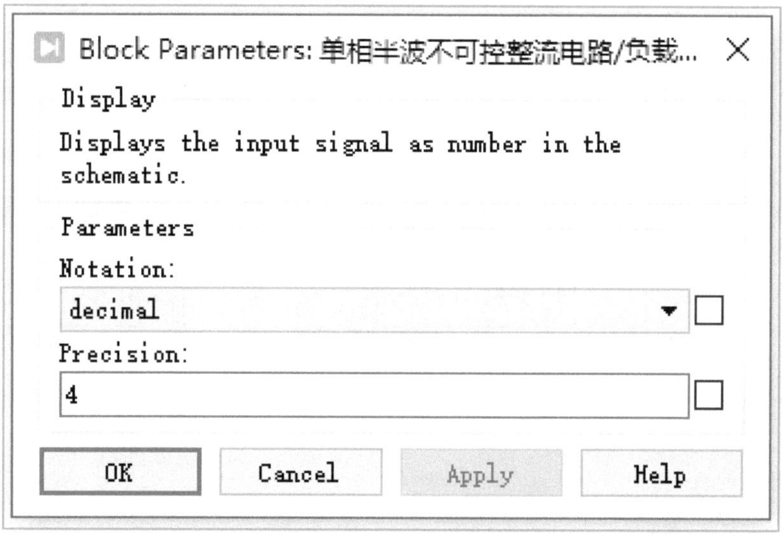

Block Parameters: 单相半波不可控整流电路/负载...
Display
Displays the input signal as number in the schematic.
Parameters
Notation:
decimal
Precision:
4
OK Cancel Apply Help

图 2.55 数字显示器参数设置

3. 负载电阻

电阻 R=2Ω。

2.5.5 仿真结果分析

设置仿真停止时间为 0.4s，运行仿真，观察到所显示的数据如图 2.56 所示。

1. 数据显示

1）负载

负载电压平均值为 95.7160V，负载电压有效值为 155.5000V，负载电流平均值为 47.8580A，负载电流有效值为 77.7500A，负载功率为 12090.125000W。

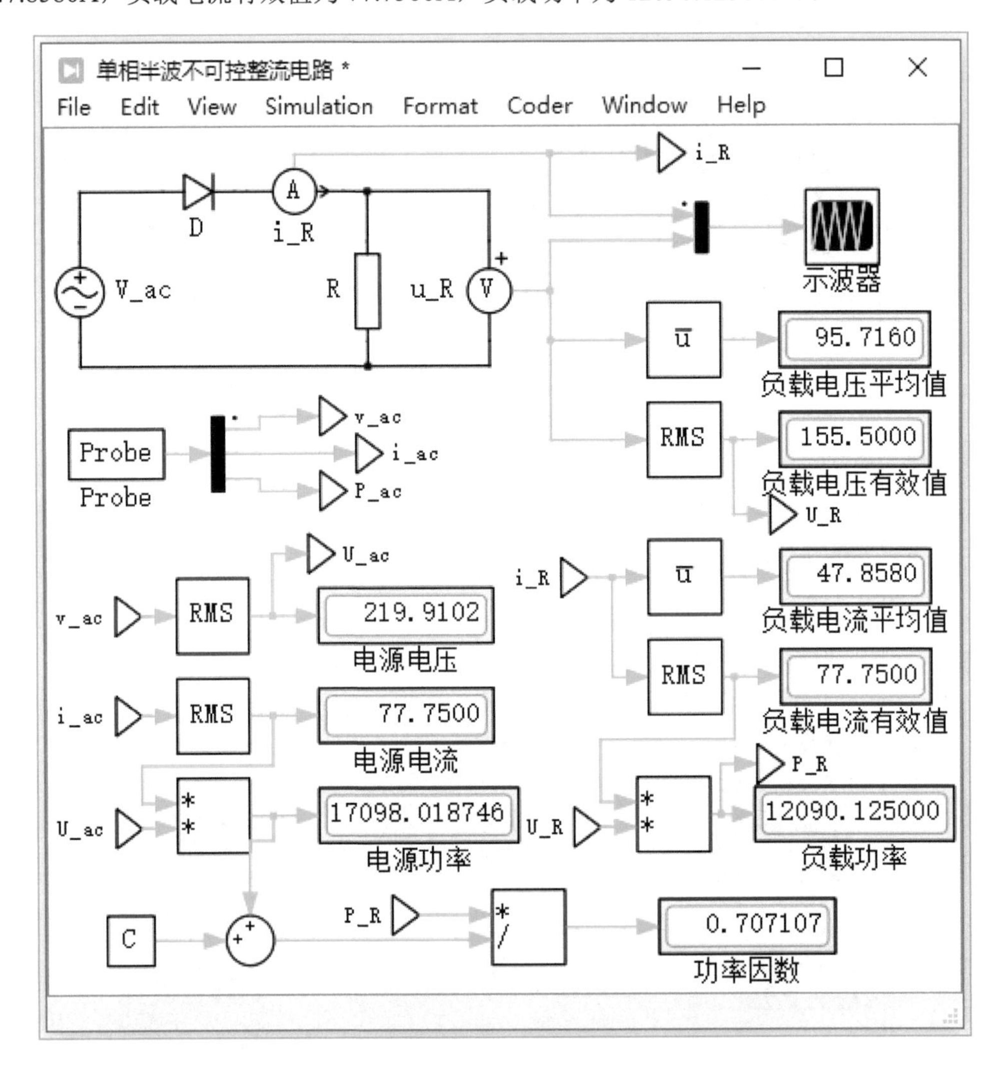

图 2.56　单相半波不可控整流电路仿真结果

2）电源

电源电压为 219.9102V，电源电流为 77.7500A，电源功率为 17098.018746W。

3）功率因数

功率因数为 0.707107。

以上数据与理论计算相一致。

2．仿真波形

单相半波不可控整流电路仿真波形如图 2.57 所示。

波形显示：在交流电源电压正半波，二极管导通，交流电源电压加到负载两端，负载电阻 R=2Ω，流过负载的电流为电压的一半；在交流电源电压负半波，二极管承受反向电压而关断，无电流流经负载，因而负载电压为 0。由此也可说明电阻性负载的特点。

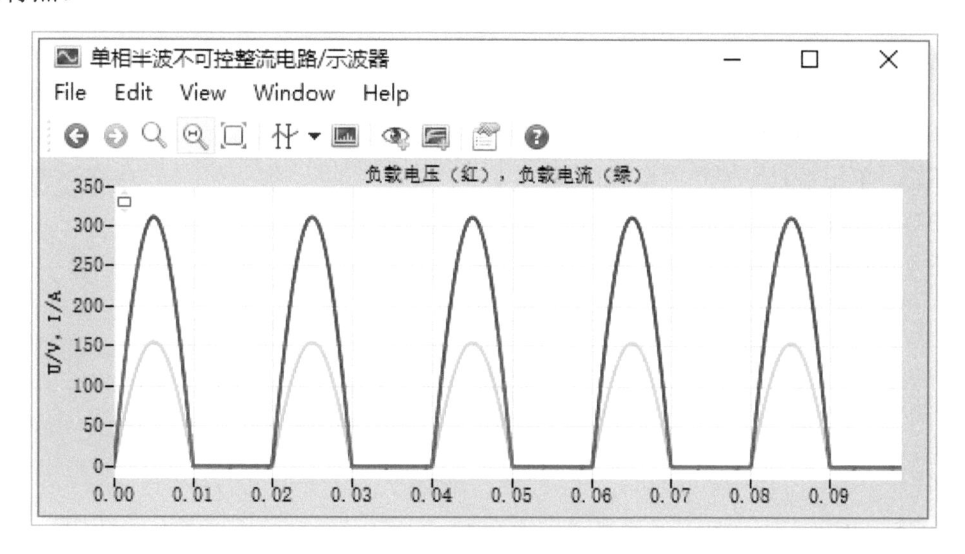

图 2.57　单相半波不可控整流电路仿真波形

要点回顾

（1）新建电路模型的 4 种方法及电路模型的保存。

（2）元件模型的拖放与位置调整，电路和信号的连接，元件和仿真参数设置。

（3）元件库浏览器界面的 4 个区域、3 个主菜单和 8 类库元件模型。

（4）电路模型编辑器的 2 个区域和 8 个主菜单。

（5）电路模型原理图设计共 5 个步骤、控制信号参数设置和使用探针对元件信号检测。

（6）PLECS 基本配置 6 个选项卡、常规和示波器颜色设置。

（7）使用信号标签优化电路模型界面。

（8）离散平均值和有效值模块参数设置，平均值和有效值的显示。

（9）功率和功率因数相关概念和计算方法。

（10）诊断信息的处理。

（11）交流电源和数字显示器参数设置。

（12）电阻性负载的特点。

3 PLECS 示波器的使用

内容提要

3.1 PLECS 示波器简介
3.2 单相半波可控整流电路仿真
3.3 波形查看与输出
3.4 数据计算与分析

3.1 PLECS 示波器简介

如 2.5 节图 2.57 所示，示波器窗口包括菜单栏、工具条和波形显示区 3 个区域。

3.1.1 菜单栏

菜单栏包括 File（文件）、Edit（编辑）、View（视图）、Window（窗口）和 Help（帮助）5 个主菜单。其中 Window 和 Help 主菜单所包含的子菜单，与电路模型编辑器和元件库浏览器中同名菜单基本相同。

1．示波器 File 主菜单包含的子菜单如图 3.1 所示，如下选项。

（1）“Load trace data…”选项为加载波形曲线数据；

（2）“Save trace data…”选项为保存波形曲线数据；

（3）“Scope parameters…”选项为示波器参数设置；

（4）“Page setup…”选项为页面设置；

（5）“Print…”选项为打印；

（6）“Export”选项为输出；

（7）“PLECS Preferences…”选项为 PLECS 配置；

（8）“PLECS Extensions…”选项为 PLECS 扩展功能。

2．Edit 菜单中仅 Copy…一个选项，且该选项与 File 菜单下的 Export as Bitmap 功能相同。

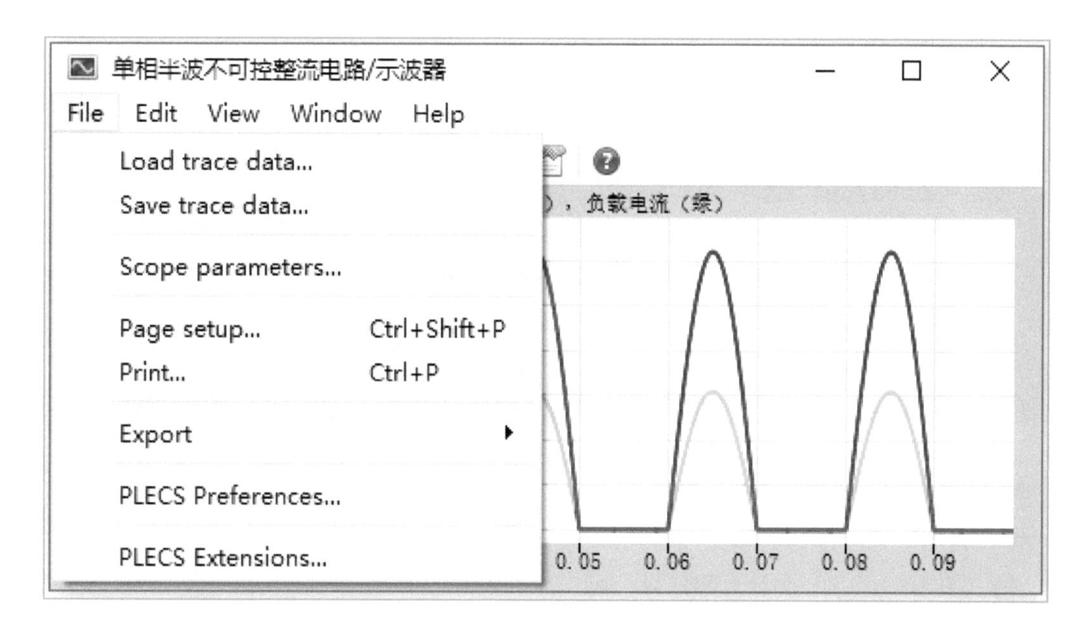

图 3.1　示波器 File 主菜单包含的子菜单

3．示波器 View 主菜单包含的子菜单如图 3.2 所示。

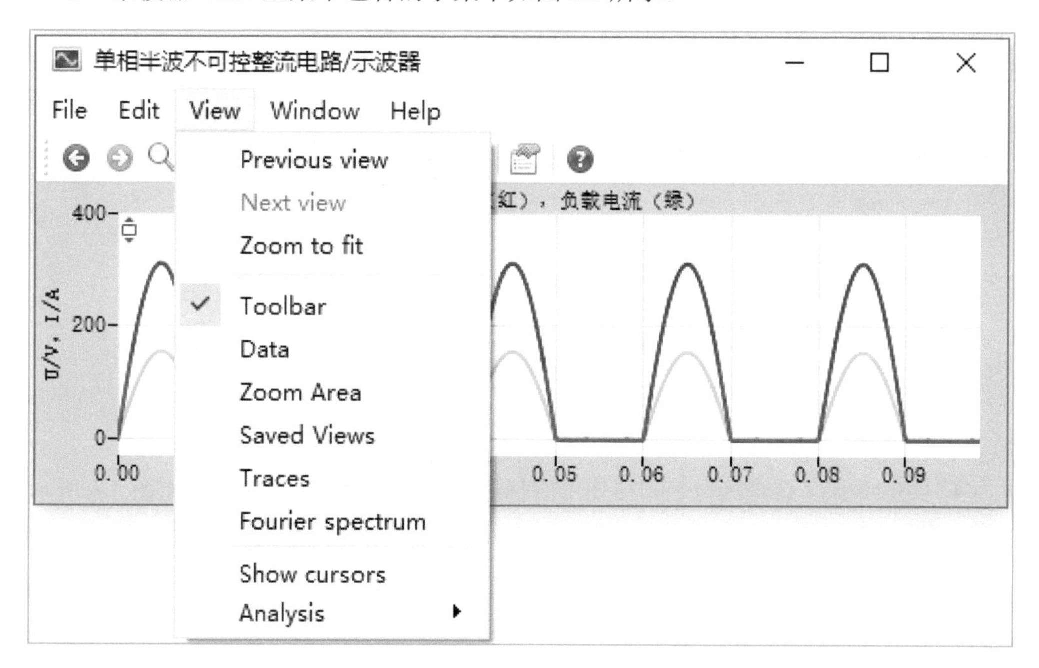

图 3.2　示波器 View 主菜单包含的子菜单

（1）与视图相关的子菜单。

①　“Previous view”选项为前一视图；

②　“Next view”选项为后一视图；

③　“Zoom to fit”选项为将整个波形缩放至窗口。

（2）有关工具窗口启用/禁用的子菜单。

① “Toolbar”选项为工具条，用以启用/禁用工具条；

② “Data”选项为数据，用以启用/禁用数据窗口；

③ “Zoom Area”选项为区域缩放，用以启用/禁用区域缩放窗口；

④ “Saved Views”选项为保存视图，用以启用/禁用保存视图窗口；

⑤ “Traces”选项为轨迹，用以启用/禁用轨迹对比窗口；

⑥ “Fourier spectrum”选项为傅里叶频谱分析，用以启用/禁用傅里叶频谱分析窗口。

（3）“Show cursors”选项为显示游标，数据窗口出现时，在波形曲线窗口显示 2 个游标，如图 3.3 所示，红色框内为数据窗口，在波形窗口出现红色箭头所指的游标。

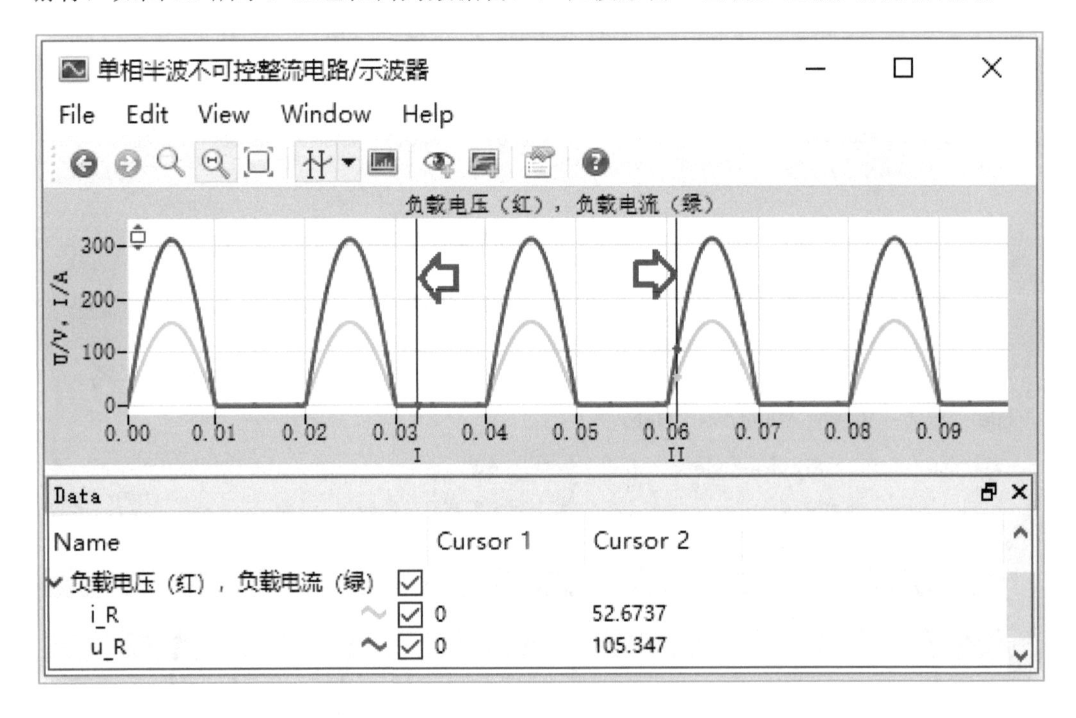

图 3.3　显示游标的示波器窗口

（4）“Analysis”选项为分析，在使用游标时，提供常用的计算数据，如图 3.4 所示，主要包括如下选项。

① “Delta”选项为时间变化量；

② “Min”选项为最小值；

③ “Max”选项为最大值；

④ “Abs Max”选项为绝对最大值，即峰峰值；

⑤ “Mean”选项为平均值；

⑥ “RMS”选项为有效值；

⑦ “THD”选项为总谐波畸变率。

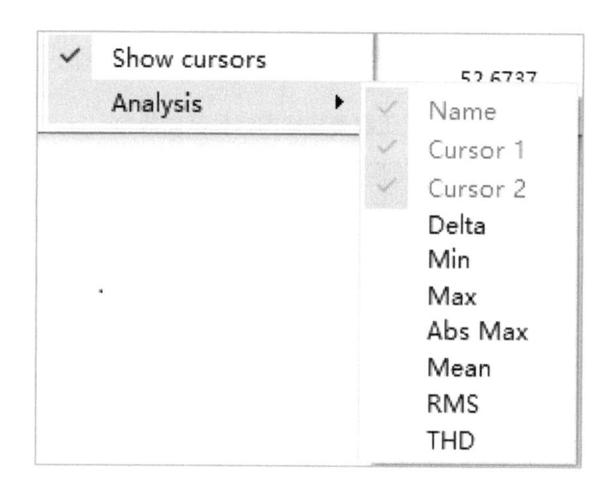

图 3.4 Analysis 子菜单所包含的计算数据与分析选项

3.1.2 工具条

如图 3.5 所示，红色框内为工具条。鼠标指针移到工具条的左侧出现✥时，按住鼠标左键拖动，可以将工具条移动到其他位置，如图 3.5 中所示将工具条移动到示波器窗口的左侧。

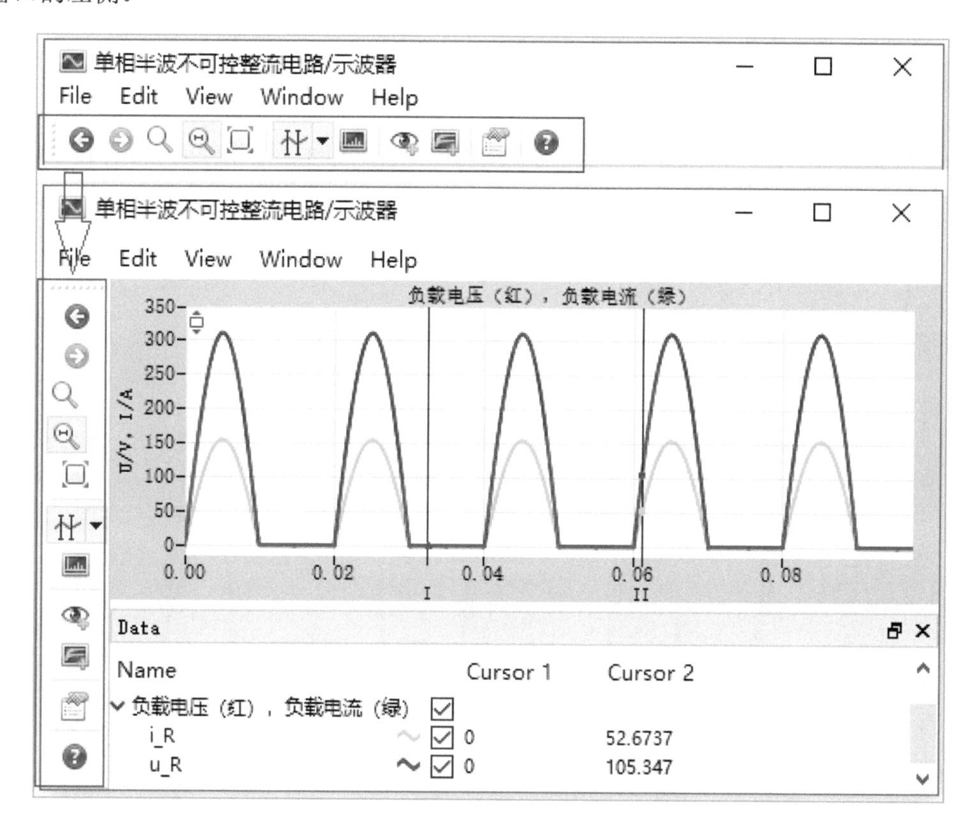

图 3.5 工具条及其位置移动

工具条按钮与 View 菜单中的子菜单功能基本相同，其对应关系如表 3.1 所示。

表 3.1 工具条按钮图标及其功能

序号	图标	名 称	对应其他子菜单	功 能
1		Previous view	View/Previous view	前一视图
2		Next view	View/Next view	后一视图
3		Free Zoom	—	自由缩放
4		Constrained Zoom	—	约束缩放
5		Zoom to fit	View/Zoom to fit	缩放到适当大小
6		Cursors	View / Show Cursors	显示游标
7		—	View /Analysis	数据分析
8		Fourier Spectrum	View/Fourier Spectrum	傅里叶频谱分析
9		Save View	View/Saved Views	保存视图
10		Hold Current Traces	—	保留当前波形曲线
11		Scope parameters	File/ Scope parameters	示波器参数设置
12		Help	Help	帮助

另外，鼠标指针移动到时间（X）轴区域，当出现时双击，弹出图 3.6 所示对 X 轴的区间缩放数据输入的对话框，输入数据可以对时间区间进行相应的缩放。按住拖动，会在 X 轴方向移动波形。

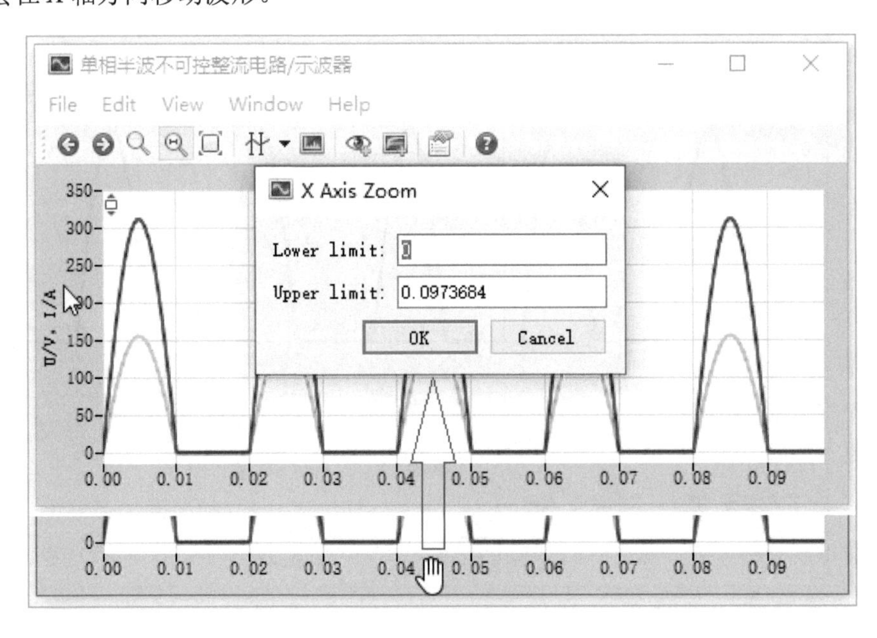

图 3.6 X 轴区间缩放输入对话框

同样，鼠标指针在 Y 轴区域双击后，出现对 Y 轴的区间缩放数据输入对话框，输入数据可以对 Y 轴区间进行相应的缩放，如图 3.7 所示。

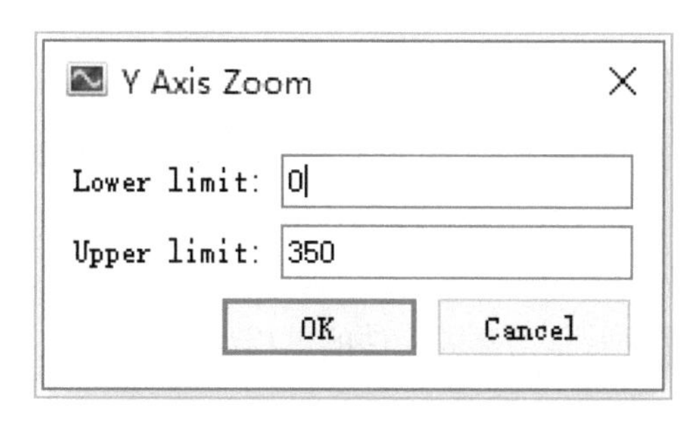

图 3.7　Y 轴区间缩放输入对话框

3.1.3　波形显示区

仿真结果以波形的形式显示在波形显示区，在该区域右击出现快捷菜单，如图 3.8 所示，可以实现以下的操作。

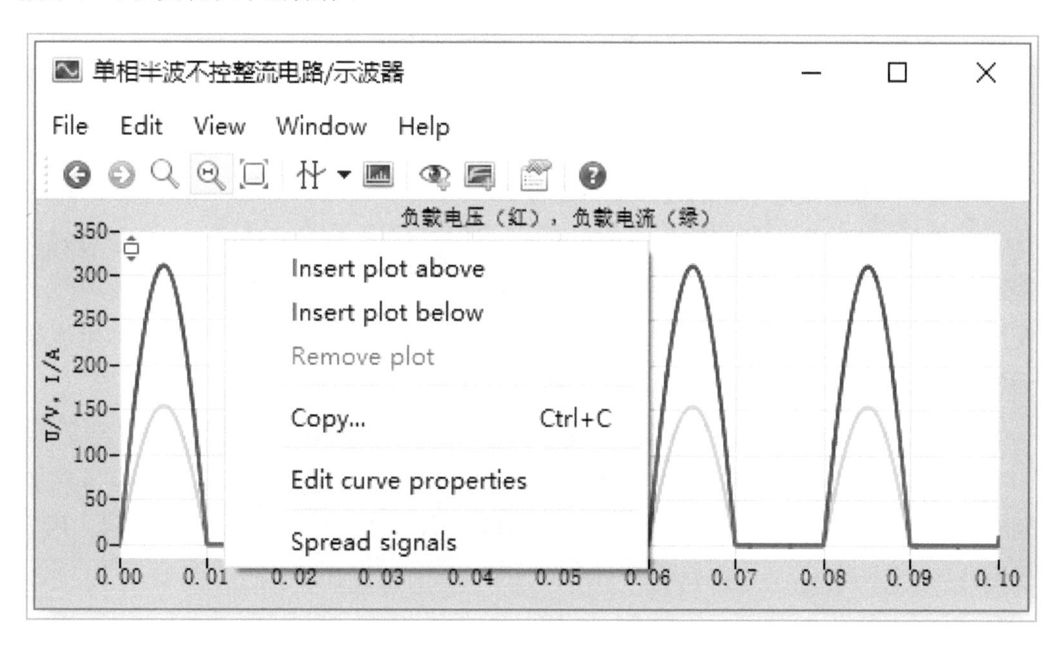

图 3.8　波形显示区右击快捷菜单

（1）“Insert plot above”选项为在上方插入一个波形显示区；

（2）“Insert plot below”选项为在下方插入一个波形显示区；

（3）“Remove plot”选项为删除波形显示区；

（4）“Copy…”选项为复制波形；

（5）“Edit curve properties”选项为编辑波形曲线属性；

（6）“Spread signals”选项为拆分信号波形，即将显示在一起的多路信号分开。

3.2 单相半波可控整流电路仿真

图 3.9 所示为采用晶闸管作为开关元件的单相半波可控整流电路原理图。

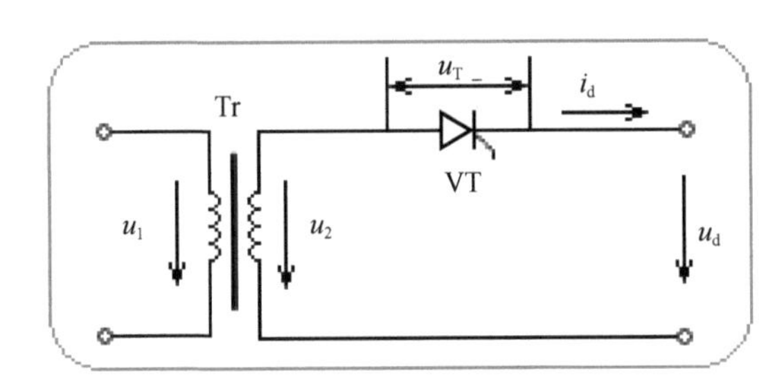

图 3.9 单相半波可控整流电路原理图

3.2.1 工作原理

单相半波可控整流电路的具体工作过程如下。

电源电压正半周，晶闸管承受正向电压，且其门极有触发脉冲时，晶闸管导通，直到流过晶闸管的电流小于其维持电流，晶闸管才关断，这期间负载两端电压 u_d 等于变压器输出电压 u_2。如果门极没有触发脉冲，晶闸管不能导通，则负载电压和电流均为零。

电源电压负半周，晶闸管承受反向电压不能导通，负载电压和电流均为零。

整流输出电压的大小与触发脉冲出现的时刻有关。从晶闸管承受正向电压到加触发脉冲使其导通的这段时间所对应的电角度，称为控制角（或触发延迟角），用 α 表示。

3.2.2 仿真模型

创建如图 3.10 所示的单相半波可控整流电路仿真模型。

单相半波可控整流电路仿真模型中晶闸管 VT 可以在 Electrical/Power Semiconductors 库中找到，探针 1 用来检测交流电源的电压和电流，探针 2 用来检测晶闸管两端电压和流过的电流。

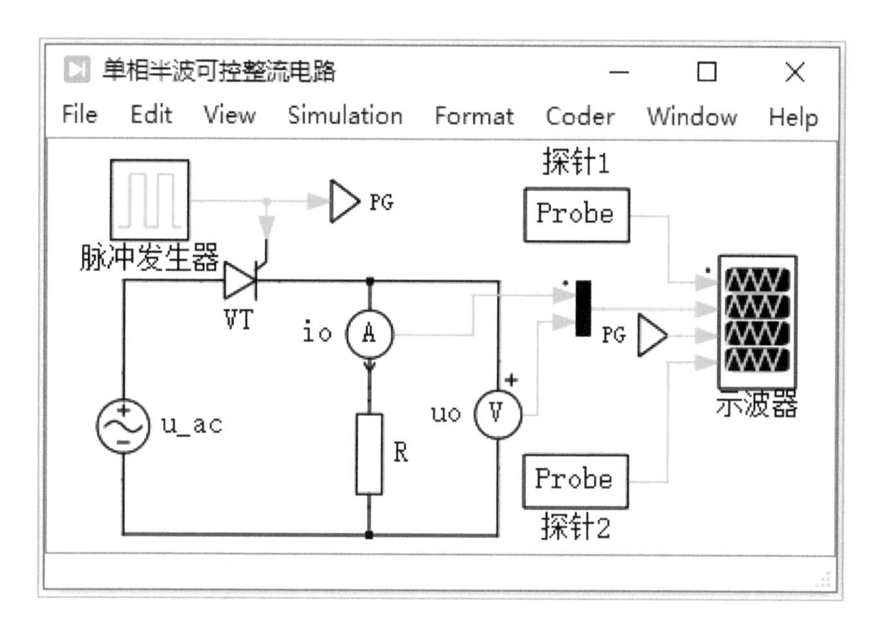

图 3.10 单相半波可控整流电路仿真模型

3.2.3 元件参数设置

按图 2.54 所示设置交流电源参数，电阻 R=2Ω，脉冲发生器参数设置如图 3.11 所示。

Block Parameters: 单相半波可控整流电路/脉冲...

Pulse Generator

Output periodic rectangular pulses.

Parameters Assertions

High-state output:

1

Low-state output:

0

Frequency [Hz]:

50

Duty cycle [p.u.]:

0.05

Phase delay [s]:

30/50/360

OK Cancel Apply Help

图 3.11 脉冲发生器参数设置

由图 3.11 可知，PLECS 元件参数可以为代数式输入，红色框内代数式含义为移相 30°，如果要仿真其他的控制角度，将“30”改为相应角度的数值即可。

3.2.4 运行仿真

设置仿真时间为 1s，其他参数设置为默认。运行仿真，双击示波器按钮，就可以观察到单相半波可控整流电路各关键点的波形，如图 3.12 所示。

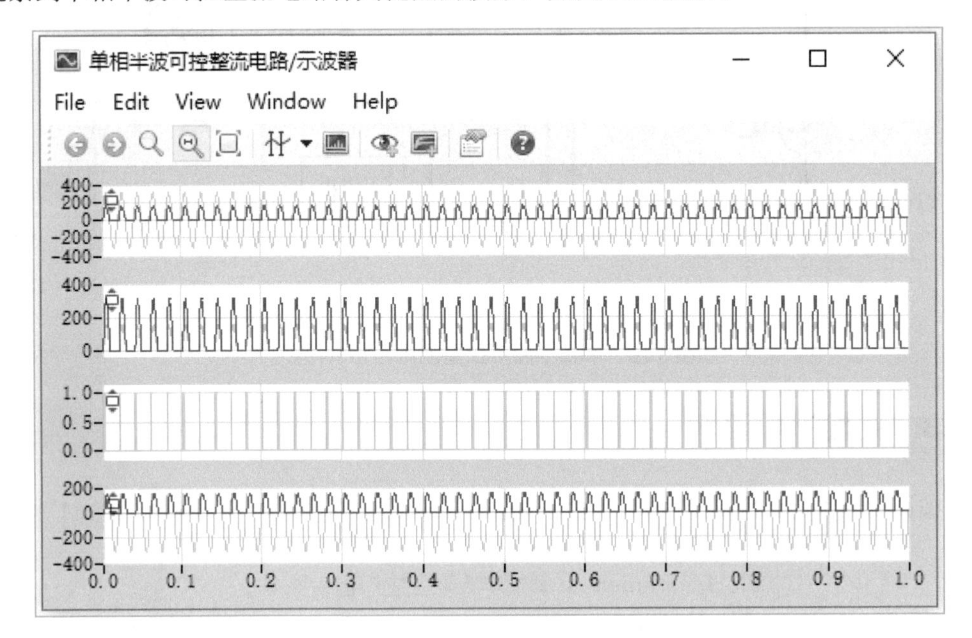

图 3.12 单相半波可控整流电路仿真波形

从图 3.12 可以看出，仿真波形图显示比较密集，不便于观察和分析，需要对波形进行缩放等操作。

3.3 波形查看与输出

为了更好观察波形，通常选取电路工作中某一段时间内的波形以显示波形的具体细节，以此来分析电路的工作原理或器件的工作状态等。

3.3.1 波形查看

1. 缩放操作

波形缩放操作包括自由缩放、约束缩放、缩放到适当大小和区间缩放等操作。

1）自由缩放

选择 View 菜单下的“Free Zoom”选项或单击工具条上的 按钮，对部分波形进行放大，如图 3.13 所示。

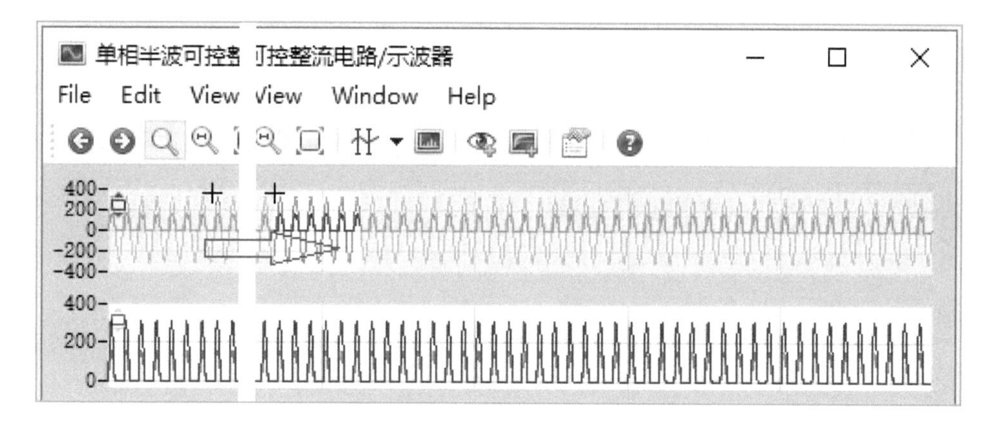

图 3.13 自由缩放操作

鼠标指针移至需要缩放区域的左上角，光标呈“十”字形状且该波形显示区变暗，按住鼠标左键拖动，拖动过的区域变亮，拖动至缩放区域的终点，释放鼠标左键，则被拖亮的区域被放大到整个波形显示区，如图 3.14 所示。

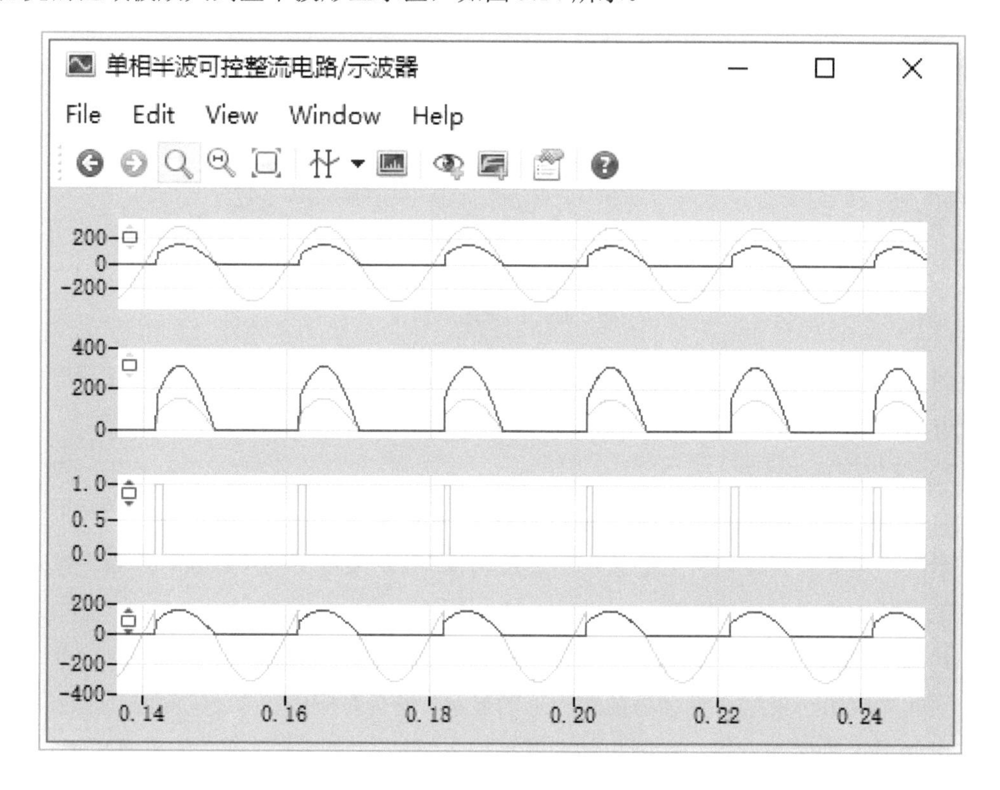

图 3.14 自由缩放后的波形

2）约束缩放

自由缩放是对鼠标指针拖动过变亮的区域进行缩放，其他显示区的波形随之在 *X* 轴方向进行缩放；而约束缩放鼠标指针只能在 *X* 轴或 *Y* 轴其中一个方向上拖动进行缩放。以图 3.12 为基础进行 *Y* 轴方向上的缩放，操作方法为选择 View 菜单下的"Constrained Zoom"选项或单击工具条上的按钮，过程与自由缩放相同，如图 3.15 所示。

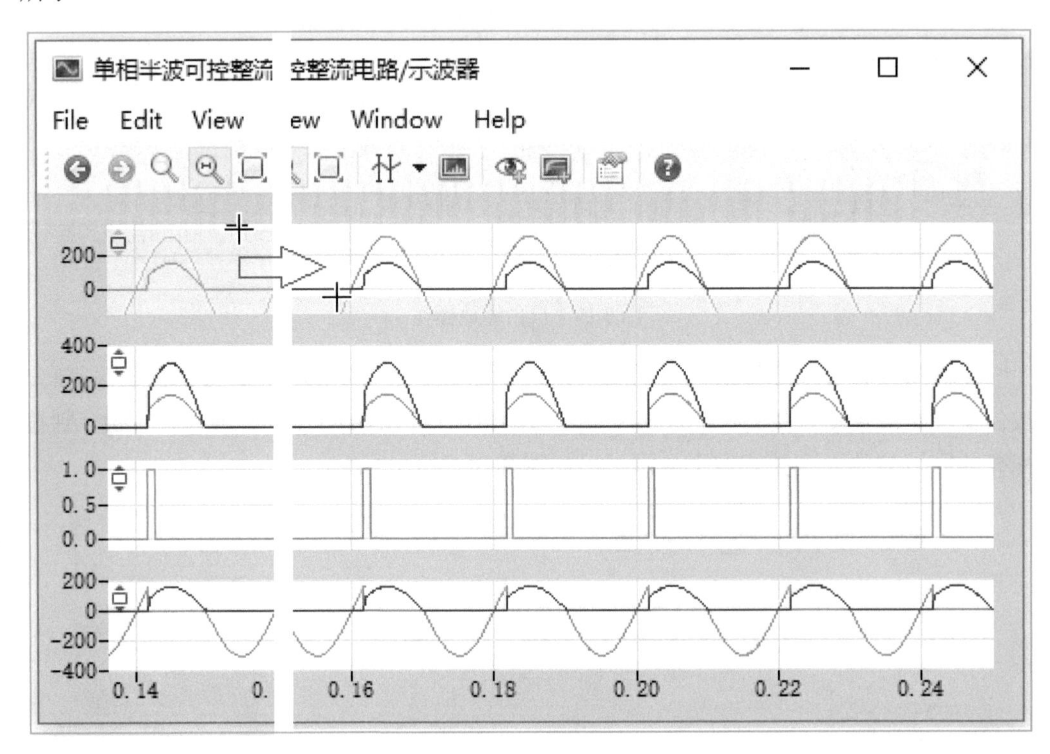

图 3.15　约束缩放操作

图 3.14 经过以上约束缩放操作后，波形显示如图 3.16 所示，从图中可以看出，除最上方的波形显示发生了变化，其余的三个显示区的波形没有改变。

3）缩放到适当大小

自由缩放和约束缩放是对波形的放大，而缩放到适当大小是将经过放大的波形缩小到显示区，即又回到最初所见的波形。通过选择 View 菜单下的"Zoom to fit"选项或单击工具条上的按钮来实现。

4）区间缩放

区间缩放比约束缩放更容易控制波形的显示，没有对应的菜单选项和工具按钮，通过在 *X* 轴或 *Y* 轴区域双击，在弹出的对话框输入需要的数据来实现。如果要显示 0.2～0.24s 时间段的波形，则可以采用图 3.6 所示的方法进行操作，结果如图 3.17 所示。

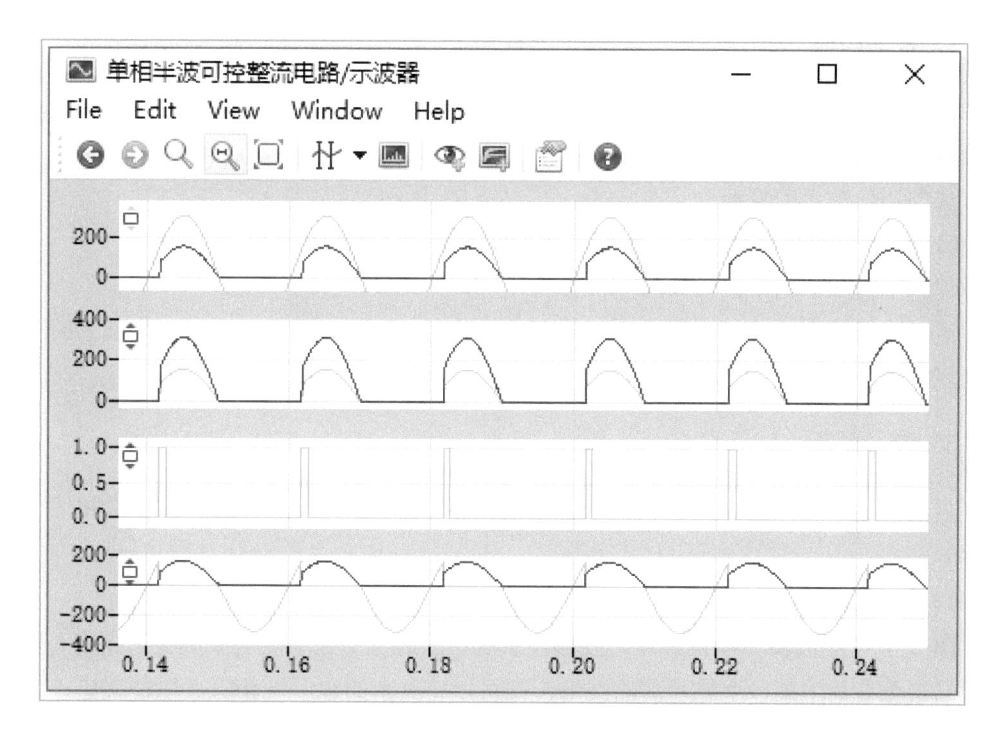

图 3.16　约束缩放后的波形

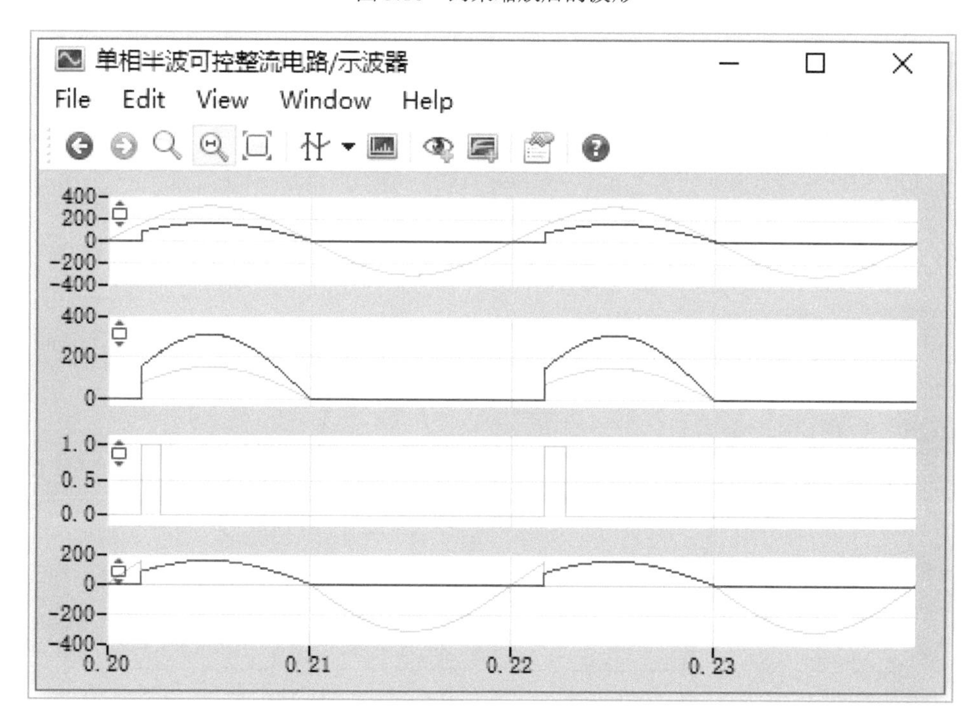

图 3.17　区间缩放后的波形

2. 视图切换

在上述的缩放操作过程中，如果对操作或波形不满意，可以通过视图切换按钮来返回之前的界面。

视图切换操作的方法：

（1）选择 View 菜单下的“Previous view”或“Next view”选项。

（2）单击工具条中的 或 按钮。

该操作只能在前后两次操作之间进行，与电路模型编辑器窗口 Edit 菜单下的撤销和恢复操作不同。

3. 波形显示

与波形显示相关的操作包括波形显示区的删除和插入、波形曲线属性编辑和信号波形拆分。

1）波形显示区删除和插入

图 3.10 中示波器窗口包括 4 个波形显示区，因此每个显示区的波形显示高度有限，如果只想查看其中某一个显示区的波形，则可以将其余的显示区删除，以便突出该波形的细节。例如，图 3.17 中只需要查看与负载相关的波形，删除其余显示区后的视图，如图 3.18 所示。

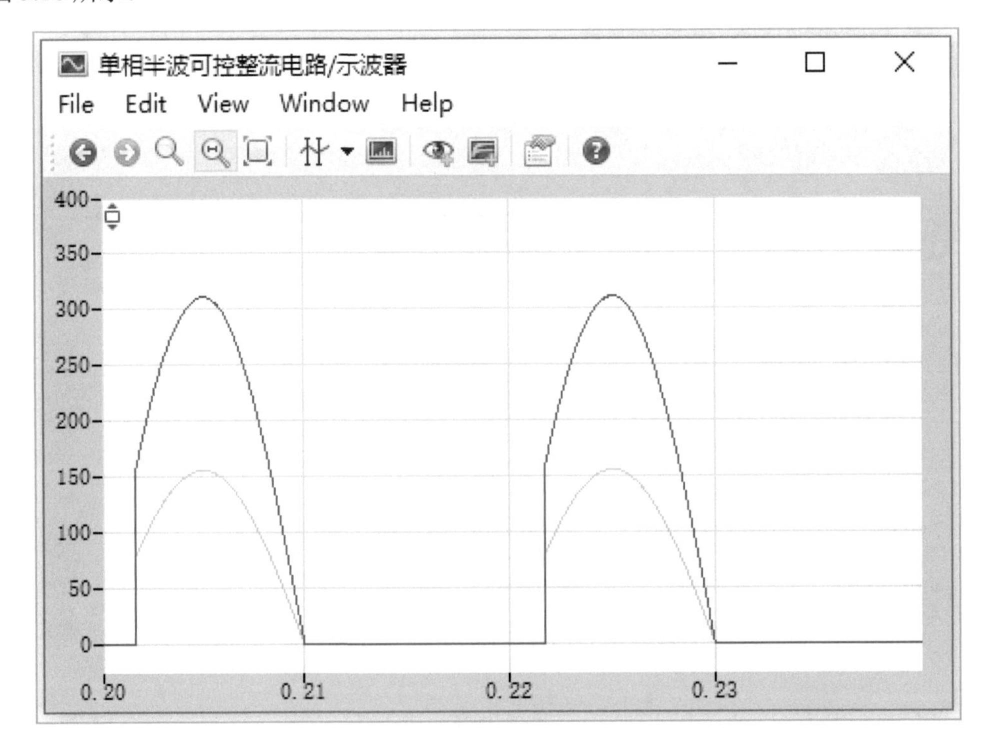

图 3.18 删除波形显示区后的视图

需要注意的是，删除显示区后，仿真电路模型中与该区域相关联的信号连接相应地会断开，如图 3.19 所示。

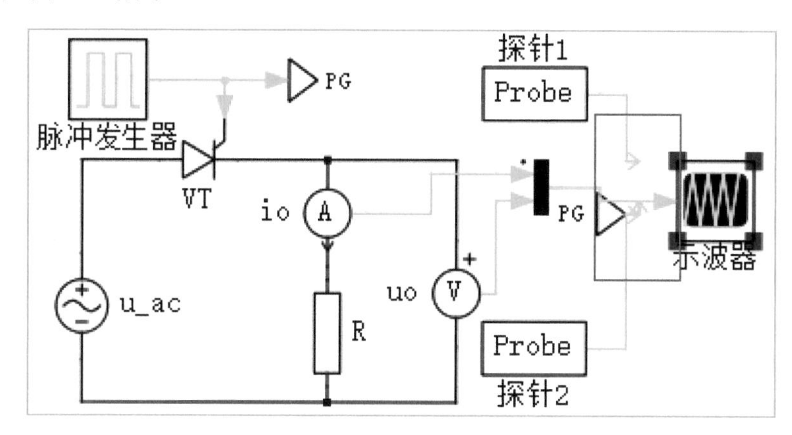

图 3.19 删除显示区后电路模型原理图的连接变化

如果想在当前波形显示区上方增加波形显示区，选择快捷菜单中的“Insert plot above”选项，在当前波形显示区下方增加一个波形显示区则选择“Insert plot below”选项。在图 3.18 所示的波形显示区下方增加一个波形显示区后的视图如图 3.20 所示。

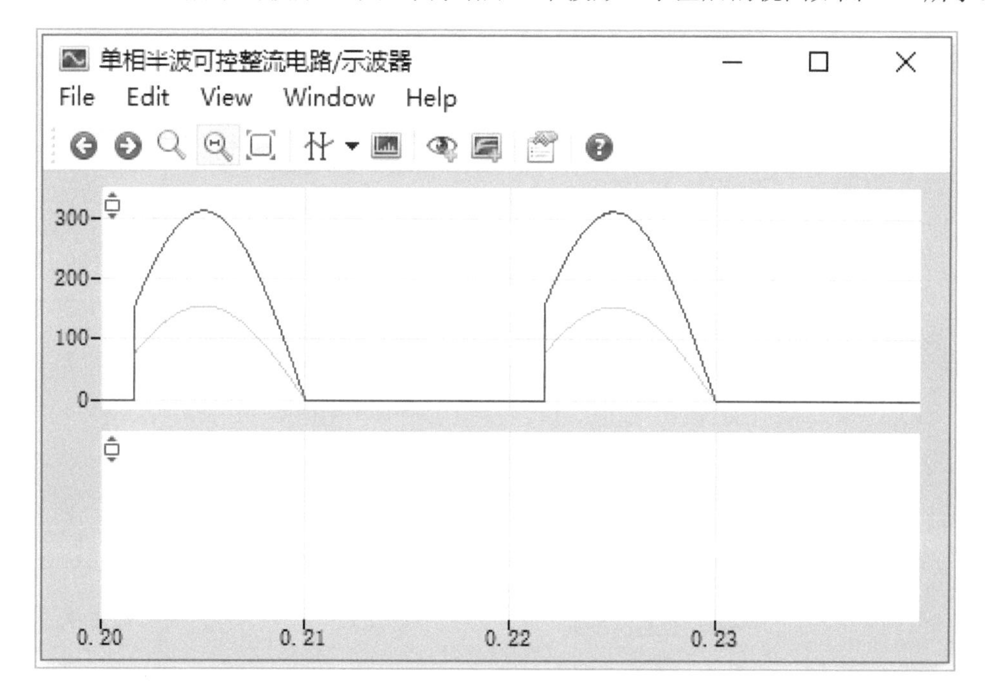

图 3.20 增加显示区后的视图

电路模型中的示波器也相应增加一个输入，如图 3.21 所示，需要重新对信号进行连接。

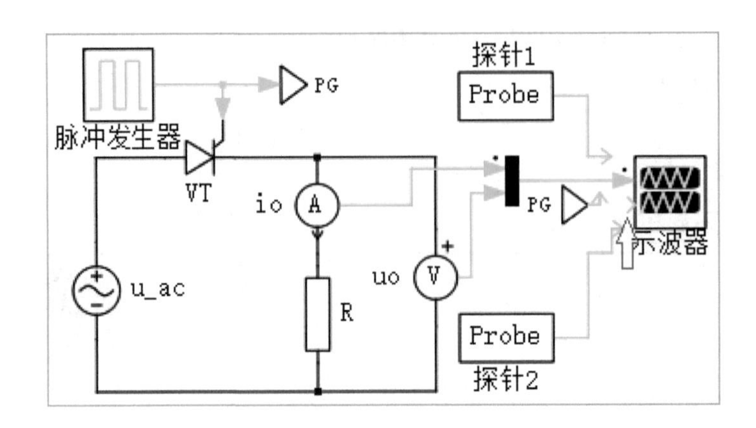

图 3.21　增加显示区后电路模型原理图的连接变化

2）波形曲线属性编辑

以图 3.18 为例，选择右击快捷菜单中的“Edit curve properties”选项，出现曲线属性编辑对话框，如图 3.22 所示。

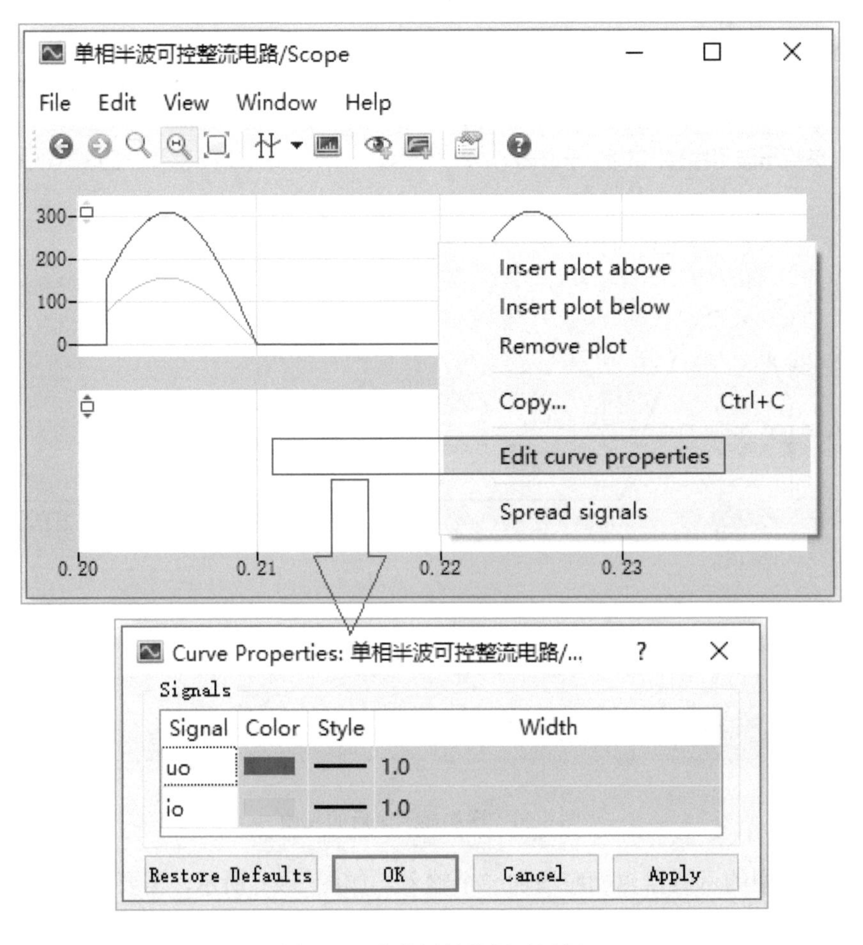

图 3.22　曲线属性编辑对话框

在曲线属性编辑对话框中相应的区域双击可以修改波形曲线的 Color（颜色）、Style（样式）和 Width（宽度），修改后的曲线属性编辑对话框如图 3.23 所示。

图 3.23　修改后的曲线属性编辑对话框

修改后的波形曲线显示如图 3.24 所示。

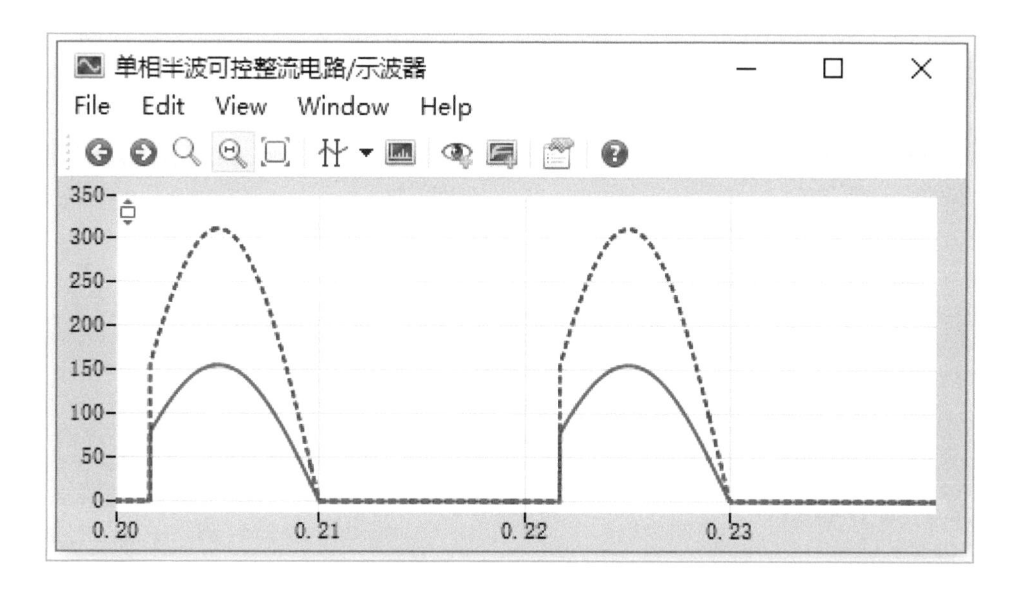

图 3.24　修改后的波形曲线显示

3）信号波形拆分

在波形显示区右击快捷菜单中选择“Spread signals”选项，可实现信号波形的分离，如图 3.25 所示。

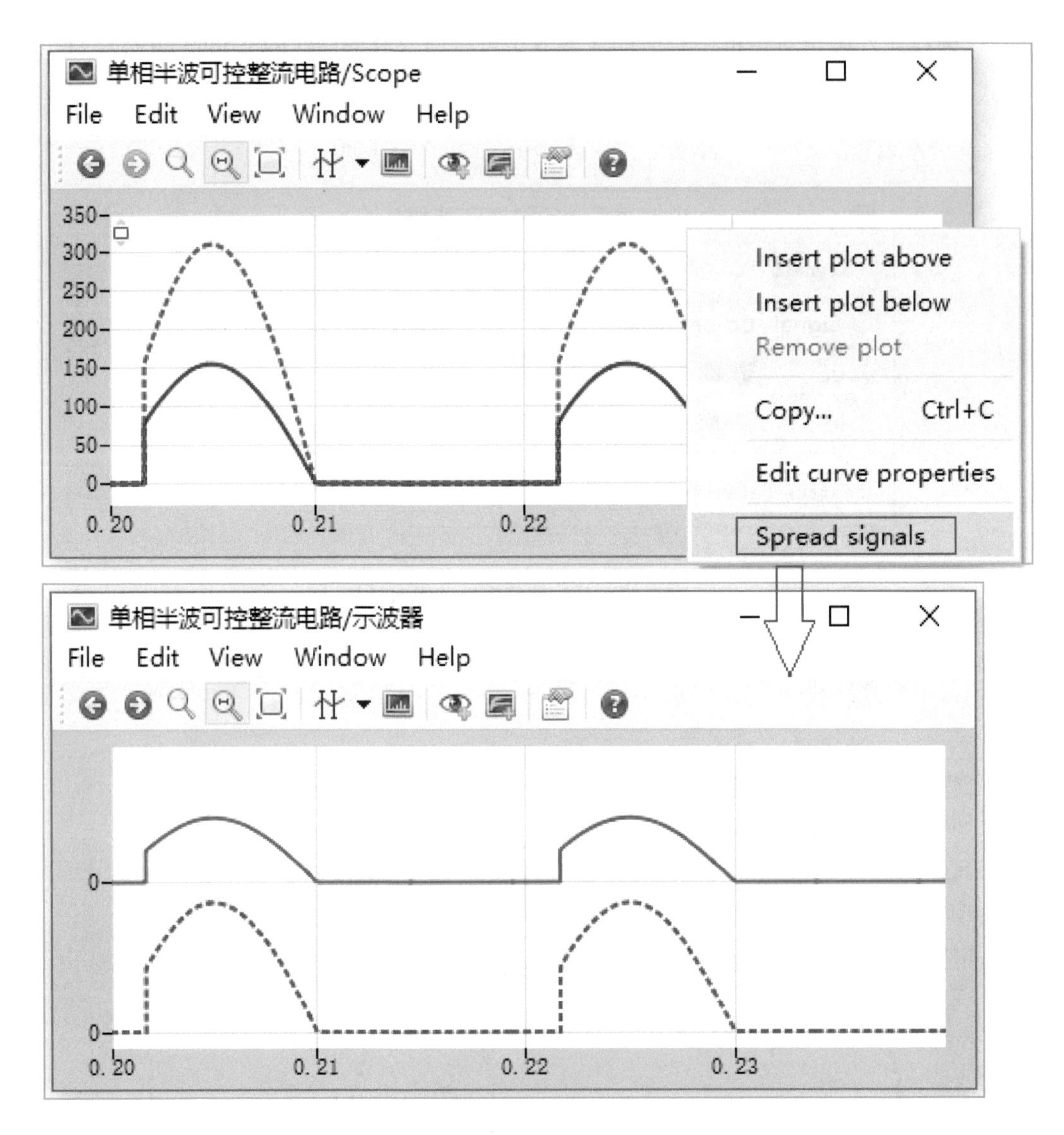

图 3.25 信号波形拆分

3.3.2 波形输出

波形输出有两种方法，方法一是选择 File 菜单下的“Export”选项；方法二是选择 Edit 菜单中的“Copy...”选项或用快捷键 Ctrl+C。方法一可以输出 PDF、Bitmap 和 CSV 3 种格式，方法二仅能输出 Bitmap 格式。

以图 3.25 输出 Bitmap 格式为例，在 File 菜单下选择“Export”中的“as Bitmap...”选项，弹出页面设置对话框如图 3.26 所示。

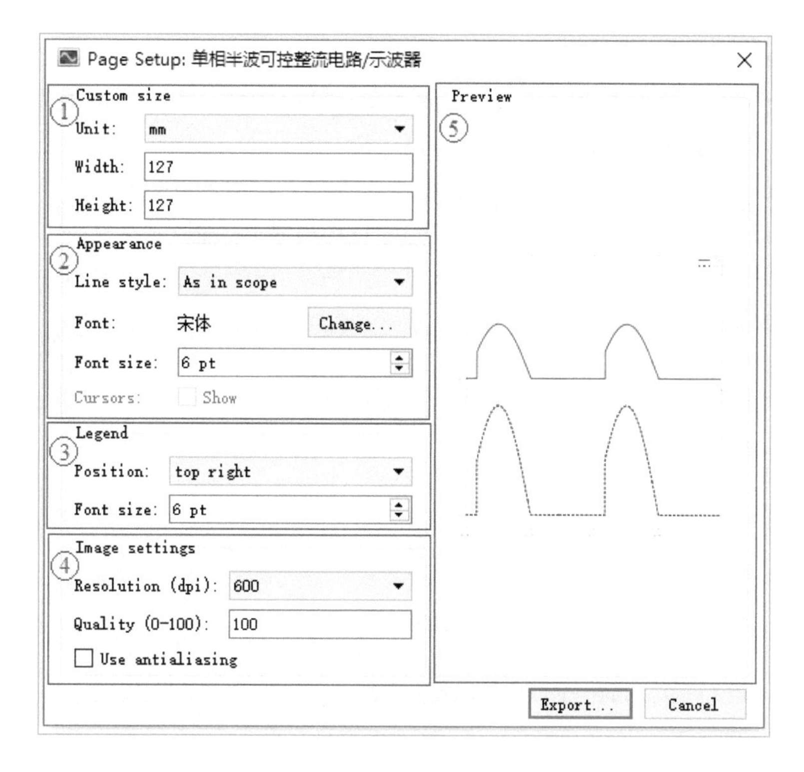

图 3.26 波形输出页面设置对话框

页面设置包括以下内容。

1）Custom size 定义尺寸

① Unit：单位，可供选择的单位有 mm、cm、inches、points 和 pixel，分别对应毫米、厘米、英寸、点数和像素；

② Width：宽度；

③ Height：高度。

2）Appearance 表现形式

① Line style：线条样式，包括 As in scope、Copy of Default、Color、Grayscale、Black and white 和 Black and white、dashed 等样式，分别为示波器显示所见、默认版本形式、有颜色的、带灰度级的、黑白色和黑白色与虚线；

② Font：字体，可以单击“Change...”按钮，在弹出的字体对话框中进行选择；

③ Font size：字号，在后面的输入框中通过 进行设置；

④ Cursors：游标显示，通过勾选“Show”前面的复选框进行设置。

3）Legend 图例

① Position：位置，可供选择的位置有 None、top left、top right、bottom left、bottom right、top middle 和 bottom middle，分别对应没有图例、上左、上右、下左、下右、上中和下中等位置；

② Font size：字号，在后面的输入框中通过 进行设置。

4）Image settings 图像设置

① Resolution（dpi）：分辨率，以 dpi 为单位的打印分辨率，即每英寸打印点的个数，有 72、150、300 和 600 等数值供选择；

② Quality（0-100）：质量，在输入框进行设置，范围为 0～100；

③ Use antialiasing：图形保真，通过勾选复选框进行设置。

5）Preview 预览

在该区域显示输出的预览。

以上设置完成后单击“Export...”按钮，弹出“Export as”对话框，如图 3.27 所示。

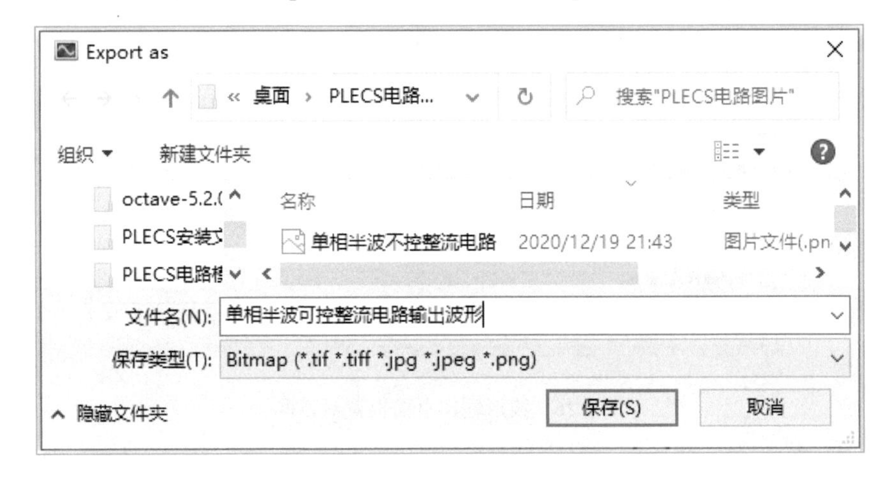

图 3.27 “Export as”对话框

完成操作后，由图 3.25 输出的波形图如图 3.28 所示。

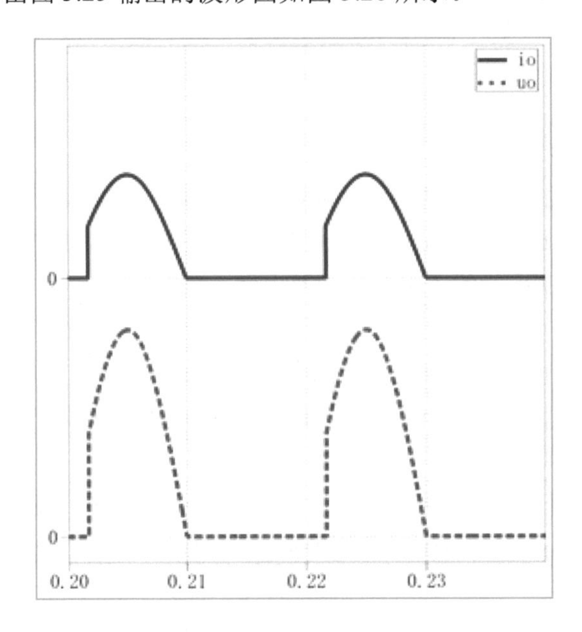

图 3.28 输出的波形图

3.4 数据计算与分析

PLECS 的示波器除了波形显示功能，还有非常实用的数据计算和分析功能。

3.4.1 数据窗口

1. 基本操作

1）显示数据区

如图 3.29 所示，选择 View 菜单中“Data”选项时，该选项前的复选框被勾选，同时在示波器窗口波形显示区下方出现数据显示区；再次单击取消勾选，关闭数据显示。

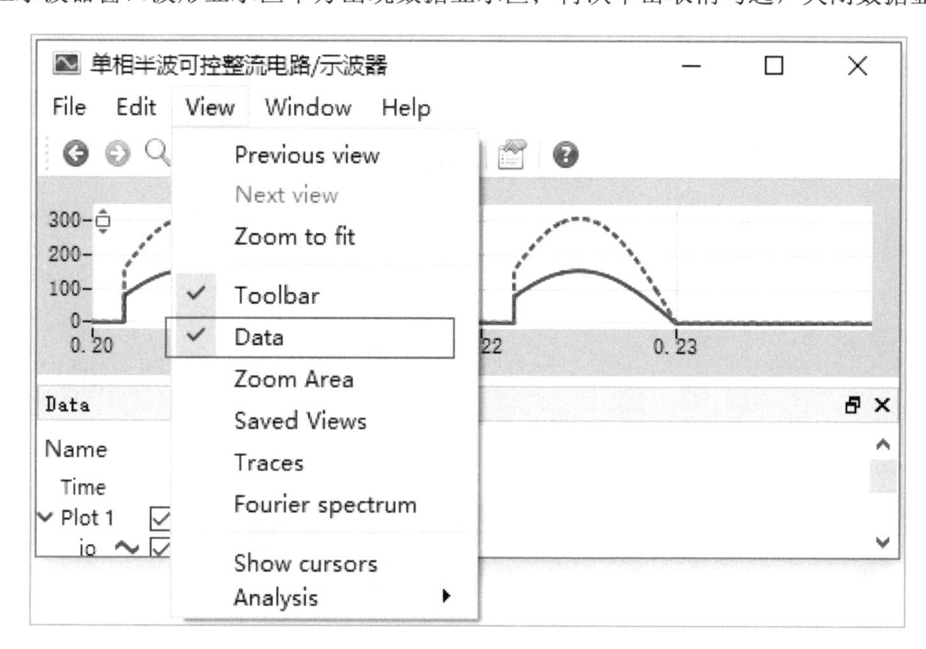

图 3.29 数据显示区操作

2）数据窗口移动

在数据窗口标题栏按住鼠标左键进行拖动，可以将数据窗口放在示波器窗口的左侧或右侧，也可以将数据窗口移出示波器，成为独立的窗口，如图 3.30 所示。

3）添加数据

以上数据区或数据窗口中还没有数据，通过选择 View 菜单中“Show cursors”选项或单击工具条中的 按钮，添加游标后才有数据显示，如图 3.31 所示。

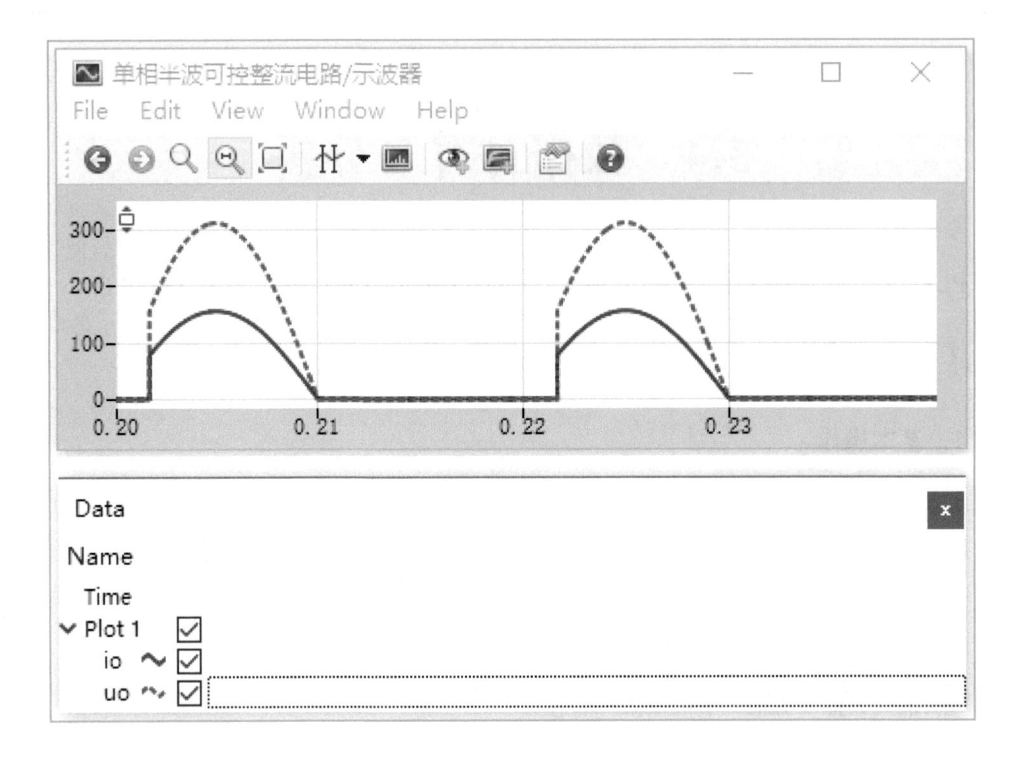

图 3.30 被移出的数据窗口

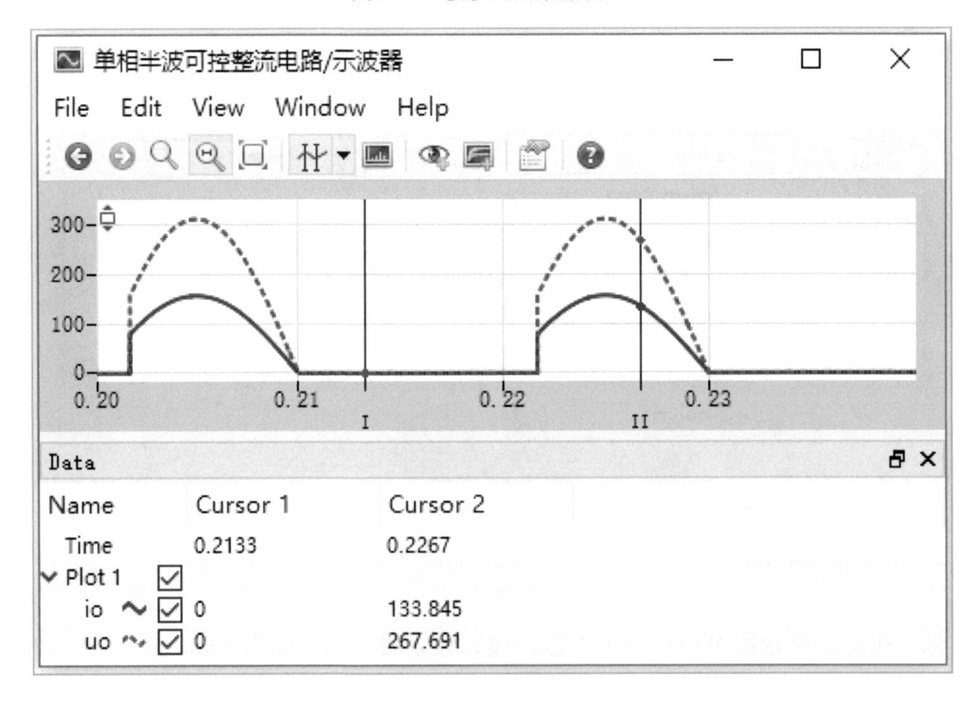

图 3.31 添加数据

图 3.31 中波形区出现两条黑色垂线即游标，游标与波形曲线交点被突出显示，在 X 轴区域出现 I 和 II，分别表示 Cursor 1 和 Cursor 2。

数据区增加了 Cursor1 和 Cursor2 两列数据项，数据区下方的 Time 栏中显示了游标所在位置的时间值（时刻），曲线 io 和 uo 栏中出现两个游标所处时刻的数值，即瞬时值。

2. 游标操作

1）游标拖动

当鼠标指针移至游标处出现 ⇔ 形状时，按住鼠标左键可以拖动游标，如图 3.32 所示。

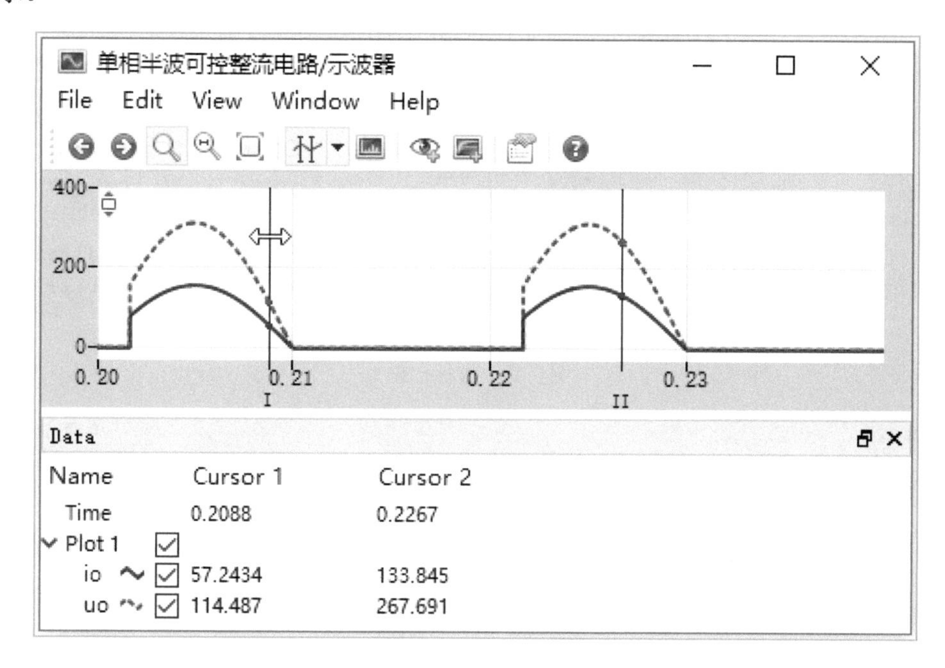

图 3.32 游标拖动

当拖动 Cursor 1 时，下方数据区与 Cursor 1 对应数据也随之变化。

2）游标定位

拖动游标时，游标所处位置的时间也会变化，拖动游标到指定时间点后，释放鼠标左键，可以定位游标，但操作难以做到很精确，最好的办法是在数据显示区游标时间数据处双击，如图 3.33 所示，该数据区域变为可输入状态，输入定位时间数据后，在其他区域单击，游标就会移至定位处。

3）游标锁定

在计算电路输出参数时需要选取一段时间，如计算单相半波可控整流电路输出电压平均值时则选取交流电源的 1 个工作周期，即 0.02s，这需要两个游标来实现 0.02s 时间段的选取，即两个游标间的时间变化量 Delta，选择 View 菜单下“Analysis”中的“Delta”选项，或单击游标 ⫲ 按钮后面的▾按钮，在出现的下拉列表中选择“Delta”选项，这时数据窗口将出现 Delta 数据项，如图 3.34 所示。

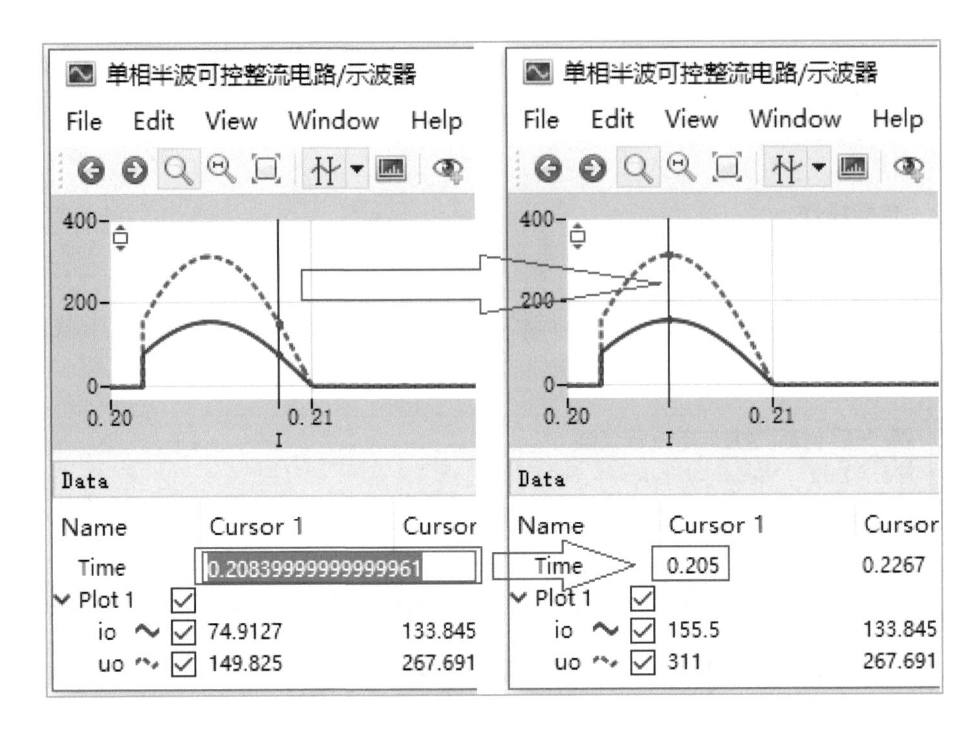

图 3.33 游标定位

Data

Name	Cursor 1	Cursor 2	Delta
Time	0.2132	0.2266	0.0134
Plot 1			
io	0	136.266	-136.266
uo	0	272.531	-272.531

图 3.34 数据窗口中的 Delta 数据项

从图 3.34 中 Delta 数据项可以知道，时间变化为 0.0134s，期间 io 和 uo 的变化量也显示在下方。

红色箭头上方有一把小锁，此时为打开状态，双击，就会变成锁定状态。

在小锁打开状态时，可以拖动任意一个游标，而另外一个游标不会移动，时间变化量是改变的。

在小锁锁定状态时，表示时间的变化量被锁定了，这时若拖动任意一个游标，另外一个游标也随之移动，并保持时间的变化量不变。

在图 3.34 所示情况下，双击“Delta”数据项的时间值，该数据区域变为可输入状态，输入 0.02，在其他区域单击后，游标即被锁定，如图 3.35 所示，Cursor 1 的位置没有改变，而 Cursor 2 向右移到距 Cursor 1 处 0.02s 的地方。

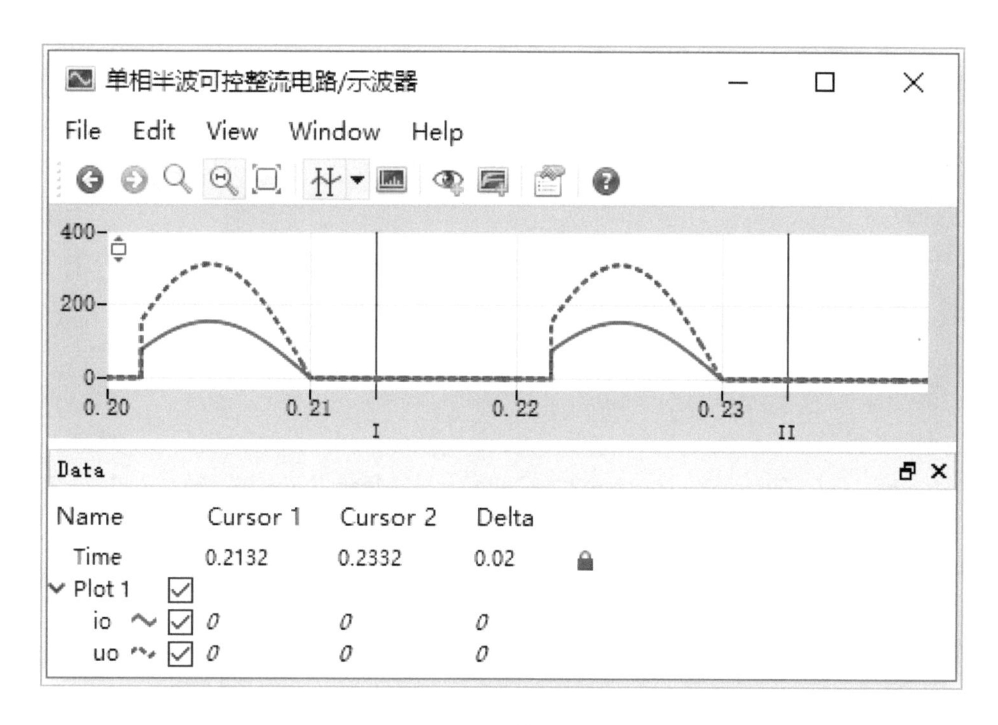

图 3.35 游标锁定

3.4.2 数据计算

图 3.4 中显示了 PLECS 示波器数据窗口所提供的常用计算，包括最小值、最大值、峰峰值、平均值、有效值和总谐波畸变率。

如果需要对电源周期内的输出波形相关变量进行计算，可以选择 View 菜单下“Analysis”中的相应选项，或单击游标按钮后面的▾按钮，在出现的下拉列表中选择相应选项，这时数据窗口将出现相应的数据项。

1. 平均值

如图 3.36 所示，数据窗口的 Mean 数据列显示了电压和电流波形的平均值。

单相半波可控整流电路带电阻性负载时的输出电压和电流的平均值计算公式：

$$U_o = 0.45U_i \times \frac{1+\cos\alpha}{2} \tag{3-1}$$

$$I_o = \frac{U_o}{R} \tag{3-2}$$

U_i 为交流输入电压的有效值，值为 220V，控制角 α 为 $\pi/6$，电阻 R 为 2Ω，代入以上公式，可得

$$U_i = 92.3682\text{V}，I_o = 46.1841\text{A}$$

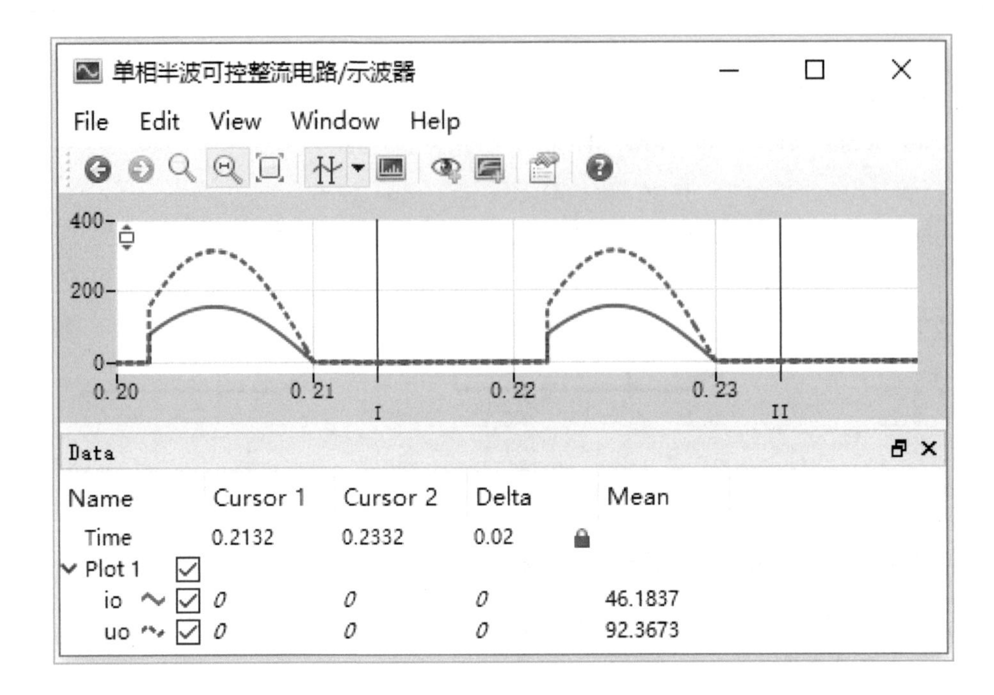

图 3.36　平均值计算

由 PLECS 示波器数据区显示的数据与计算结果相差很小。

2．有效值

如图 3.37 所示，数据窗口的 RMS 数据列显示了电压和电流波形的有效值。

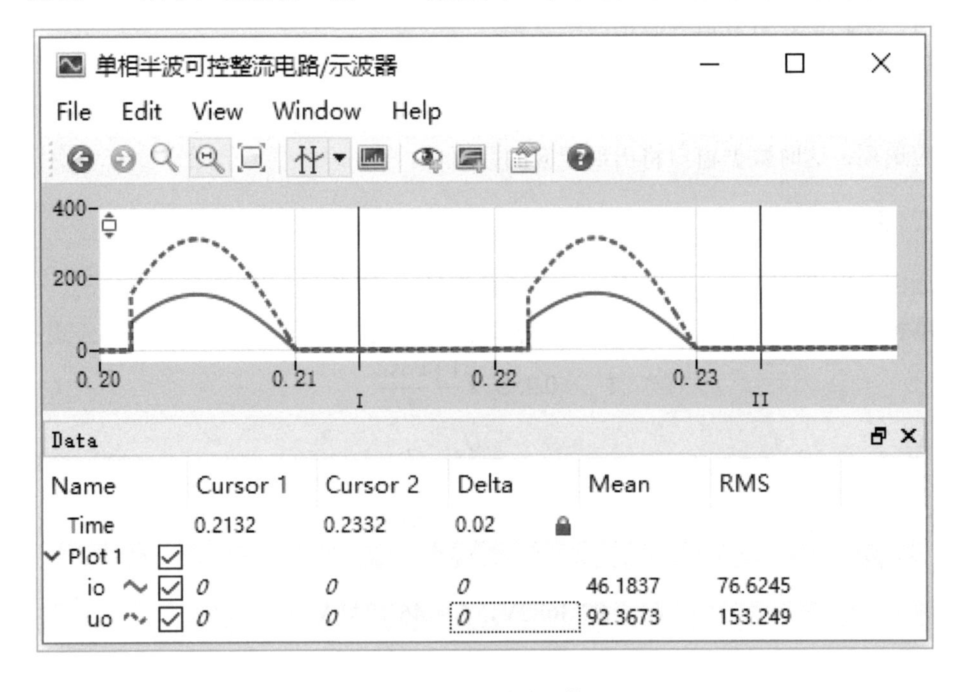

图 3.37　有效值计算

单相半波可控整流电路带电阻性负载时的输出电压和电流的有效值计算公式：

$$U_{\mathrm{RMS}}=U_i\sqrt{\frac{\pi-\alpha}{2\pi}+\frac{\sin 2\alpha}{4\pi}} \tag{3-3}$$

$$I_{\mathrm{RMS}}=\frac{U_{\mathrm{RMS}}}{R} \tag{3-4}$$

将 $\alpha=\pi/6$ 代入上式后，求得 $U_{\mathrm{RMS}}=153.3043\mathrm{V}$，$I_{\mathrm{RMS}}=76.6521\mathrm{A}$，与 PLECS 示波器数据区显示的数据相差也很小。

以上平均值和有效值的计算表明，PLECS 示波器在输出波形的变量计算方面精确度是很高的，由于最小值、最大值和峰峰值的计算较为简单，而总谐波畸变率的计算又过于复杂，在此就不一一列举了。

3.4.3　数据分析

PLECS 示波器中提供了傅里叶频谱分析功能，选择 View 菜单下“Fourier spectrum”选项，或单击工具条中按钮，将出现傅里叶频谱分析窗口，如图 3.38 所示。

傅里叶频谱分析窗口与示波器窗口类似，也分为 4 个区域，分别是区域①的菜单栏、区域②的工具条、区域③的频谱显示区和区域④的数据显示区。

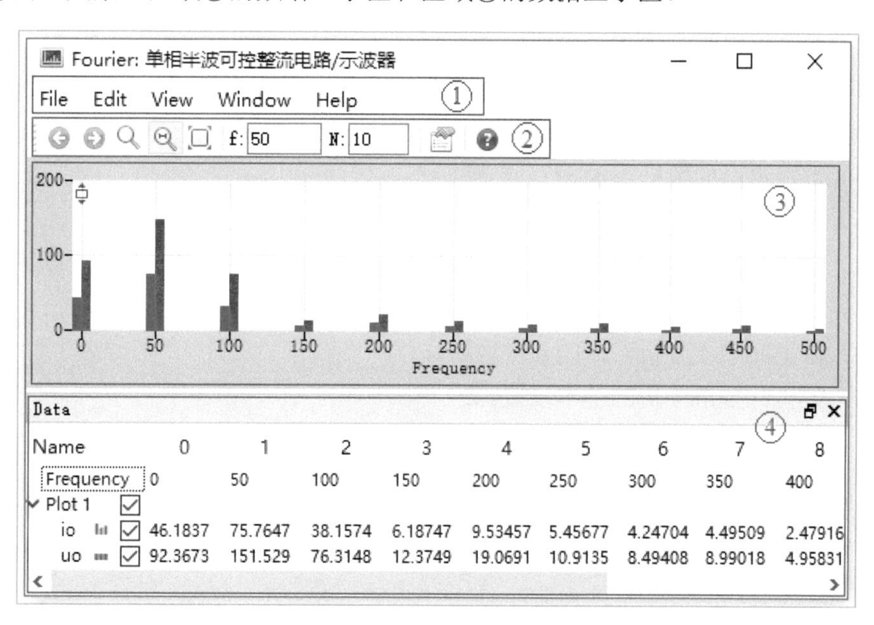

图 3.38　傅里叶频谱分析窗口

在区域②的工具条上有设置基波频率和谐波次数的输入框，在其中输入相应数值进行傅里叶频谱分析。

傅里叶频谱分析的操作与前述的波形数据操作类似，不再赘述。

要点回顾

（1）PLECS 示波器窗口有 3 个区域和 5 个主菜单。

（2）示波器窗口 File 主菜单中常用子菜单、示波器参数设置、波形输出和 PLECS 配置。

（3）示波器窗口 View 主菜单中视图相关子菜单、工具窗口相关子菜单和数据分析相关子菜单。

（4）示波器窗口游标显示、移动和锁定相关操作。

（5）工具条的位置移动和各按钮图标的功能。

（6）示波器窗口波形移动操作。

（7）晶闸管导通和关断条件。

（8）控制角 α（或触发延迟角）的概念，脉冲发生器参数中设置控制角 α 的技巧。

（9）波形的自由缩放、约束缩放、区间缩放和缩放到适当大小等区别与操作。

（10）波形显示区的删除和插入操作，以及操作后电路模型编辑器窗口中的变化。

（11）波形曲线颜色、样式和线宽等属性的编辑，信号波形的拆分。

（12）波形输出的方法和输出的格式。

（13）波形输出页面大小、表现形式、图例和图像质量等相关设置。

（14）示波器数据窗口的显示和位置移动。

（15）数据窗口的数据添加。

（16）游标拖动、定位和锁定操作。

（17）数据窗口所提供的平均值、有效值和总谐波畸变率等常用数据计算。

（18）单相半波可控整流电路相关变量的计算与验证。

（19）傅里叶频谱分析窗口的 4 个区域。

（20）傅里叶频谱分析的基本设置。

4 PLECS工作原理与仿真参数设置

内容提要

4.1 PLECS 的工作原理

PLECS 是一个用于动态系统建模和仿真的软件，与其他任何软件一样，要充分应用它，必须对它的工作原理有一个基本的了解。在此之前，有必要区分建模和仿真这两个概念。

建模是指从被模拟系统中提取知识并以某种形式表示这些知识的过程。PLECS 提供了可以在相同建模环境中使用的 3 种不同形式的方程，即 C 语言代码、框图和物理模型。

仿真是指在模型上进行实验，以预测真实系统在相同条件下行为的过程。PLECS 通过常微分方程求解器来计算模型随时间变化的状态和输出数据。

4.1.1 动态系统建模

一个系统可以被认为是一个黑盒子，如图 4.1 所示。系统不与环境交换能量，只与环境交换信息，它接收输入信号 u，其响应可以通过输出信号 y 来观察。

系统状态只在某些时刻发生变化，电感的磁通或电流是可变的连续状态，而触发器是可变的离散状态。

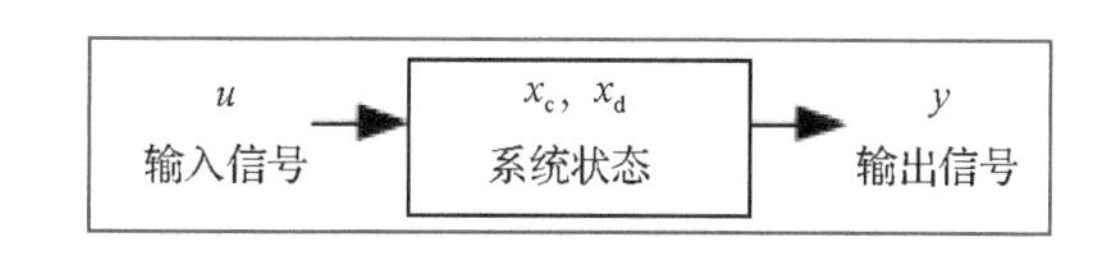

图 4.1 系统模型描述

1. 系统方程

描述系统的一种方法是用数学方程，典型的系统方程如下。

（1）输出函数根据系统当前状态的输入和内部状态来描述系统的输出。

（2）如果系统具有离散状态，状态函数则确定系统如何在给定时间改变当前输入和内部状态。

（3）如果系统具有连续状态，导数函数则是描述系统相对于时间的导数。

这些函数可以表示为

$$y = f_{\text{output}}(t, u, x_c, x_d) \tag{4-1}$$

$$x_d^{\text{next}} = f_{\text{update}}(t, u, x_c, x_d) \tag{4-2}$$

$$x_c = f_{\text{derivative}}(t, u, x_c, x_d) \tag{4-3}$$

这样的描述在面向过程的编程语言 C 中更易于实现。

2. 框图

控制工程中常用的更图形化的建模方法是框图。

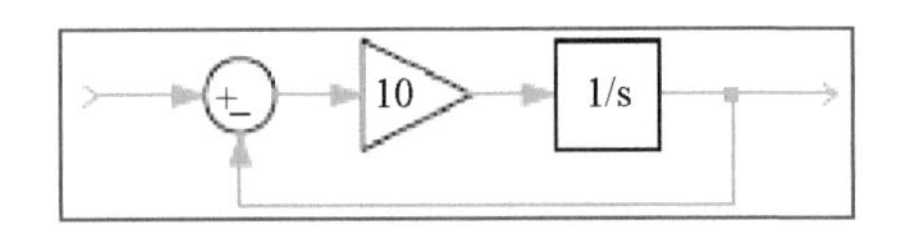

图 4.2　低通滤波器的框图

图 4.2 所示为低通滤波器的框图，这 3 个信号模块中的每一个信号模块本身也是一个动态系统，可以用它自己的一组系统方程来描述。这些信号模块相互连接形成一个更大的系统。连接的方向决定了计算各个信号模块方程式的顺序。

3. 物理模型

采用框图对控制结构建模能直观地表示模型的输入和输出。对于物理系统来说，用框图描述就不那么直观或不可能实现了。

例如，电阻根据欧姆定律将电压和电流联系起来。但是，电阻中流过电流是因为有电压加在它两端，还是电压的产生是因为有电流流过它？具体是哪种原因取决于具体应用。例如，电阻器是与电感器串联，还是与电容器并联，这意味着不可能创建代表电阻的单个信号模块。

因此，对于物理系统建模来说，具有其定向连接的框图通常不是很有用的。物理系统可以更方便地使用原理图来建模，在原理图中，各个组成部分之间的联系并不意味着计算顺序。

PLECS 目前支持集总参数形式的电学、磁学、力学和热学领域的物理模型。

4.1.2　动态系统仿真

仿真包括模型初始化和模型执行两个阶段。

1. 模型初始化

1）物理模型方程

以基尔霍夫电流和电压定律为例，PLECS 首先根据以下内容建立物理模型的系统方程，如果物理模型只包含理想线性元件和（或）开关元件，则可以用一组分段线性状态空间方程来描述：

$$\dot{x} = \boldsymbol{A}_{\sigma}x + \boldsymbol{B}_{\sigma}u \tag{4-4}$$

$$y = \boldsymbol{C}_{\sigma}x + \boldsymbol{D}_{\sigma}u \tag{4-5}$$

式中，σ 是由于开关元件的每一个状态变化，引出的一组新的状态空间矩阵。

因此，完整的物理模型由单个物理子系统表示。图 4.3 显示了物理子系统、框图和 ODE 求解器之间的交互作用。

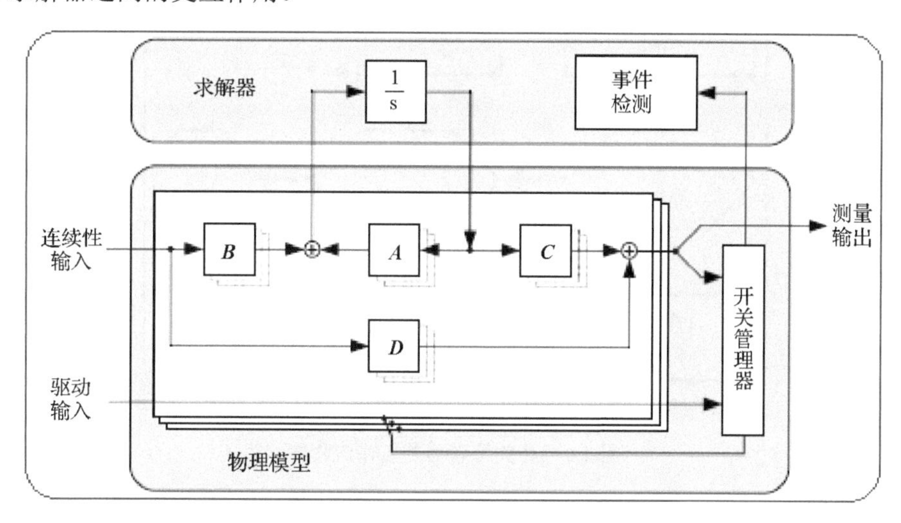

图 4.3　开关状态空间实现

物理子系统接收可控源和开关元件的外部输入信号，并提供包含物理测量值的输出信号。在仿真过程中，计算物理状态变量的导数并交给求解器，求解器又计算这些状态变量的瞬时值。

开关管理器监视驱动信号和内部测量，并决定是否需要开关动作。开关管理器还向求解器提供过零信号以便正确定位发生开关动作的准确时刻。

开关管理器的工作流程图如图 4.4 所示。在每个仿真步骤中，在计算出物理测量值之后，开关管理器评估物理模型中所有开关的转换条件。如果需要切换操作，则启动一组新的状态空间矩阵的计算，或者从高速缓存中获取先前计算的集合。再用新的状态空间矩阵重新计算物理测量值，以检查自然换相器件是否需要进一步的开关动作。开关管理器将迭代这个过程，直到所有开关都达到稳定状态。在此过程中，如果一组开关状态 σ 重复出现，则 PLECS 无法确定稳定条件，从而中止仿真。

2）框图排序

物理模型设置完成后，PLECS 确定框图的执行顺序。如上所述，物理模型被视为单个物理子系统的框图。执行顺序受以下计算因果关系支配，如果框图的输出函数取决于一个或多个输入信号的当前值，则必须对提供这些输入信号框图的输出函数进行评估。

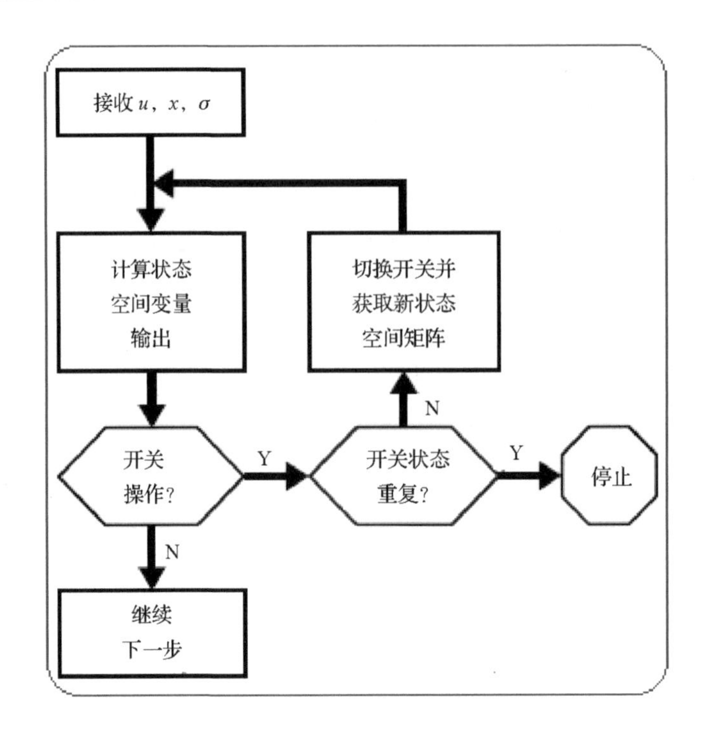

图 4.4　开关管理器的工作流程图

① 直接馈通。

输出函数的计算与输入端口的当前信号值无关的输入端口特性称为直接馈通。线性增益的输出函数为

$$y = k \cdot u \tag{4-6}$$

因此，输入信号的增益具有直接馈通特性，相反，积分器的输出函数为

$$y = x_{c} \tag{4-7}$$

即积分器当前的输出状态不完全取决于当前的输入，因此积分器输入不具有直接馈通特性。

② 代数循环。

代数循环是一组以循环方式连接的一个或多个框图，使得一个框图的输出连接到下一个框图直接馈通的输入。

对于这样一个组，不可能用一个序列来计算它们的输出函数，因为每次计算都涉及一个未知变量（前一个信号模块的输出）。相反，必须同时求解这些框图的输出函数。PLECS 为此使用“牛顿—拉夫逊”迭代。求解器执行迭代运算，以便查找一个与所有框图一致的解，具有代数循环的模型可能比没有代数循环的模型运行得更慢。求解失败会导致仿真停止，并显示错误消息。

2．模型执行

实际的仿真工作流程图如图 4.5 所示。

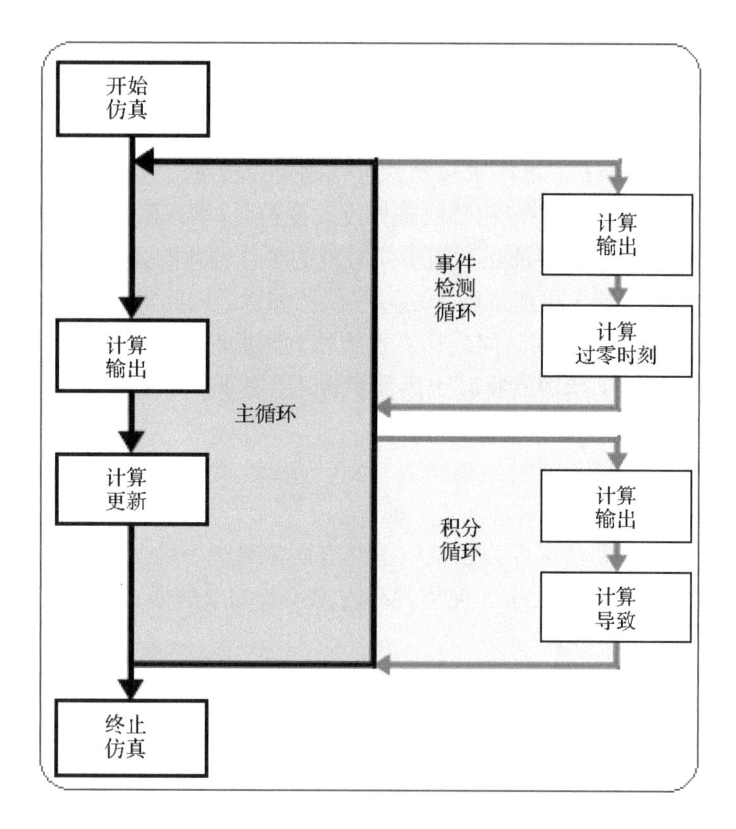

图 4.5　实际的仿真工作流程图

1）主循环

仿真主循环（也称为主要时间步长）由以下两部分组成。

① 所有框图的输出函数按照在框图中确定的排序执行顺序计算。如果模型包含示波器，则此时进行更新；

② 执行具有离散状态变量框图的更新函数，来计算下一个仿真步骤的离散状态值。

根据模型和求解器设置，求解器可能进入下一个或两个辅助循环。

2）积分循环

当一个模型具有连续的状态变量时，求解器的任务是对模型所提供的状态变量的时间导数进行数值积分，从而计算出状态变量的瞬时值。

根据求解器的算法，一个积分计算分多个采样点（也称为辅助采样点）执行，以提高数值积分的精度。在每个阶段，求解器在不同的中间时刻计算导数。由于一个信号模块的导数函数可能依赖于该信号模块的输入，即依赖于其他信号模块的输出，所以求解器必须在该特定的时间内先执行所有输出函数。

在完成当前采样点的积分计算后，可变步长求解器检查局部积分误差是否保持在规定的容差范围内。如果没有，则放弃当前的积分结果，并以减小的步长开始新的积分。

3）事件检测循环

如果模型包含不连续性，如某一时刻模型行为突然改变，则它可以构建辅助事件函数来帮助可变步长求解器定位这些时刻。事件函数是信号模块，根据当前时间，信号模块的输入和内部状态被隐式指定为过零函数。

例如，如果物理模型包含二极管，则根据二极管电压和电流，它将构建两个事件函数 $f_{\text{turn on}} = v_D$ 和 $f_{\text{turn off}} = i_D$，这样求解器就可以确定二极管应开启和关闭的确切时刻。

如果一个或多个事件函数在相邻的采样点改变符号，则求解器执行二分搜索以定位第一次过零的时间。该搜索涉及在不同中间时刻的事件函数的评估。由于信号模块的事件函数（与导数函数一样）可能依赖于信号模块的输入，因此求解器必须在特定时间内执行所有输出函数。这些中间时间采样点也被称为辅助时间采样点。

定位第一次事件后，求解器将减小当前步长，以便下一个主要时间采样点恰好在事件之后进行。

3. 固定步长仿真

如前几段所述，辅助仿真环路的某些重要方面需要一个可变步长的求解器，该求解器可以在仿真期间改变步长大小。使用具有固定步长的求解器有几个明显问题。

1）积分误差

固定求解器对积分误差没有任何控制。积分误差是模型时间常数、步长和积分方法的函数。第一个参数由模型给定，但第二个参数，甚至第三个参数必须由用户提供。确定适当采样点的一种策略是迭代运行仿真并减小步长，直到仿真结果稳定。

2）事件处理

不连续性的物理模型中，如二极管的导通或关断，从静态到动态摩擦转变的时刻，通常与固定步长定义的采样点不一致。将此类漏采样事件推迟到随后的固定步长采样点，将产生抖动，并可能导致后续运行时错误，如物理状态变量不连续。

通常建议使用可变步长求解器，但是，如果计划由模型生成代码并在实时系统上运行代码，则需要使用固定步长求解器。

3）物理模型离散化

用固定步长求解器进行仿真时，PLECS 将物理模型转化为离散状态空间模型，以减少漏采样事件引起的问题。将电场和磁场的连续状态空间方程离散化，并用以下更新规则代替：

$$x_n = \boldsymbol{A}_{\text{d}} \cdot x_{n-1} + \boldsymbol{B}_{\text{d1}} \cdot u_{n-1} + \boldsymbol{B}_{\text{d2}} \cdot u_n \tag{4-8}$$

默认情况下，输入信号应用一阶保持，即假设输入从上一阶的 u_{n-1} 线性变化到当前阶的 u_n。因此，电磁模型的输入现在具有直接馈通，因为在计算当前模型状态和模型输出之前，必须知道它们的当前值。如果受控电压或电流源的值取决于电磁模型中的测量值，则这将导致代数环路。

为避免此问题，可将受控电流源和受控电压源配置为在模型离散化时对输入信号施加一个零阶保持，因为这种情况下仅需要来自先前仿真步骤 $u_{n-1}^{(i)}$ 的输入值来计算当前状态值。

默认情况下，离散状态空间矩阵 $\boldsymbol{A}_{\text{d}}$、$\boldsymbol{B}_{\text{d1}}$ 和 $\boldsymbol{B}_{\text{d2}}$ 是从连续矩阵 $\boldsymbol{A}$ 和 $\boldsymbol{B}$ 中计算出来的，

A 和 **B** 采用五阶精度全隐式三级龙格–库塔法（Radau IIA），或选择被称为 Tustin 方法的双线性变换。对于小于离散步长的时间常数，Tustin 方法仅有二阶或二阶精度，且阻尼特性较差，但计算成本较低，因为 $\boldsymbol{B}_{d1}$ 等于 $\boldsymbol{B}_{d2}$。因此，它可用于计算时间限制严格的实时仿真，可在 Simulation Parameters 对话框中选择离散化方法。

注意，这仅适用于电磁主电路的离散化，其他物理域的状态变量和控制框图的状态变量计算需要结合欧拉方法。

4. 漏采样开关事件的插值

通过这样离散化物理模型，可以使用以下算法有效地处理漏采样切换事件。

① 检查求解器是否在最后一个仿真步骤中跨过了一个未采样的开关事件；

② 如果是，则确定事件的时间，使用线性插值计算事件发生后的模型状态，并处理事件，即切换一个或多个开关；

③ 执行一个完整的前进步；

④ 将模型状态线性插回实际仿真时间中。

以下通过三相半波不可控整流电路来说明该算法的使用。如图 4.6 所示，这两个曲线图显示了直流电流从二极管 D_3（用灰色表示）到二极管 D_1（用黑色表示）的换相过程。实线显示使用可变步长求解器进行仿真的结果，大点标记固定步长仿真的步，小点标记内部插值的步。

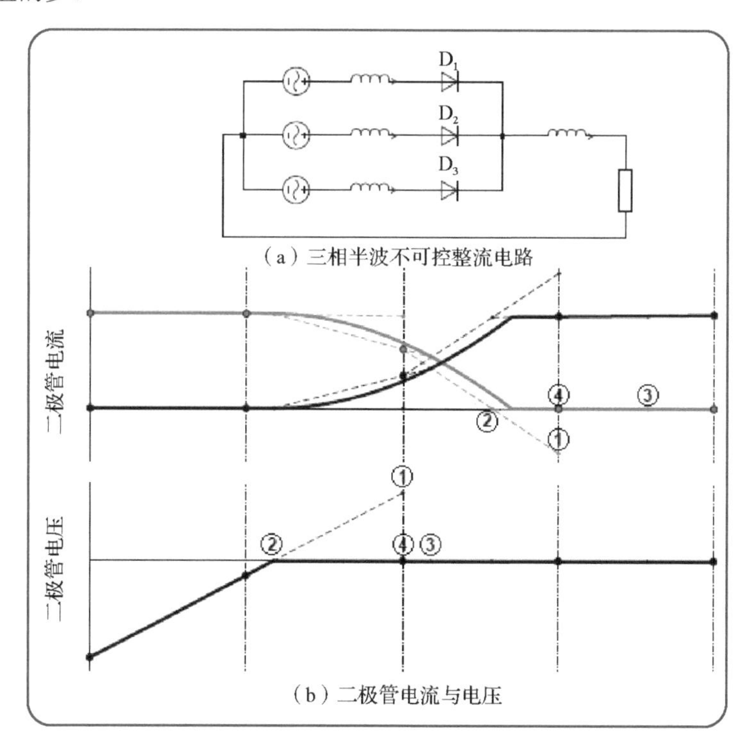

图 4.6 漏采样开关事件的插值

当 D_1 两端的电压变为正时，换相开始。固定步长解算器第一次步进至点①处的电压远远超过过零点②处的电压，PLECS 内部回退至过零点②并开启 D_1，更新状态空间方程组，执行一个内部的完整步前进至点③，然后插值回到实际的仿真时间点④；接下来，求解器步进到流经 D_3 的电流过零之后的点①，同样，PLECS 内部回退至过零点②并关断 D_3。更新状态空间方程组，向前执行一个内部完整步至点③，最后内插回实际仿真时间点④。

注意，如果没有该插值方案，则 D_3 将在点①处关闭。这将导致与 D_3 相连的电感电流变得不连续。这种非物理行为会导致明显的仿真误差，因此应予以避免。

4.2 仿真参数设置

仿真参数的设置关系到仿真的运行和仿真结果的输出，对 PLECS 工作原理的理解，为仿真参数的设置打下了基础。

单击电路模型编辑器窗口“Simulation”菜单中的“Simulation parameters...”选项，或使用快捷键 Ctrl+E，进入仿真参数设置对话框，如图 4.7 所示。

仿真参数设置对话框包含 Solver（求解器）、Options（选项）、Diagnostics（诊断）和 Initialization（初始化）4 个选项卡。其中与求解器相关的设置对仿真运行及仿真结果的输出影响较大。

4.2.1 求解器参数设置

如图 4.7 所示，求解器选项卡内容包括 Simulation time（仿真时间）、Solver（求解器）、Solver options（求解器选项）和 Circuit model options（电路模型选项）4 个部分。

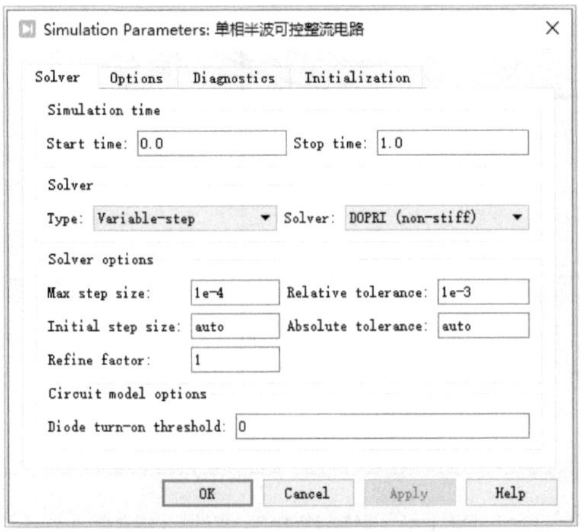

图 4.7 仿真参数设置对话框

1. Simulation time（仿真时间）

（1）Start time：开始时间。

（2）Stop time：结束时间。

2. Solver（求解器）

（1）Type：求解器的类型选择，通过下拉列表进行选择，PLECS 按仿真步长将求解器分为 Variable-step（可变步长）和 Fixed-step（固定步长）两类。

（2）Solver：求解器，选择具体的求解器程序。

当求解器类型选择可变步长时，求解器程序有 DOPRI（non-stiff）和 RADAU（stiff）两种。

① DOPRI 是一个采用五阶精度显式龙格-库塔法的可变步长求解器。这个求解器对于非刚性系统是最有效的，并且是默认选择。刚性系统可以粗略地定义为具有几个数量级差异的时间常数。这样的系统迫使非刚性求解器选择过小的时间步长，如果 DOPRI 检测到系统中的刚性，则它将中止模拟，并建议切换到刚性求解器；

② RADAU 是一个采用五阶精度全隐式三级龙格-库塔法可变步长求解器，用于刚性系统；

③ 当选择固定步长时，求解器程序为 Discrete，即离散求解器程序。实际上该求解器并不求解任何微分方程，只是以固定时间增量步进执行仿真。如果选择该求解器，物理模型则将离散化为线性状态空间方程。使用前向欧拉方法更新所有其他连续状态变量。在仿真步骤之间发生的事件和不连续性由线性插值方法来解释。

可变步长求解器与固定步长求解器在选项设置上有很大差别，图 4.7 中显示了选择可变步长求解器的情况。

3. Solver options（求解器选项）

1）可变步长求解器选项

①Max step size：最大步长。最大步长指定求解器可以采取的最大时间步长，不应选择得太小；

② Initial step size：此参数可用于建议首选积分计算的步长。默认设置为 auto，使求解器根据初始状态导数选择步长；

③ Relative tolerance：相对容差。定义各个状态变量的局部误差范围或误差，按如下公式计算：

$$\mathrm{err}_i \leqslant r\mathrm{tol}\cdot\left|x_i\right| + a\mathrm{tol}_i \tag{4-9}$$

如果所有误差计算值都小于限制值，则求解程序将增加后续步骤的步长。如果任何误差计算值都大于限制值，则求解器将丢弃当前步骤，并以较小的步长重复该步骤。

④ Absolute tolerance：绝对容差。默认设置为 auto，但这样会导致求解器根据到仿真当前时刻为止遇到的最大绝对值，分别更新每个状态变量的绝对容差。

⑤ Refine factor：细化因子。细化因子是生成附加输出点使示波器输出波形获得更平滑结果的一种有效方法。对于每个完成的积分步，求解器采用高阶多项式计算出 r–1 个中间步值对连续的两个状态进行插值。在计算成本上，这比减小最大步长要合算得多。

2）固定步长求解器选项

如图 4.8 所示，求解器选项仅有 Fixed step size：固定步长。固定步长指定求解器的固定时间增量，以及用于物理模型状态空间离散化的采样时间。

图 4.8　固定步长求解器选项设置

4．Circuit model options（电路模型选项）

1）可变步长求解器中电路模型选项

可变步长求解器中电路模型选项仅包括 Diode turn-on threshold：二极管导通阈值。

二极管导通阈值控制线路中换流器件（如二极管、晶闸管、GTO 和半导体）的导通行为。一旦二极管两端的电压大于正向电压和阈值电压之和，二极管就开始导通。类似条件也适用于其他自然换相器件。此参数的默认值为 0。

对于大多数应用，阈值也可以设置为 0。然而，在某些情况下，有必要将该参数设置为一个小的正值，以防自然换相器件反弹。例如，在包含许多互连开关的大型的刚性系统中会出现开关在随后的仿真步骤中，甚至在同一个仿真步骤中，重复接收打开命令和关闭命令的情况。

注意，二极管导通阈值不等于器件导通时的压降，开启阈值仅延迟器件开启的瞬间。器件两端的压降仅由器件参数中规定的正向电压或导通电阻决定。

2）固定步长求解器中电路模型选项

固定步长求解器中电路模型选项也包含二极管导通阈值，其含义和设置与可变步长求解器中的相同。其余选项如下。

① Disc. method：离散方法，该参数决定用于离散电磁模型的状态空间方程的算法，包括 BI45 和 Tustin 两种算法，具体参见物理模型离散化相关内容；

② ZC step size：过零步长，当检测到漏采样事件（通常是电流或电压过零）时，开关管理器使用此参数，用于控制跨事件时步长的相对大小，默认值为 1e-9；

③ Relative tolerance：相对容差，默认值为 1e-3；

④ Absolute tolerance：绝对容差，默认设置为 auto。

4.2.2 其他仿真参数设置

1. Options（选项）

如图 4.9 所示，仿真参数“Options”选项卡中内容包括 Sample times（采样时间）、State-space calculation（状态空间计算）、Assertions（断言）和 Algebraic loops（代数环）等内容。

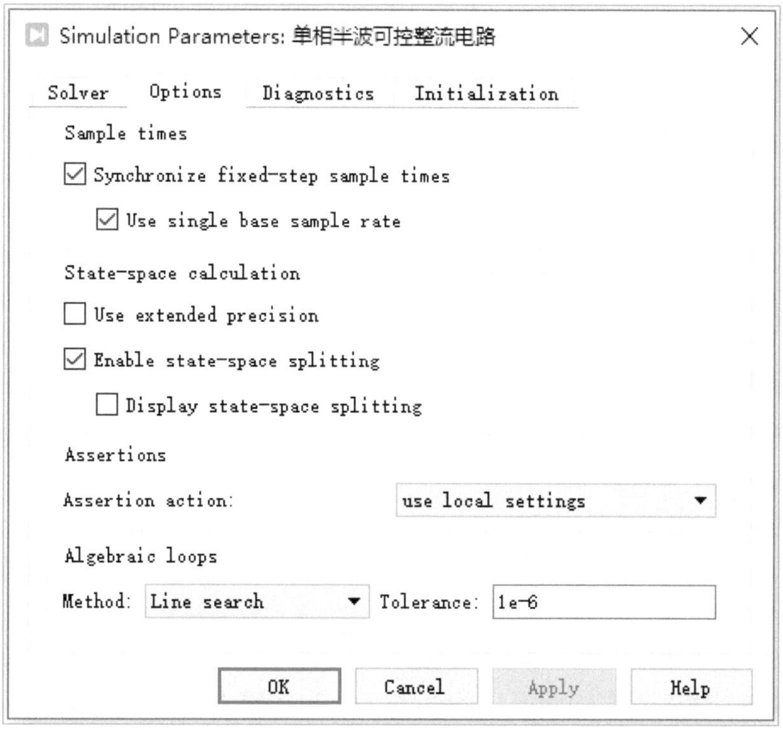

图 4.9 仿真参数中“Options”选项卡设置

1）Sample times（采样时间）

① Synchronize fixed-step sample times：同步固定步长采样时间，此选项指定 PLECS 是否应尝试为指定离散采样时间的信号模块查找公共基本采样速率；

② Use single base sample rate：使用单基采样速率，此选项指定 PLECS 是否应尝试对指定离散采样时间的所有信号模块使用单一公共基采样速率。

这些选项只能针对可变步长求解器进行修改，对于固定步长求解器，默认情况下会选中它们。

2）State-space calculation（状态空间计算）

① Use extended precision：使用扩展精度，选中此选项时，PLECS 将使用更高精度的算法进行状态空间矩阵的内部计算作为一个物理模型。如果 PLECS 报告系统矩阵接近于不可逆，请选中此选项；

② Enable state-space splitting：启用状态空间拆分，当选中此选项时，PLECS 尝试将物理域的状态空间模型拆分成可以单独计算和更新的较小的单元模型。这可以减少运行时的计算工作量，并对于实时仿真特别有利；

③ Display state-space splitting：显示状态空间拆分，当选中此选项时，PLECS 将使用诊断消息，在拆分后突出显示组成各个状态空间模型的元件。

3）Assertions（断言）

Assertion action：断言操作，使用此选项覆盖断言失败时执行的操作。默认值为 use local settings（使用本地设置），它使用每个单独断言中指定的操作，具有单独设置为 ignore（忽略）的断言总是被忽略，即使该选项不同于 use local settings。

请注意，在分析和模拟脚本期间，断言可能会被禁用。

4）Algebraic loops（代数环）

① Method：方法，使用此选项选择非线性方程求解器所采用的策略。目前可以使用线性搜索方法或可信域方法；

② Tolerance：容差，求解器迭代更新信号模块输出，直到从一次迭代到下一次迭代的最大相对变化和循环方程的最大相对误差都小于该值。

2. Diagnostics（诊断）

在设置求解器为可变步长时，仿真参数“Diagnostics”选项卡中包括常规和开关损耗计算两项内容，如图 4.10 所示。

1）General（常规设置）

① Division by zero：被 0 除，此选项确定如果 PLECS 在乘积模块或一个函数模块被 0 除的结果为 nan（非数字）。使用这些值作为其他信号模块的输入可能会导致意外的模型行为。处理此种意外可以选择 ignore（忽略）、warning（警告）或 error（错误）。在新建模型中，默认设置为 error。在使用 PLECS3.6 或更早版本创建的模型中，默认值为 Warning；

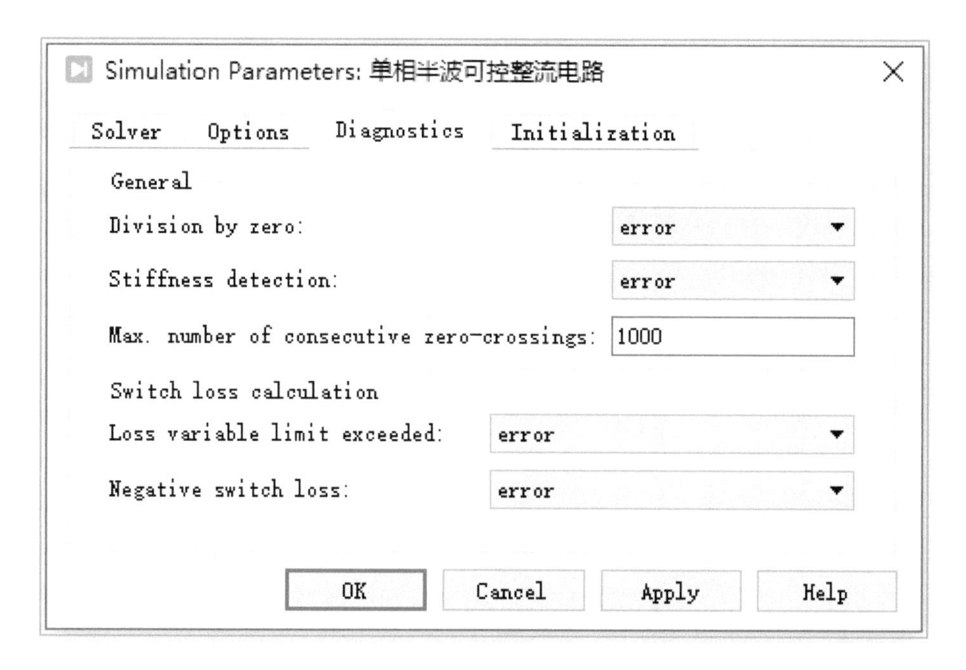

图 4.10 仿真参数中“Diagnostics”选项卡设置

② Stiffness detection：刚性检测，此参数仅适用于非刚性、可变步长 DOPRI 求解器。DOPRI 求解器包含一个算法，用于检测模型在仿真过程中何时变得“刚性”。用非刚性求解器不能有效地求解刚性模型，因为它们需要不断地在相对较小的值处调整步长以防求解出的数值变得不稳定，如果 DOPRI 求解器检测到模型中的刚性，它将根据此参数设置提出警告或错误消息，建议改用刚性的 RADAU 求解器；

③ Max. number of consecutive zero-crossings：最大连续过零次数，此参数仅适用于可变步长求解器。对于包含不连续性（也称为“过零点”）的模型，可变步长求解器将减小步长，以便在不连续性发生时精确地计算出仿真步长。如果在辅助顺序步骤中出现许多不连续性，则由于求解器被迫将步长减小到一个过小的值，模拟可能会出现表面上的停顿而没有实际停止。

2）Switch loss calculation（开关损耗计算）

① Loss variable limit exceeded：损耗变量超出限制，此参数指定在 PLECS 停止仿真并显示相关部件的错误消息之前，连续仿真步骤中不连续性损耗变量数值的上限；

② Negative switch loss：负开关损耗，该选项确定在计算开关损耗期间，如果 PLECS 遇到负损耗值，则应采取的诊断措施。PLECS 可以发出错误或警告消息，也可以默认继续。在警告和继续两种情况下，注入热模型的损失被削减为零。

3. Initialization（初始化）

仿真参数“Initialization”选项卡中包含系统状态和模型初始化命令两项内容，如图 4.11 所示。

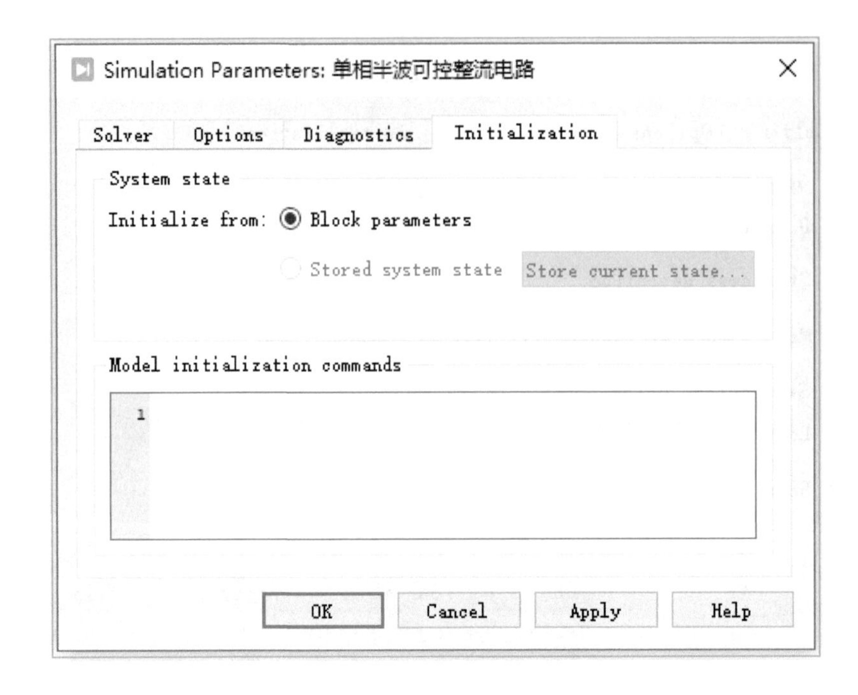

图 4.11　仿真参数中“Initialization”选项卡设置

1）System state（系统状态）

System state 参数控制在模拟开始时如何初始化系统状态。所述系统状态包括所有物理存储元件（如电感器、电容器和热电容）的值；所有电气开关元件（如理想开关、二极管）的导通状态；控制框图中所有连续和离散状态变量的值（如积分器、传递函数和延迟等）。

① Block parameters：模块参数，选择此选项时，状态变量将使用在各个模块参数中指定的值进行初始化；

② Stored system state：存储的系统状态，选择此选项时，从先前存储的系统状态全局初始化状态变量，忽略各个信号模块参数中指定的初始值。如果未存储任何状态，则禁用此选项；

③ Store current state...：系统状态存储，在瞬态仿真运行或分析后按下此按钮将存储最终系统状态，以及时间戳和可选注释。当用户保存模型时，这些信息将存储在模型文件中，以便在以后的会话中使用。

2）Model initialization commands（模型初始化命令）

在仿真启动时执行模型初始化命令，以便填充基本工作空间。在设置元件参数时可以使用基本工作空间中的变量。

要点回顾

（1）系统建模和仿真的概念。

（2）PLECS 在相同建模环境中使用的 3 种不同形式的方程。
（3）动态系统方程的概念和建模方法。
（4）图形化的建模方法。
（5）PLECS 目前支持集总参数形式的物理模型。
（6）动态系统仿真的两个阶段。
（7）模型初始化所包含的内容。
（8）实际仿真工作流程。
（9）仿真主循环、积分循环和事件检测循环的作用。
（10）固定步长仿真存在的问题。
（11）漏采样开关事件的插值过程。
（12）仿真参数设置对话框包含的 4 个选项卡。
（13）求解器参数设置包含的 4 部分内容。
（14）求解器的类型。
（15）可变步长求解器选项和固定步长求解器选项设置。
（16）采样时间和状态空间计算设置。
（17）诊断选项卡内容设置和诊断信息的处理。
（18）模型初始化设置。

5 可控整流电路仿真与分析

内容提要

整流就是将交流电转变为直流电，实现整流的电力电子电路称为整流电路，按照所使用的器件可分为不可控整流和可控整流。

不可控整流利用了二极管的单向导电性，二极管在承受正向电压时导通，在承受反向电压时关断，输出直流平均电压不能改变，也就是不受控制，因而称为不可控整流。

可控整流利用了晶闸管的单向可控导电性，晶闸管在承受正向电压且其门极有触发脉冲时导通，在承受反向电压时关断，输出直流平均电压随触发脉冲相位移动而改变，即移相控制，所以又称为相控整流。

整流电路是最早出现的电力电子电路，有着广泛的应用，整流电路输出功率从几瓦到几千瓦。小功率的输出一般采用单相整流电路，中大功率的输出采用三相或多相整流电路。

整流电路一般通过变压器与交流电网连接，这种变压器称为整流变压器，能实现电压变换、电气隔离和抑制电网干扰等作用。

单相可控整流电路结构有半波、全波和桥式，所使用的功率器件分别为 1 个、2 个和 4 个。例如，半波电路中的变压器电流是单向的，容易造成变压器直流磁化；全波电路中的变压器电流是双向的，不存在直流磁化问题，但副边为中心抽头绕组，制作较为复杂；桥式电路中的变压器电流是双向的，不存在直流磁化问题。

分析可控整流电路需要结合输入交流电压的波形、晶闸管导通与关断条件，以及负载性质。负载大体上分为电阻性、电感性和反电动势。分析整流电路时通常要假定输入交流电压为无畸变的正弦波，晶闸管导通压降为零、关断漏电流为零和通断过程瞬时完成，以及电路已达到稳定运行状态 3 个理想条件。

5.1 单相可控整流电路

5.1.1 单相桥式全控整流电路

如上所述，单相可控整流电路包括半波、全波和桥式 3 种电路结构，其中单相桥式可控整流电路中的单相桥式全控整流电路实用性好，应用较为广泛，其电路原理图如图 5.1 所示。

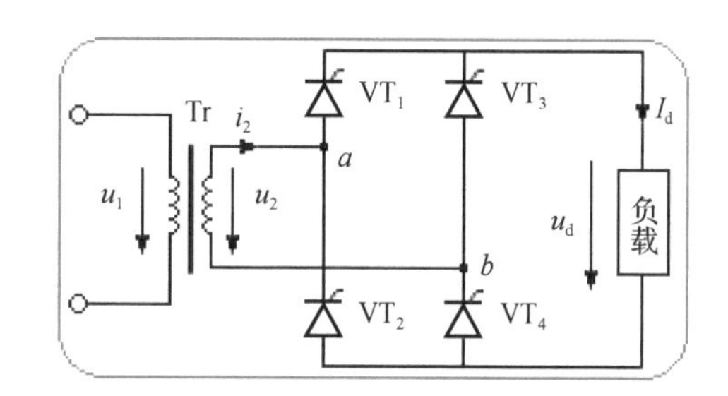

图 5.1 单相桥式全控整流电路原理图

一、电阻性负载

1. 电路模型

应用 PLECS 建立该电路仿真模型如图 5.2 所示，模型中省去了整流变压器，为了进行阐述需要将交流输入用 u_2 表示。

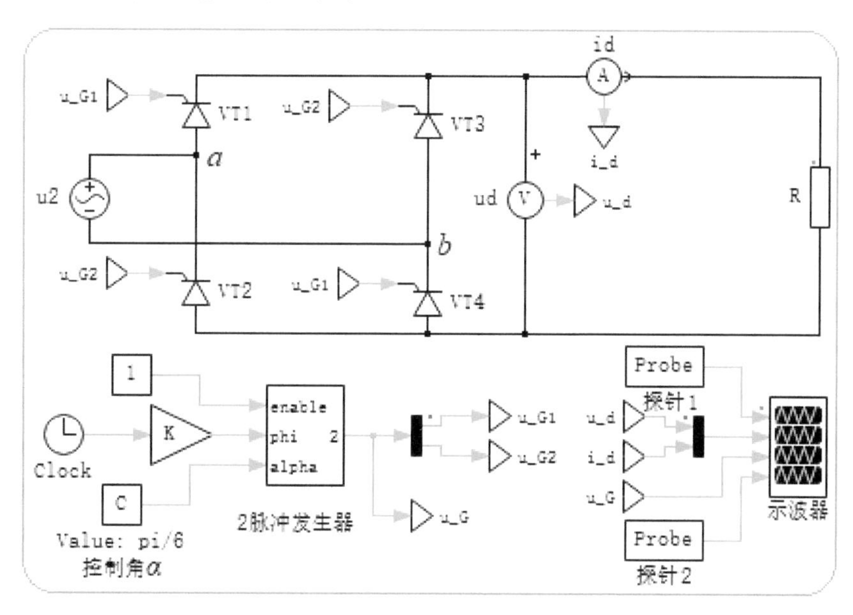

图 5.2 单相桥式全控整流电路仿真模型

模型元件获取路径为单相双脉冲发生器：Control/Modulators；Clock：Control/Sources；增益 K：Control/Math。

探针 1 用于检测交流输入电压和电流，探针 2 用于检测晶闸管 VT_1 的电压与电流。

2. 元件和仿真参数设置

交流电源电压幅值取 311V，频率取 50Hz。为区分输出电压和电流的波形，电阻 R 取 2Ω，即流过电阻的电流值为电阻两端电压值的 1/2；控制角 α 取 π/6，即 30°；仿真停止时间设置为 0.04s，即两个电源周期。单相桥式全控整流电路电阻性负载仿真波形图如图 5.3 所示。

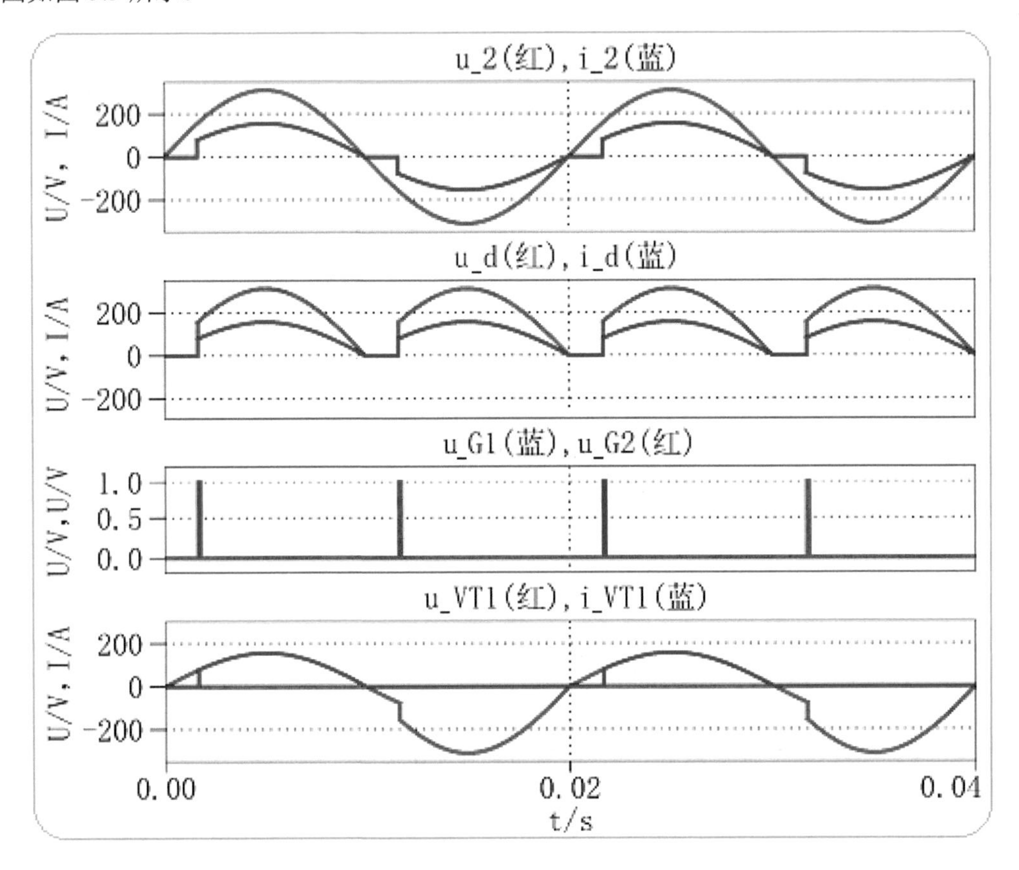

图 5.3　单相桥式全控整流电路电阻性负载仿真波形图

设置控制角 α 分别为 30°、60°、90°、120°和 150°，选择示波器窗口 View 菜单中的“Traces”选项或单击工具条中的按钮保存当前轨迹，并可以观察各控制角时的波形，如图 5.4 所示。

3. 波形分析

由图 5.3 可以分析出单相桥式全控整流电路的工作原理如下。

（1）交流电源 u_2 正半波期间：节点 a 的电位高于节点 b 的电位，VT_1 和 VT_4 同时承受正向电压，在触发脉冲未到来之前，晶闸管不能导通，无电流流过负载电阻，因而其两端电压 u_d 为零；当触发脉冲出现时，晶闸管 VT_1 导通，管压降为零，节点 a 电位上移，晶闸管 VT_4 导通，节点 b 电位下移，负载电阻两端电压为 u_{ab}，即电源电压 u_2。流过负载的电流随之变化，电流值是电压值的一半（R=2Ω）；晶闸管导通后，将一直导通至电源电压过零时刻，流过负载和晶闸管的电流也随之降为零，晶闸管 VT_1 和 VT_4 关断。

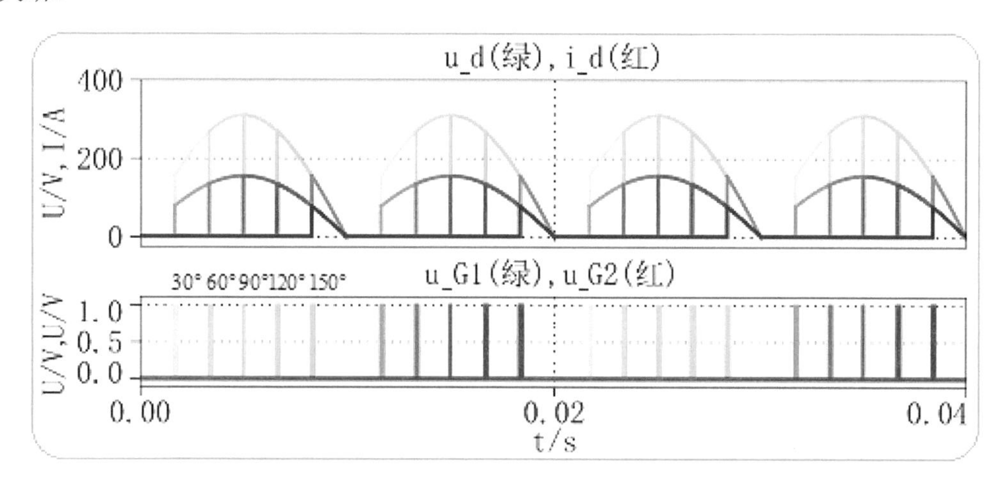

图 5.4 各控制角时单相桥式全控整流电路电阻性负载波形图

（2）交流电源 u_2 负半波期间：节点 b 的电位高于节点 a 的电位，晶闸管 VT_2 和 VT_3 同时承受正向电压，无触发脉冲期间不导通，输出电压为零；当触发脉冲出现时，晶闸管 VT_2 导通，节点 a 电位下移，晶闸管 VT_3 导通，节点 b 电位上移，负载电阻两端电压为 u_{ba}，即负的电源电压（$-u_2$），数值为正；晶闸管导通后，将一直导通至电源电压过零时刻，流过负载和晶闸管的电流也随之降为零，晶闸管 VT_2 和 VT_3 关断。

由图 5.4 可以看出，改变控制角 α，输出电压和电流的波形也相应发生改变，也就是输出电压和电流的平均值也随之改变，这就是相控调压的原理。

4. 结论

由图 5.4 和以上分析可得出如下结论。

（1）电阻性负载的特点：电阻性负载两端电压的波形与流过的电流波形相同，大小成比例，且电压和电流的波形均允许突变。

（2）一个电源周期内单相桥式全控整流电路输出电压 u_d 有两段波形，为单相半波可控整流电路的 2 倍。当控制角 α 相同时，输出直流电压平均值也为单相半波可控整流电路的 2 倍。

（3）控制角 α 的移相为 0～180°，晶闸管导通角 θ=180°$-\alpha$，输出电压平均值随 α 的增大而减小。

（4）对于 VT_1 和 VT_4 在电源电压正半波未导通期间所承受的正向电压为电源电压的一半：在电源负半波晶闸管 VT_2 和 VT_3 未导通期间所承受的反向电压为电源电压的一半：在 VT_2 和 VT_3 导通期间所承受的反向电压即电源电压。

（5）负载电流由两组晶闸管共同提供，每组承担半个周期，即流过晶闸管电流的平均值为流过负载电流的平均值的一半。电源电流是双向流动的，如果使用变压器，则不会产生直流磁化问题。

5．电压和电流计算与检验

单相桥式全控整流电路电阻性负载输出电压和电流计算如下。

（1）输出电压的平均值：

$$U_{\mathrm{d}}=\frac{1}{\pi}\int_{\alpha}^{\pi}\sqrt{2}U_{2}\sin\omega t\mathrm{d}(\omega t)=0.9U_{2}\times\frac{1+\cos\alpha}{2} \tag{5-1}$$

（2）输出电流的平均值：

$$I_{\mathrm{d}}=\frac{U_{\mathrm{d}}}{R} \tag{5-2}$$

代入相应数据，求出输出电压的平均值为 184.736V，输出电流的平均值为 92.368A。单相桥式全控整流电路电阻性负载输出数据（见图 5.5）。与以上计算值基本吻合。

Data

Name	Cursor 1	Cursor 2	Delta	Mean
Time	0.000202778	0.0202028	0.02	
ud(红),id(蓝)				
ud	0	0	0	184.711
id	0	0	0	92.3555

图 5.5　单相桥式全控整流电路电阻性负载输出数据

二、阻感性负载

将如图 5.2 所示电路仿真模型中的电阻换成电感串联电阻，设置电阻 R=1Ω，电感 L=0.05H，α 为 30°，其他元件参数不变，仿真停止时间为 0.5s，运行后输出如图 5.6 所示仿真波形图。

1．波形分析

由图 5.6 可以看出，如果仿真时间设置为 0.04s，则输出电流还没有稳定，电路还处于暂态过程，许多变量还在变化，不能准确分析电路的工作原理，即不满足电路工作原理分析时假设的电路已达到稳定运行状态的条件，所以将仿真时间设置为 0.5s，以便能观察到电路达到稳定状态时的输出波形。

为更好地观察稳态时的波形，通过示波器缩放功能，选取 0.40～0.44s 的波形，如图 5.7 所示。

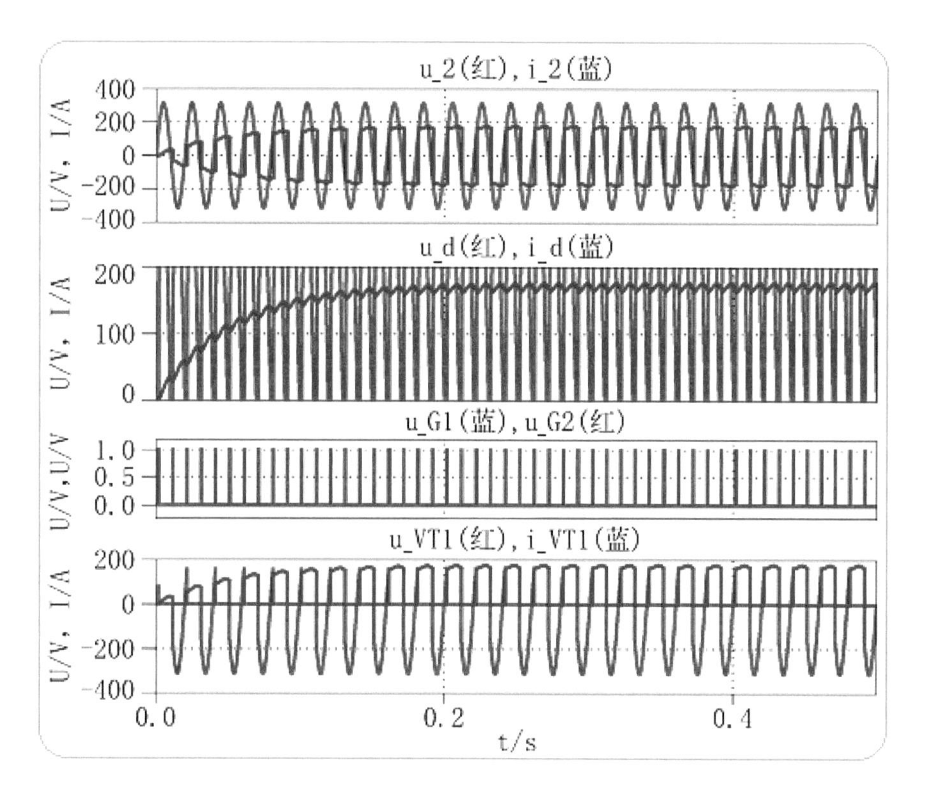

图 5.6 单相桥式全控整流电路阻感性负载仿真波形图

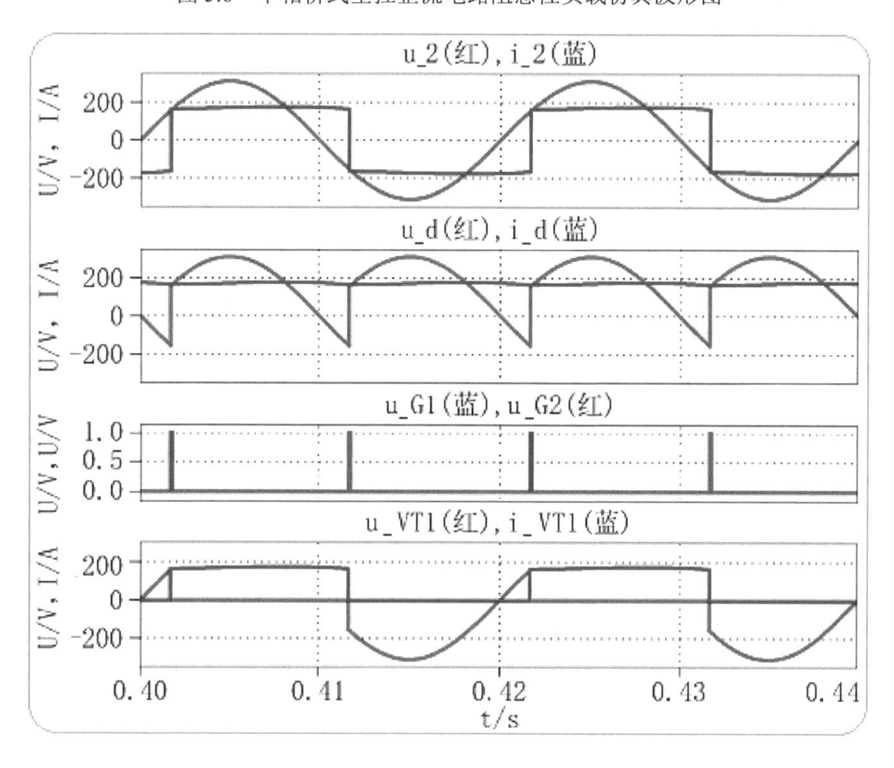

图 5.7 单相桥式全控整流电路阻感性负载稳态时仿真波形图

经过缩放，波形细节可被看得非常清楚。与如图 5.3 所示电阻性负载波形图对比，阻感性负载的输出波形有很大的区别，如表 5.1 所示。

表 5.1 阻感性负载和电阻性负载波形对比表

项　　目	阻感性负载	电阻性负载
交流输入电流 i_2	相位滞后电压 α 角的方波	缺 2 倍 α 角的正弦波
输出电压 u_d	出现负值	均为正值
输出电流 i_d	近似于一条直线	与电压波形相同
晶闸管电压 u_{VT_1}	关断时承受整个电源电压	关断且无其他晶闸管导通时承受一半的电源电压，在其他晶闸管导通时承受整个电源电压
晶闸管电流 i_{VT_1}	半个电源周期长的方波	与半个电源周期内负载电流波形相同

由如图 5.7 所示的波形图可推理出单相桥式全控整流电路稳态时的工作原理如下。

（1）交流电源 u_2 正半波期间：在触发脉冲到来时刻，晶闸管 VT_1 和 VT_4 导通，将电源电压 u_2 加到负载两端，在电源电压过零时刻，流过负载的电流不为零，即流过晶闸管的电流也不为零，晶闸管将继续导通；电源电压过零变负后，电源不再给负载供电，电流开始减小，电感释放储能阻止电流变化，产生反电动势 u_L，反电动势和电源电压的代数和依然为正，如图 5.8 所示，此阶段晶闸管 VT_1 和 VT_4 依然承受正向电压，继续导通，将电源负半周的电压加到负载上，因此负载两端出现负电压。

（2）交流电源 u_2 负半波期间：VT_2 和 VT_3 承受正向电压，在触发脉冲出现时刻被触发导通，VT_2 导通后，节点 a 电位下移，使 VT_4 承受反向电压而关断，VT_3 导通后，节点 b 电位上移，使 VT_1 承受反向电压而关断，同时原来流过 VT_1 和 VT_4 的电流换为流过 VT_2 和 VT_3 的电流，这个过程便是换相，也称为换流。输出电压为$-u_2$，晶闸管 VT_2 和 VT_3 导通后，一直持续到下个周期晶闸管 VT_1 和 VT_4 的触发脉冲出现，晶闸管 VT_1 和 VT_4 导通为止。

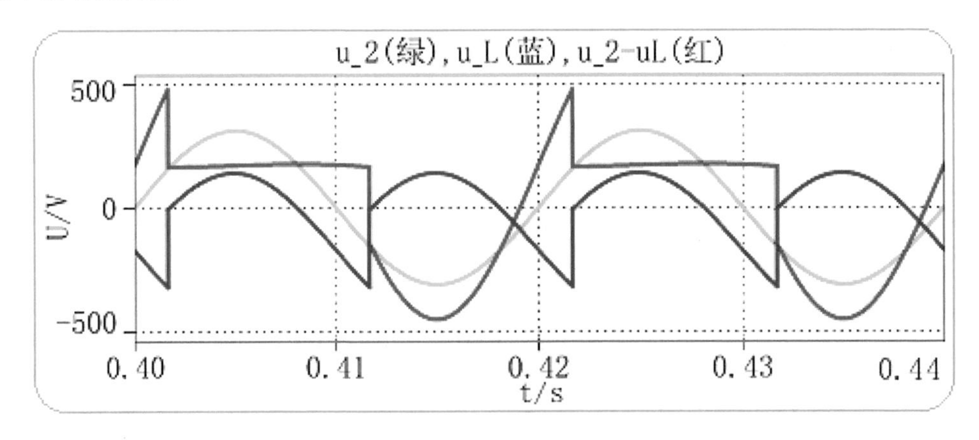

图 5.8 电源电压、电感电压及两者代数和波形图

电感设置为 0.5H，控制角 α 分别设置为 30°、60°、90°和 120°，采用上节所述方法，观察各控制角时的波形，如图 5.9 所示。

从图 5.9 可知，随控制角 α 的增大，输出电压波形中负电压越来越大，电流则越来越小，当控制角 α 增大到 90°时，正负电压所对应的面积相等，输出电压的平均值为零，再增大控制角就没有意义了。

2．结论

（1）电感性负载的特点：流过电感的电流不能突变，变化的电流会在电感中产生自感电动势，其方向总是阻碍着电流变化的。

（2）单相桥式全控整流电路电感性负载输出电压出现负值，输出平均电压比电阻性负载要低。

（3）控制角 α 的移相为 0～90°，晶闸管导通角 θ=180°。

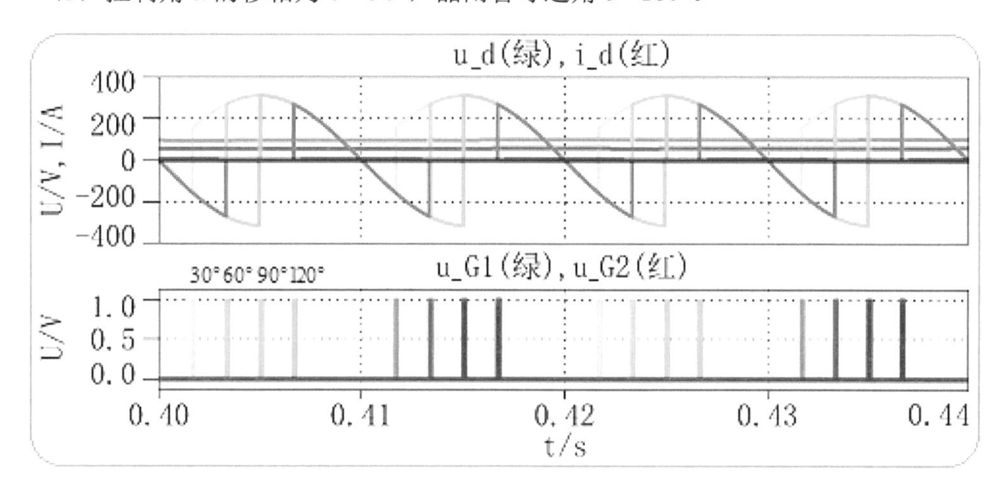

图 5.9 不同控制角时单相桥式全控整流电路阻感性负载波形图

（4）当电感的电感量足够大时，一般电感的电抗值大于 10 倍以上电阻值，则可认为其是大电感负载，整流电路的输出电流近似于一条直线。

（5）晶闸管所承受的最大正反向电压为电源电压的最大值。

3．电压和电流的计算

单相桥式全控整流电路阻感性负载输出电压和电流计算如下。

（1）输出电压的平均值：

$$U_{\mathrm{d}}=\frac{1}{\pi}\int_{\alpha}^{\pi+\alpha}\sqrt{2}U_2\sin\omega t\mathrm{d}(\omega t)=0.9U_2\cos\alpha \tag{5-3}$$

（2）输出电流的平均值：

$$I_{\mathrm{d}}=\frac{U_{\mathrm{d}}}{R} \tag{5-4}$$

由于电感的作用，负载两端出现负电压，因此负载电压平均值减小了，电感越大，其维持导电的时间越长，负电压部分占的比例越大，输出的直流电压下降得越多。特别是大电感负载，输出电压正负面积趋于相等，输出电压平均值趋于零，如果不采取措施，电路则无法满足输出一定直流平均电压的要求。

三、大感性负载加续流二极管

为了在电源电压 u_2 过零变负时能及时关断晶闸管，使 u_d 的波形不出现负值，并给电感电流提供一条新的流通路径，在负载两端反并联二极管 VD，如图 5.10 所示。因该二极管能为电感负载在晶闸管关断期间提供续流回路，故此二极管称为续流二极管，简称为续流管。

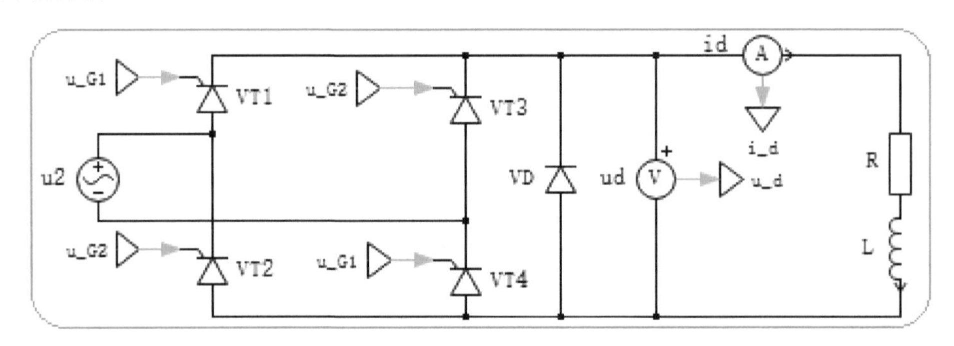

图 5.10 单相桥式全控整流大电感负载加续流二极管电路仿真模型

在仿真模型探针 1 中加入 VD，并选中二极管电压和电流信号，如图 5.11 所示。

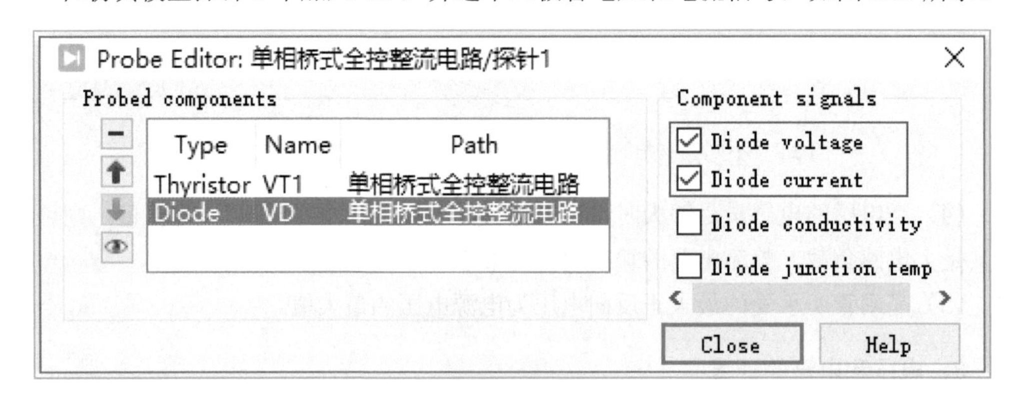

图 5.11 探针 1 模块中的二极管设置

设置电阻 R=1Ω，电感 L=0.05H，其他元件参数不变，α 为 30°，仿真停止时间设置为 0.5s，运行，选取 0.40～0.44s 输出的仿真波形，如图 5.12 所示。

1. 波形分析

由图 5.12 可知，接上续流二极管 VD 后，当电源电压降到零时，负载电流经续流二极管 VD 流通，使原来导通的晶闸管电流等于零而关断，此时电路直流输出电压 u_d=0。输出电压的波形与电阻性负载波形相同，提升了输出电压。

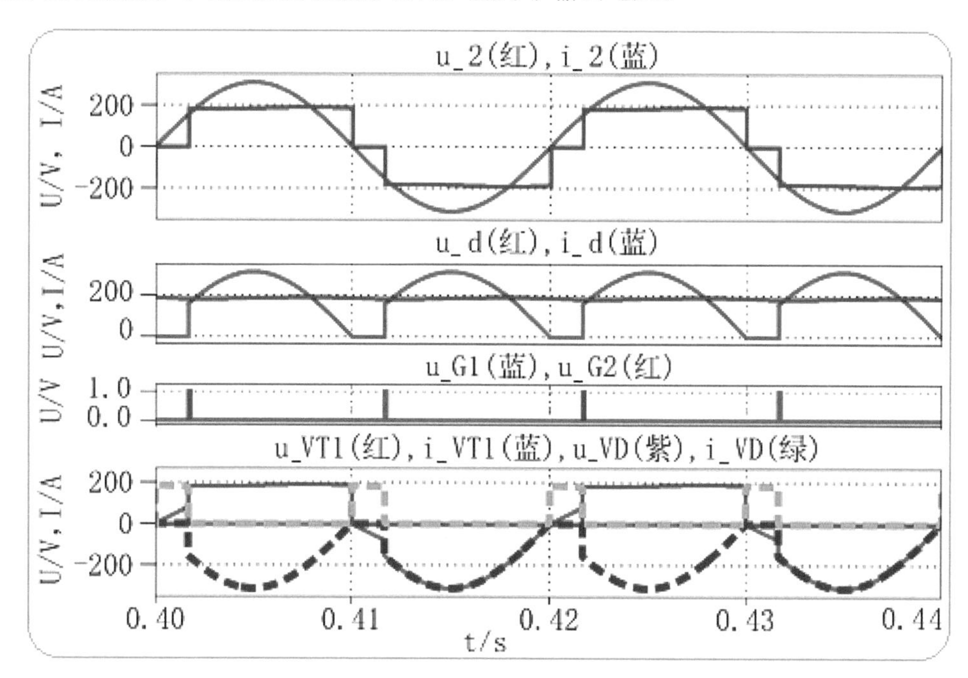

图 5.12 单相桥式全控整流电路大电感负载加续流二极管仿真波形图

一个交流电源周期内晶闸管、续流二极管、输出电压和电流等情况如表 5.2 所示。

表 5.2 一个交流电源周期内晶闸管、续流二极管、输出电压和电流等情况

ωt	0～α	α～180°	180°～180°+α	180°+α～360°
晶闸管 导通情况	VT_1、VT_4 截止 VT_2、VT_3 截止	VT_1、VT_4 导通 VT_2、VT_3 截止	VT_1、VT_4 截止 VT_2、VT_3 截止	VT_1、VT_4 截止 VT_2、VT_3 导通
续流二极管导通情况	VD 导通	VD 截止	VD 导通	VD 截止
u_d	0	u_2	0	$-u_2$
i_d	近似为一条直线（值为 I_d）			
i_T	$i_{T1}=i_{T4}=0$ $i_{T2}=i_{T3}=0$	$i_{T1}=i_{T4}=I_d$ $i_{T2}=i_{T3}=0$	$i_{T1}=i_{T4}=0$ $i_{T2}=i_{T3}=0$	$i_{T1}=i_{T4}=0$ $i_{T2}=i_{T3}=I_d$
i_D	I_d	0	I_d	0

从图 5.12 可以看出：在一个周期中，晶闸管的导通角为 180°−α，即 θ_T=180°−α，续流二极管的导通角为 2α，晶闸管与续流二极管承受的最大电压为电源电压的最大值，即 $\sqrt{2}U_2$。

2．电压和电流的计算

由于输出电压波形与电阻性负载相同，所以 U_d、I_d 的计算公式与电阻性负载相同。

（1）晶闸管电流的平均值 I_{dT} 与有效值 I_T：

$$I_{dT}=\frac{\theta_T}{2\pi}I_d=\frac{\pi-\alpha}{2\pi}I_d \tag{5-5}$$

$$I_T=\sqrt{\frac{\theta_T}{2\pi}}I_d=\sqrt{\frac{\pi-\alpha}{2\pi}}I_d \tag{5-6}$$

（2）续流二极管电流的平均值 I_{dD} 与有效值 I_D：

$$I_{dD}=\frac{\theta_D}{2\pi}I_d=\frac{2\alpha}{2\pi}I_d=\frac{\alpha}{\pi}I_d \tag{5-7}$$

$$I_D=\sqrt{\frac{\theta_D}{2\pi}}I_d=\sqrt{\frac{\alpha}{\pi}}I_d \tag{5-8}$$

应用 PLECS 示波器的数据分析功能可以很方便地得到以上数据，在此不再赘述。

四、反电势负载

蓄电池、直流电动机的电枢等均属于反电动势负载。这类负载的特点是含有直流电动势 E，且电动势 E 的方向与负载电流方向相反故称为反电动势负载。图 5.13 为单相桥式全控整流电路反电动势仿真模型图。

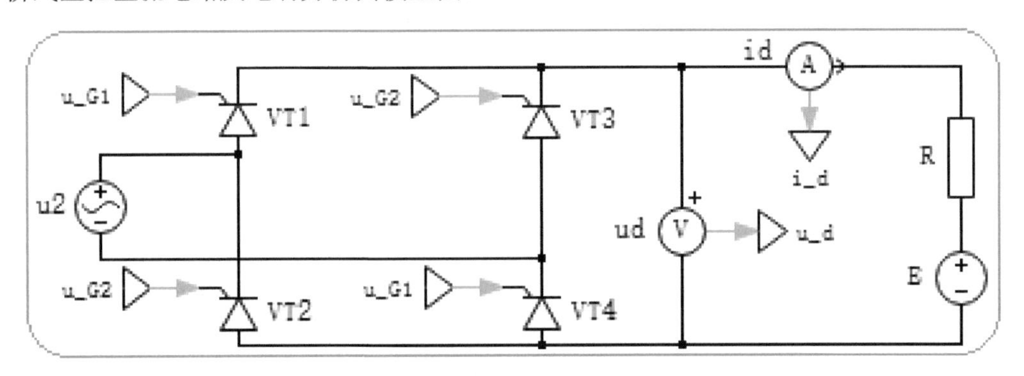

图 5.13　单相桥式全控整流电路反电动势负载仿真模型图

设置电阻 R=1Ω，反电动势 E=120V，α 为 60°，其他元件参数不变，仿真停止时间为 0.04s。单相桥式全控整流电路反电动势仿真波形图如图 5.14 所示。

1．波形分析

由图 5.14 可知，只有当电源电压 u_2 的瞬时值大于反电动势 E 时，晶闸管才能承受正向电压，并被触发导通，当晶闸管导通时，输出电压为 u_2。

当电源电压 u_2 的瞬时值小于反电动势 E 时，晶闸管承受反向电压而关断，这使得晶闸管导通角减小。当晶闸管关断时，输出电压为反电动势 E，与电阻性负载相比晶闸管提前了电角度 δ 停止导电，δ 称为停止导电角。

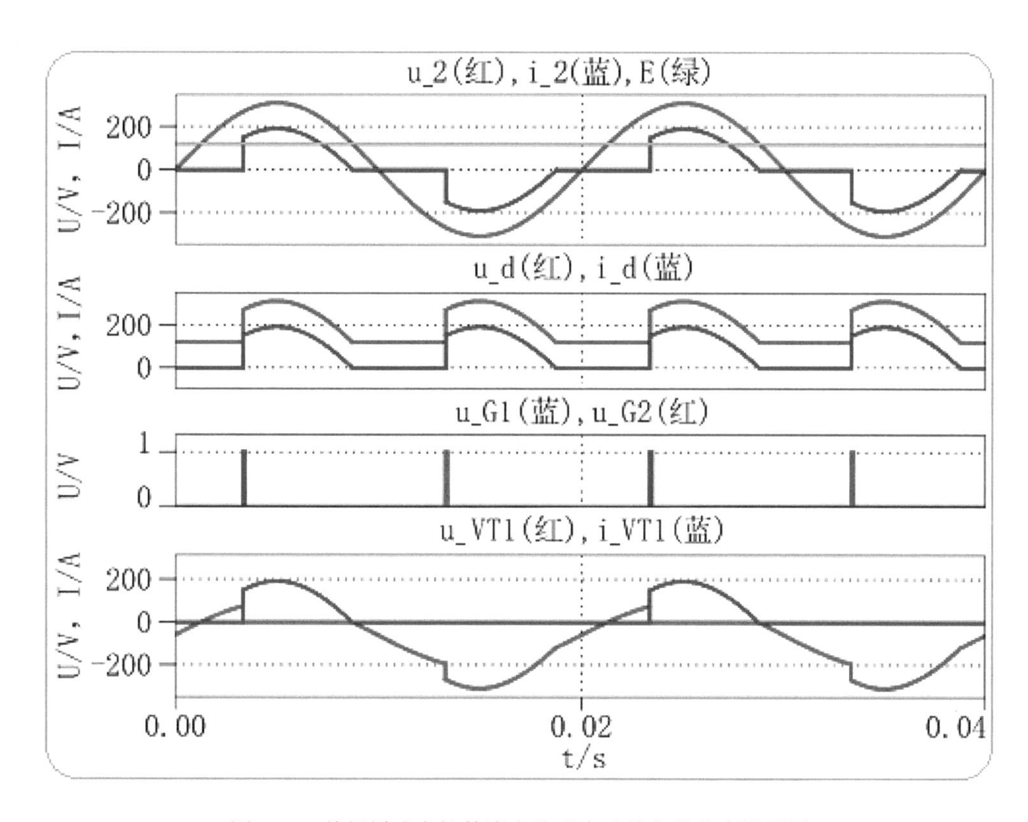

图 5.14　单相桥式全控整流电路反电动势负载仿真波形图

2. 结论

（1）对于带反电动势负载的整流电路，当 $\alpha<\delta$，触发脉冲到来时，晶闸管仍承受反向电压，不可能导通。为了使晶闸管可靠导通，要求触发脉冲有足够的宽度，保证当晶闸管开始承受正向电压时，触发脉冲仍然存在。这就相当于触发角被推迟，即 $\alpha\geqslant\delta$。

（2）当 $\alpha>\delta$ 时，晶闸管在一个电源周期中导通角 $\theta=180°-\alpha-\delta$。

（3）在控制角 α 相同的情况下，带反电动势负载的整流电路的输出电压比带电阻性负载的输出电压高。

（4）停止导电角 δ 为电源电压 u_2 瞬时值与反电动势 E 相等时刻对应的电角度，计算公式：

$$\delta=\arcsin\frac{E}{\sqrt{2}U_2} \tag{5-9}$$

5.1.2　单相桥式半控整流电路

在单相桥式全控整流电路中，每个导电回路都由两个晶闸管同时控制。在每个导电回路中，一个仍用晶闸管，另一个改用整流二极管，就构成单相桥式半控整流电路。它与单相桥式全控整流电路相比更经济，对触发电路要求也更简单。单相桥式半控整流电路结构形式有两种，如图 5.15 所示。

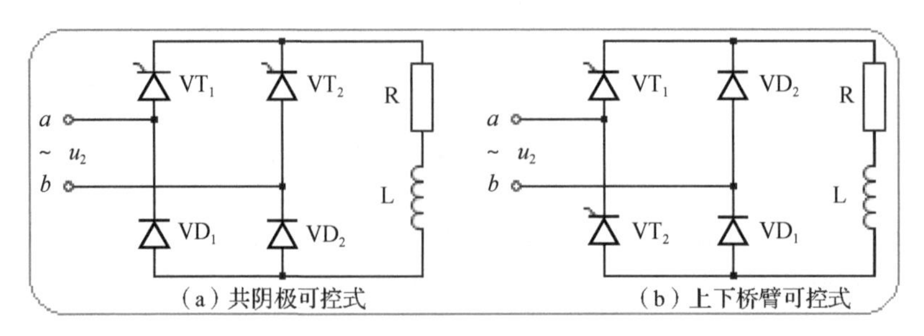

图 5.15　单相桥式半控整流电路原理图

一、共阴极可控式

共阴极可控式单相桥式半控整流电路阻感性负载仿真模型图如图 5.16 所示，在探针 1 中加入 VD 的电压和电流检测信号。

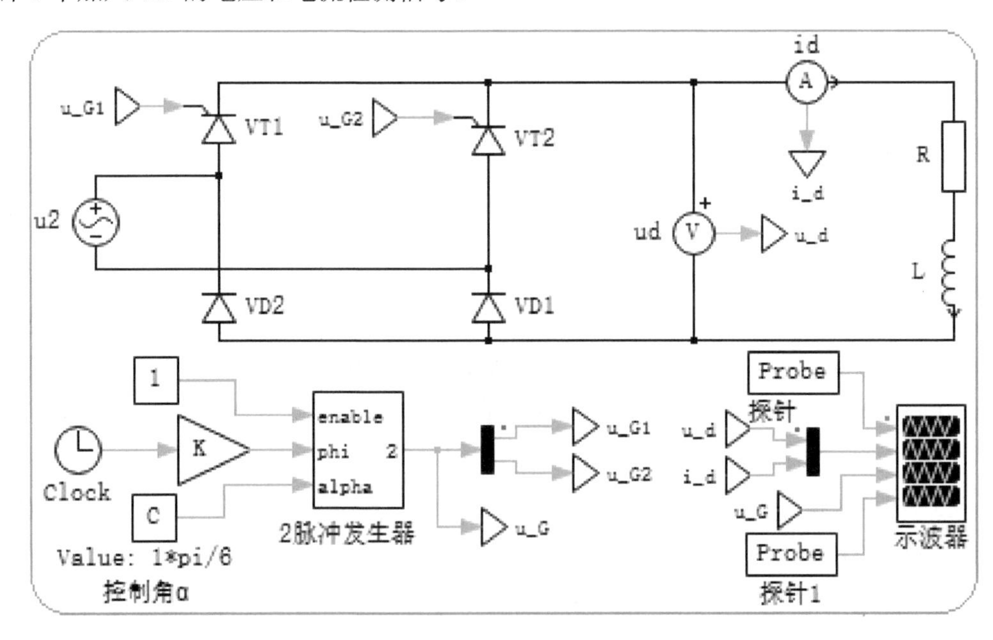

图 5.16　共阴极可控式单相桥式半控整流电路阻感性负载仿真模型图

参数设置与单相桥式全控整流电路阻感性负载相同，控制角 α 取 30°，仿真时间为 0.5s，在示波器中选取 0.40～0.44s 的仿真波形图，如图 5.17 所示。

1．波形分析

共阴极可控式单相桥式半控整流电路在接电阻性负载时，因无电感的储能与释放能量的过程，其工作情况和单相桥式全控整流电路相同，输出电压、电流的波形和电量计算也一样，可以通过修改仿真模型进行验证，在此不再赘述。以下着重分析阻感性负载时的工作情况。

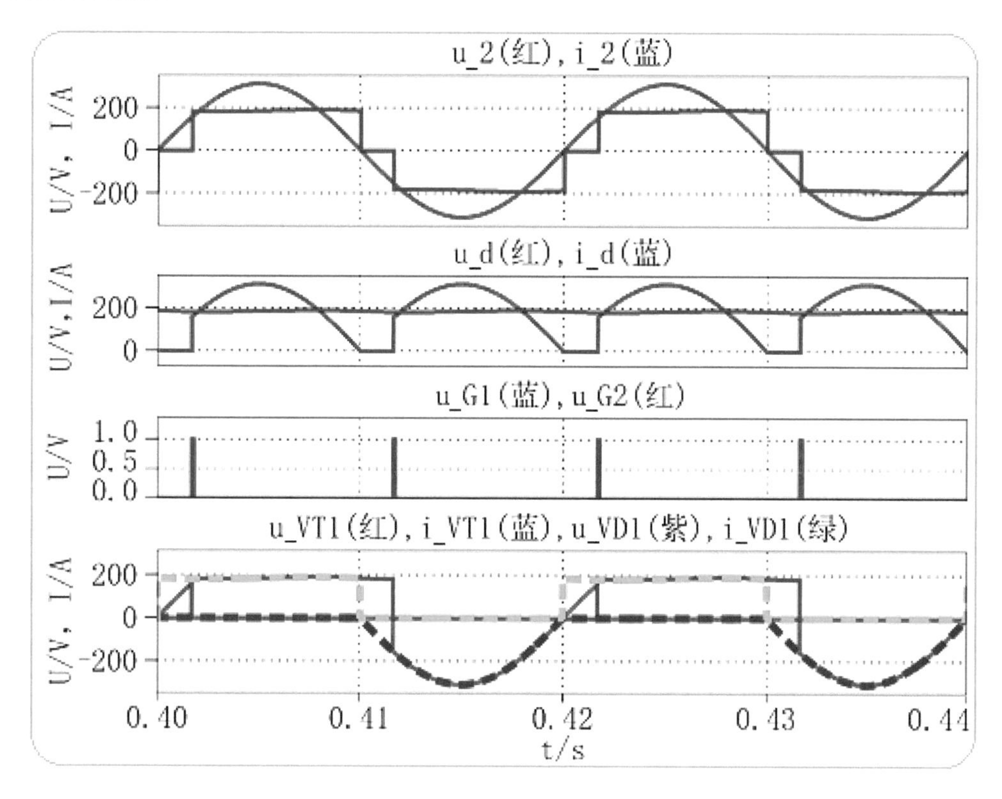

图 5.17　共阴极可控式单相桥式半控整流电路阻感性负载仿真波形图

由图 5.17 可知，输入电流波形、输出电压与电流波形与单相桥式全控整流电路阻感性负载加续流二极管的输出电压波形相同。从晶闸管和续流二极管的电压和电流波形可知，晶闸管和二极管各导通半个电源周期，具体工作状态如表 5.3 所示。

表 5.3　共阴极可控式半控整流电路晶闸管和二极管的工作状态表

ωt	$0\sim\alpha$	$\alpha\sim180°$	$180°\sim180°+\alpha$	$180°+\alpha\sim360°$
晶闸管 导通情况	VT_1 截止 VT_2 导通	VT_1 导通 VT_2 截止	VT_1 导通 VT_2 截止	VT_1 截止 VT_2 导通
二极管 导通情况	VD_1 导通 VD_2 截止	VD_1 导通 VD_2 截止	VD_1 截止 VD_2 导通	VD_1 截止 VD_2 导通

由表 5.3 可知，在电源电压极性改变时，电感释放能量，晶闸管将继续导通，与之连接在同一节点的二极管导通，给电感释放能量提供续流通路，因而这种共阴极可控式单相桥式半控整流电路在没有加续流二极管时也可以工作。

2. 失控现象分析

共阴极可控式单相桥式半控整流电路接阻感性负载，在实际运行中，为防止触发电路故障造成的失控现象，通常还需要加续流二极管。如图 5.18 所示，在 0.43s 之后，VT_2的触发脉冲突然丢失，此后 VT_2无触发脉冲，处于关断状态。

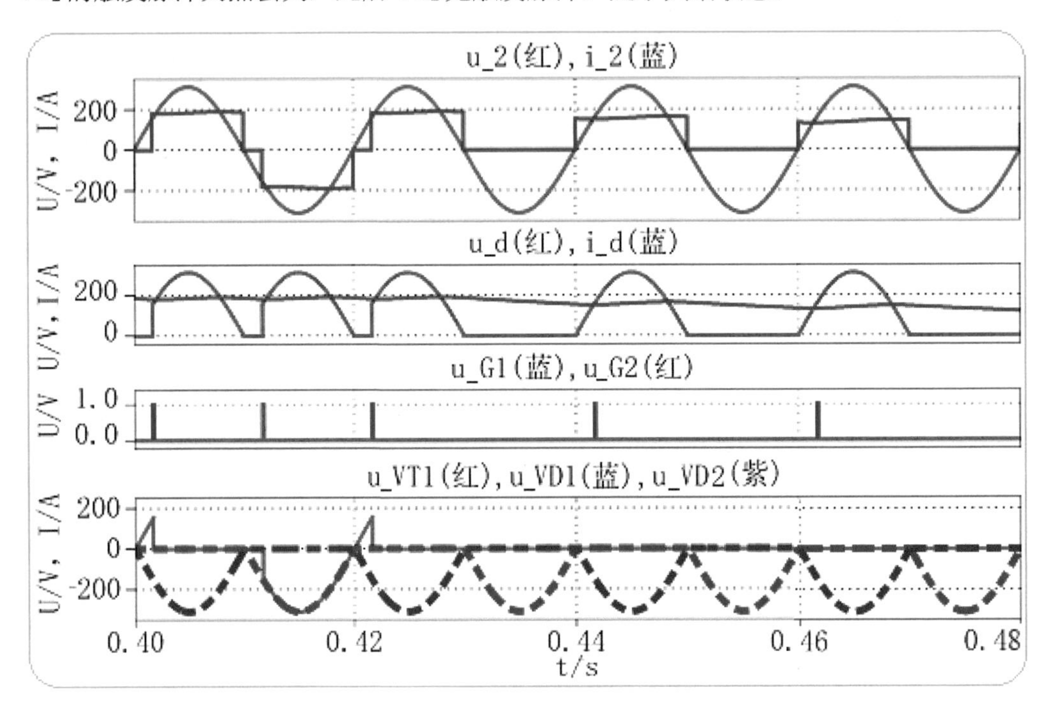

图 5.18　共阴极可控式单相桥式半控整流电路阻感性负载失控现象仿真波形图

当 u_2过零变负时，电感 L 的储能释放，电流通过 VT_1、VD_2形成续流。电感 L 中的能量如果在整个电源负半周都没有被释放完，就会使 VT_1在整个负半周都保持导通。

当 u_2过零变正时，VT_1承受正向电压继续导通，同时 VD_2关断，VD_1导通。因此即使不加触发脉冲，负载上仍保留了正弦半波的输出电压，此时触发脉冲对输出电压失去了控制作用，故称为失控。

在失控时导通的晶闸管一直导通而两个二极管轮流导通，输出电压波形相当于单相半波不可控整流电路的输出波形。

二、上下臂可控式

上下臂可控式单相桥式半控整流电路原理图如图 5.15（b）所示，由于另外的两只二极管串联后，在电源电压过零变负时承受正向电压而自然导通，充当了续流二极管的作用，因而此类电路不加续流二极管也不会出现失控现象。但两个晶闸管阴极电位不同，VT_1和 VT_2触发电路要隔离。

上下臂可控式单相桥式半控整流电路工作原理较为简单，带阻感性负载时，晶闸管和二极管的工作状态如表 5.4 所示，可以修改如图 5.16 所示的仿真模型进行验证。

表 5.4 上下臂可控式半控整流电路一个周期内晶闸管和二极管的工作状态

ωt	$0\sim\alpha$	$\alpha\sim180°$	$180°\sim180°+\alpha$	$180°+\alpha\sim360°$
晶闸管导通情况	VT_1 截止 VT_2 截止	VT_1 导通 VT_2 截止	VT_1 截止 VT_2 截止	VT_1 截止 VT_2 导通
二极管导通情况	VD_1 导通 VD_2 导通	VD_1 导通 VD_2 截止	VD_1 导通 VD_2 导通	VD_1 截止 VD_2 导通

5.2 三相可控整流电路

三相可控整流电路有三相半波、三相桥式全控、三相桥式半控和三相双反星形等多种形式。三相半波有共阴极和共阳极接法，是三相可控整流电路中最基本的电路，其他形式的三相可控整流电路可看作由三相半波整流电路组合而成的。三相可控整流电路各种结构原理图如表 5.5 所示。

表 5.5 三相可控整流电路各种结构原理图

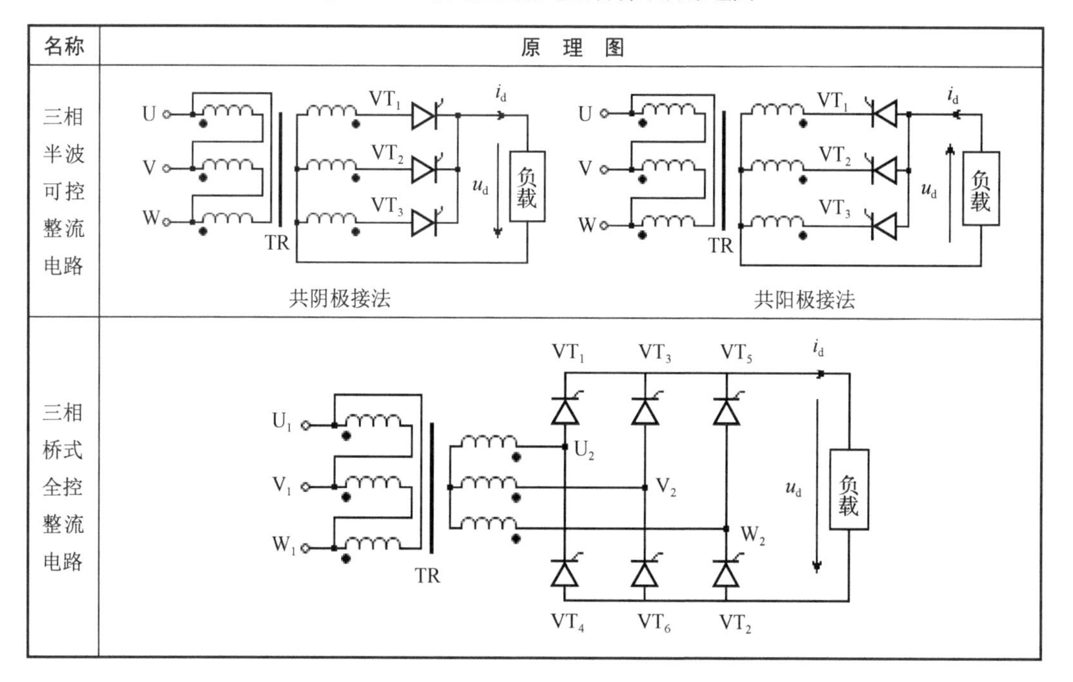

续表

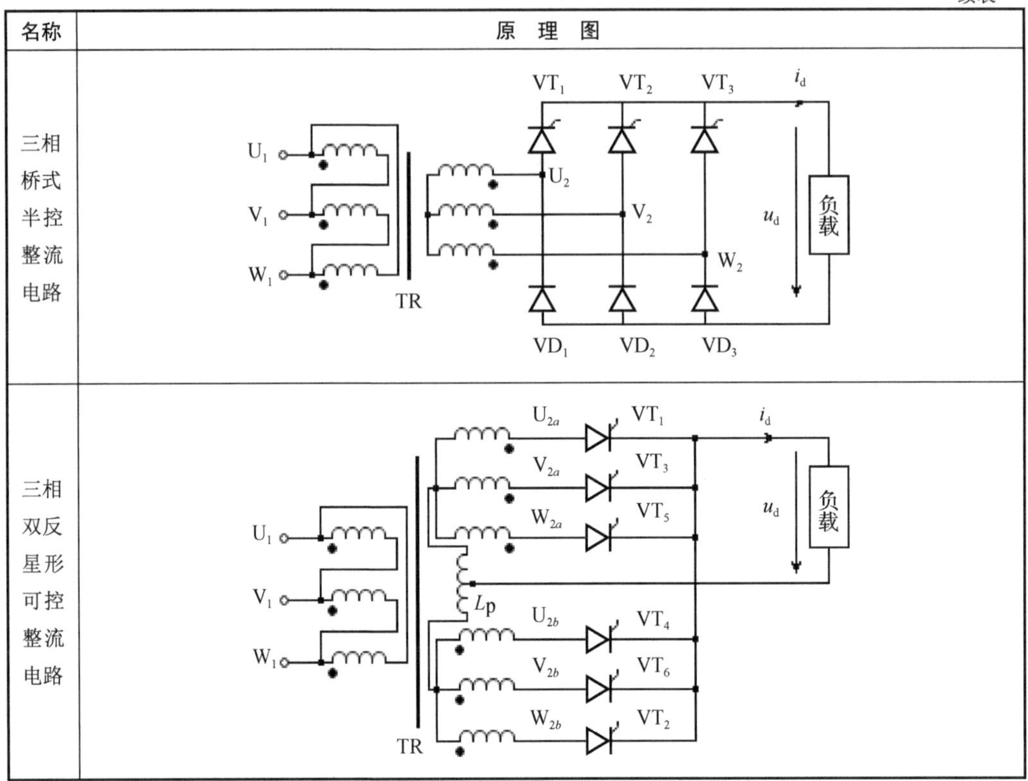

5.2.1　三相半波可控整流电路

三相半波可控整流电路需要交流电源提供零线，故又称为三相零式整流电路，因此整流变压器二次绕组必须连接成星形，而一次绕组通常连接成三角形，以避免三次谐波流入电网。

在实际应用中输出正电压的共阴极接法应用较多，如表 5.5 所示，三个晶闸管 VT_1、VT_2 和 VT_3 的阴极连接在一起后接到负载，阳极分别接到整流变压器 TR 的二次绕组上，变压器二次绕组星形连接中点作为负载的地。因为三个晶闸管阴极连接在一起，换流总是换到阳极电压更高的一相。一个电源周期由三个晶闸管平均承担输出，触发脉冲应该间隔 120°。

三个晶闸管的阳极连接在一起后接到负载，阴极分别接到整流变压器 TR 的二次绕组上，即共阳极接法。晶闸管只在承受正向电压时才可能导通，因此采用共阳极接法时的晶闸管只能在相电压的负半周工作，换流总是换到阴极电压更低的一相，变压器二次绕组星形连接中点作为负载的地，因此输出为负电压。由于螺栓型晶闸管的阳极接散热器，所以共阳极接法可以将散热器连成一体，使装置结构简化，但由于晶闸管阴极没有公共端，所以三个晶闸管的触发电路之间需要隔离，应用较少。

一、电阻性负载

1．电路模型

应用 PLECS 建立该电路仿真模型，如图 5.19 所示。

模型中省去了整流变压器，同时将三相半波整流共阴极和共阳极两种结构的电路放在一起，以便于观察和比较。为阐述需要将共阴极输出电压用 u_P 表示，输出电流用 i_P 表示；共阳极输出电压用 u_N 表示，输出电流用 i_N 表示。探针用于检测交流输入电压 u_2，探针 1 用于检测晶闸管 VT_1 的电压和电流。

模型元件获取路径为三相交流电源：Electrical/Source，三相六脉冲发生器：Control/Modulators。

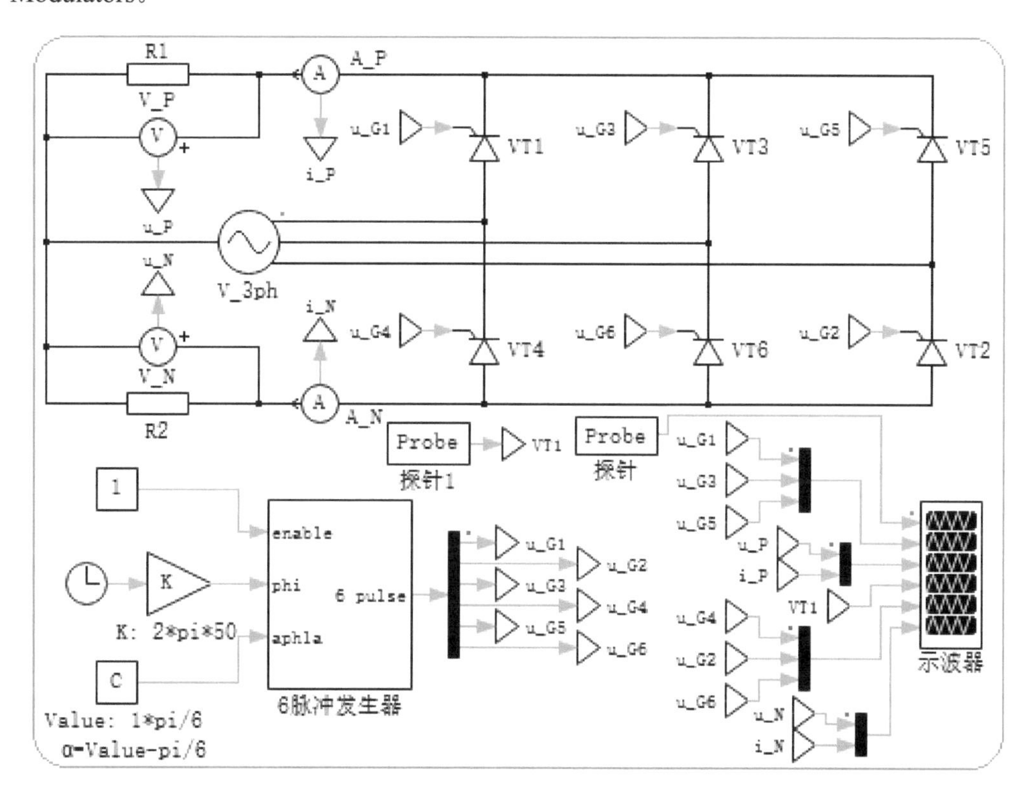

图 5.19　三相半波可控整流电路仿真模型图

2．元件和仿真参数设置

交流电源电压幅值取 311V，频率取 50Hz。为区分输出电压和电流的波形，电阻 R_1 和 R_2 均取 2Ω，则流过电阻的电流值为电阻两端电压值的 1/2。

三相六脉冲发生器的典型应用如图 5.19 所示，控制角 α 通过左下角常数模块 C 设置，α 的值为常数模块中的设置值减去 $\pi/6$，由图 5.19 可知，控制角 α 被设置为 0°。

仿真停止时间设置为 0.04s，即两个电源周期，以便观察波形。运行后输出仿真波形如图 5.20 所示。

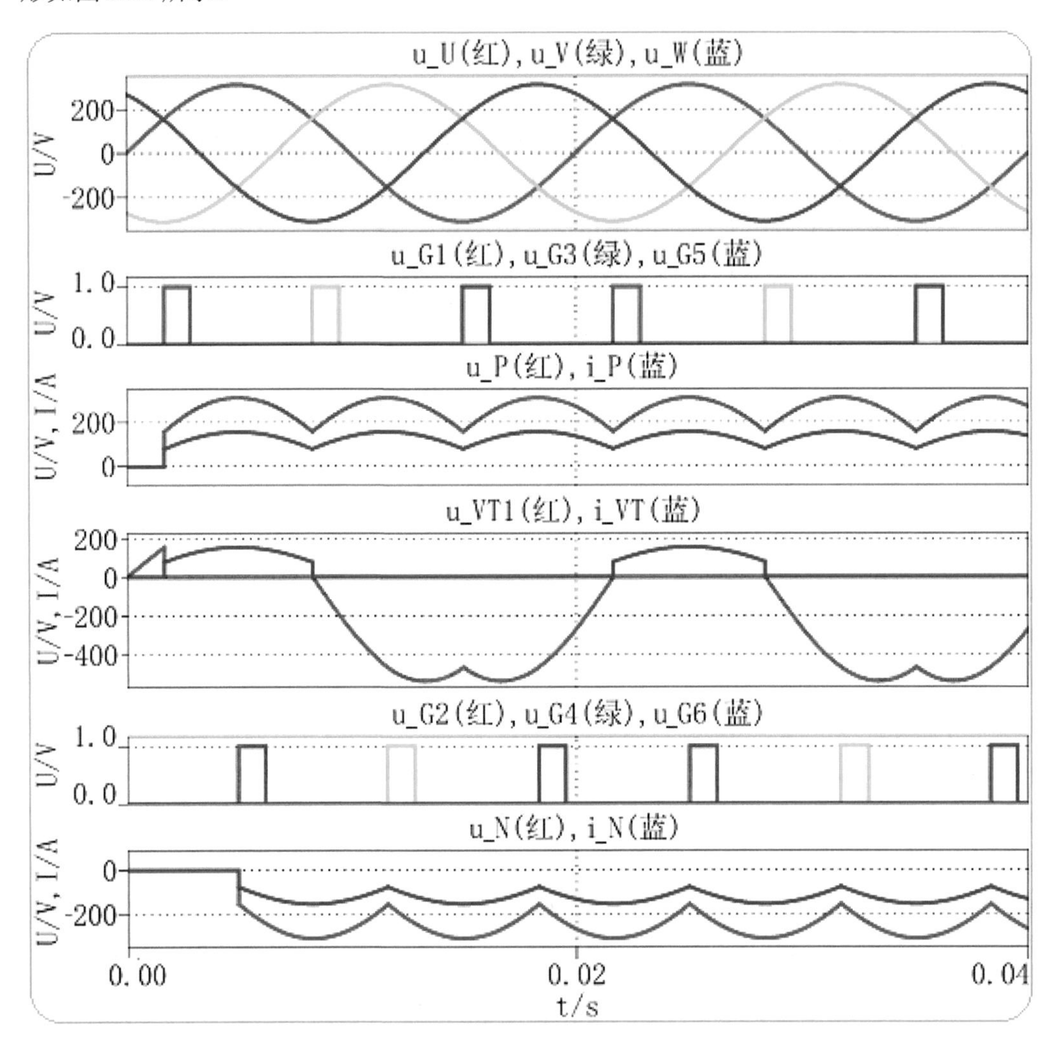

图 5.20　三相半波可控整流电路电阻性负载仿真波形图

3．波形分析

由图 5.20 可得出如下分析。

（1）控制角设为 0°时，对于共阴极接法电路，晶闸管 VT_1、VT_3 和 VT_5 的触发脉冲 u_{G1}、u_{G3} 和 u_{G5} 出现时刻，正好对应三相交流电压在正半波期间波形曲线的交点，即在 u_{G1} 出现之后，U 相电压瞬时值开始变为最高，因此 W 相和 U 相在正半波的交点为晶闸管 VT_1 的控制起点，从 U 相电压的原点算起，这时电角度为 π/6，即 ωt=30°；对于 VT_3 和 VT_5 也是如此，分别对应距 U 相电压原点的 150°和 270°的时刻。同理，对于共阳极接法的电路，VT_2、VT_4 和 VT_6 的控制起点为三相交流电压在负半波期间波形曲线的交点，即距 U 相电压原点的 90°、210°和 330°的时刻。在分析三相整流电路时称这些点为自然换相点。

（2）对于共阴极接法的电路，在控制角为 0°时，输出电压 u_P 为三相交流电压在正半波中最大的瞬时值，每个晶闸管导通 120°，输出电压为正；共阳极接法的电路的输出电压 u_P 为三相交流电压在负半波中最小的瞬时值，每个晶闸管导通 120°，输出电压为负。

4．不同控制角时的仿真与分析

以共阴极接法电路为例，修改控制角 α 分别为 30°、60°、90°和 120°，运行后观察到仿真波形如图 5.21 所示。

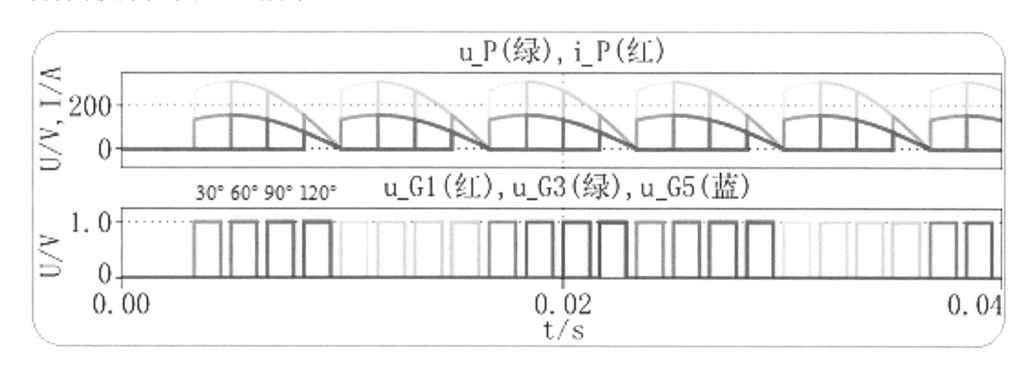

图 5.21 不同控制角时仿真波形图

由图 5.21 可知：

（1）当 $\alpha \leqslant 30°$时，输出电压和电流均连续，每个晶闸管在一个电源周期中导通 120°，即导通角 $\theta_T=120°$；当 $\alpha > 30°$时，输出电压和电流断续，晶闸管的导通角为 $\theta_T=150°-\alpha$，小于 120°。

（2）在三个晶闸管均不导通时，各晶闸管承受的电压为各相的相电压，当其中一个晶闸管导通时，另两个晶闸管承受的电压为线电压，所以晶闸管在电路中承受的最大电压为线电压的峰值，即 $\sqrt{6}U_2$。

5．数量关系与数据分析

以共阴极接法电路为例，$\alpha=30°$是 u_d 波形连续和断续的分界点，输出电压平均值 U_d 的计算应分以下两种情况。

（1）当 $\alpha \leqslant 30°$时：

$$U_d = \frac{1}{2\pi/3}\int_{\frac{\pi}{6}+\alpha}^{\frac{5\pi}{6}+\alpha} \sqrt{2}U_2 \sin\omega t \mathrm{d}(\omega t) = 1.17U_2\cos\alpha \tag{5-10}$$

（2）当 $\alpha > 30°$时：

$$U_d = \frac{1}{2\pi/3}\int_{\frac{\pi}{6}+\alpha}^{\pi} \sqrt{2}U_2 \sin\omega t \mathrm{d}(\omega t) = 0.675U_2\left[1+\cos(\pi/6+\alpha)\right] \tag{5-11}$$

如图 5.22 所示，在示波器数据分析窗口，锁定游标为 0.02s，红色框内从下至上控制角 α 依次为 0°、30°、60°、90°和 120°时输出电压的平均值。

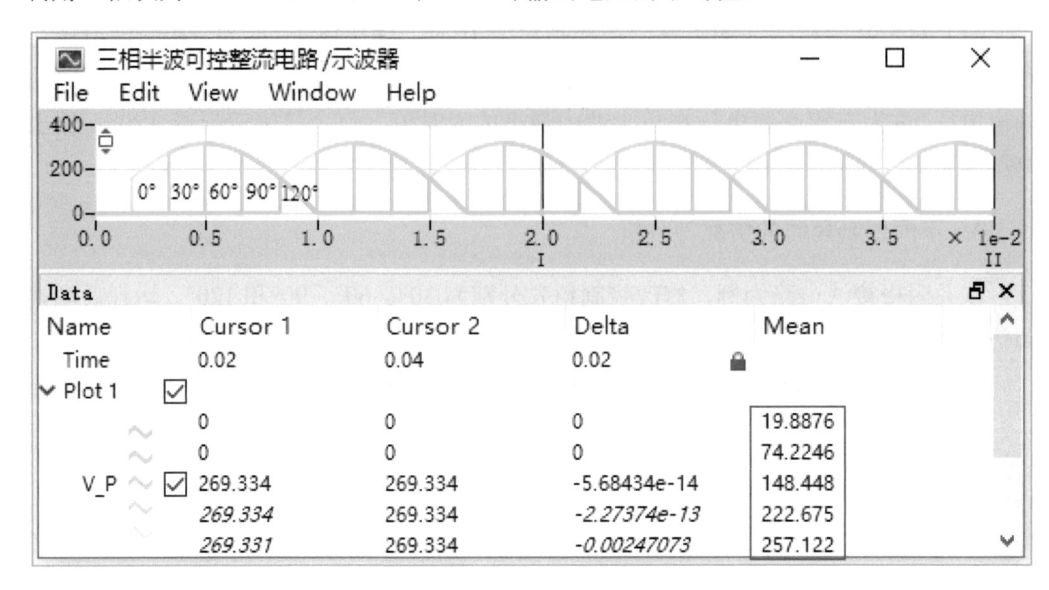

图 5.22 不同控制角时仿真波形与数据

二、阻感性负载

以共阴极接法为例，将图 5.19 中的负载用电感串联电阻替换，设置电阻 R=1Ω，电感 L=0.05H，α 依次设为 30°、60 和 90°，其他元件参数不变，仿真停止时间为 0.5s，运行后选取 0.40～0.44s 的仿真波形如图 5.23 所示。

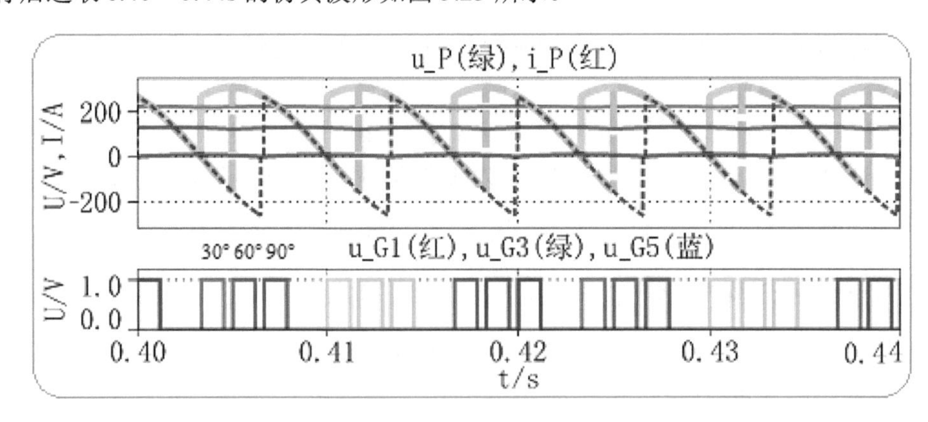

图 5.23 三相半波可控整流电路阻感性负载仿真波形图

1. 波形分析

由图 5.23 可知，与其他可控整流电路阻感性负载相同，三相半波可控整流电路带阻感性负载的特点如下。

（1）当 $\alpha \leqslant 30°$时，输出电压 u_d 的波形与电阻性负载时一样，输出电流 i_d 的波形为一水平的直线。

（2）当 $\alpha > 30°$时，输出电压 u_d 的波形出现负值，输出电压平均值 U_d 变小，输出电流也随之变小。

（3）当 $\alpha=90°$时，输出电压 u_d 的波形正负面积相等，输出电压平均值 U_d 为零，因此控制角 α 的移相范围为 0～90°。

实际应用中通常在输出端反并联续流二极管以提升输出电压。

2．数量关系

由图 5.23 可知，三相半波可控整流电路接阻感性负载时输出电压波形连续。

① 负载电压平均值：$$U_\mathrm{d} = \frac{3}{2\pi}\int_{\pi/6+\alpha}^{5\pi/6+\alpha} \sqrt{2}U_2 \sin\omega t \mathrm{d}(\omega t) \tag{5-12}$$

② 负载电流平均值：$$I_\mathrm{d} = U_\mathrm{d}/R_\mathrm{d} \tag{5-13}$$

③ 晶闸管电流平均值：$$I_\mathrm{dT} = \frac{1}{3}I_\mathrm{d} \tag{5-14}$$

④ 晶闸管电流有效值：$$I_\mathrm{T} = \sqrt{\frac{1}{3}}I_\mathrm{d} \tag{5-15}$$

三、含大电感的反电动势负载

在直流调速系统中，整流电路的负载为电动机。为了使电枢电流 i_d 波形连续平直，在电枢回路中串入电感量足够大的平波电抗器 L_d，这就是含大电感的反电动势负载。

1．电路模型

含大电感的反电动势负载仿真模型图如图 5.24 所示，通过给直流电动机施加阶跃变化的负载转矩，在 0.3s 时刻由 30N·m（牛顿·米）变为 5N·m，电动机由于负载变轻，电枢电流减小，最后出现断续。探针用于检测三相交流电压。

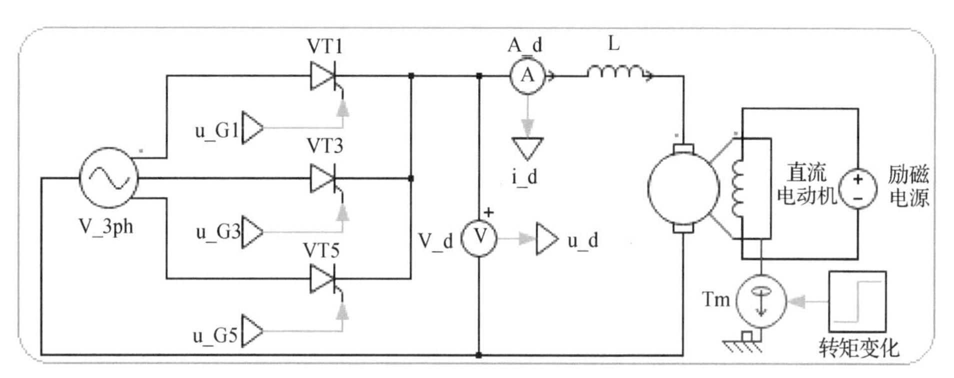

图 5.24　含大电感的反电动势负载仿真模型图

模型元件获取路径为直流电动机：Electrical/Machines；Tm：Mechanical/Rotational/Source。

2．元件和仿真参数设置

三相交流电源电压幅值取 311V，频率取 50Hz，电感 L=0.01H，励磁电源电压为 120V，控制角 α 取 60°，直流电动机模型参数设置如图 5.25 所示。

Block Parameters: 三相半波可控整流电路/直流 电机

DC Machine (mask) (link)

The input signal Tm represents the mechanical torque, in Nm. The vectorized output signal of width 2 contains
- the rotational speed wm, in rad/s, and
- the electrical torque Te, in Nm.

Parameters | Assertions

Parameter	Value	Parameter	Value
Armature resistance Ra:	0.57	Friction coefficient F:	0
Armature inductance La:	0.0043	Initial rotor speed wm0:	0
Field resistance Rf:	190	Initial rotor position thm0:	0
Field inductance Lf:	0.2	Initial armature current ia0:	0
Field-armature mutual inductance Laf:	2	Initial field current if0:	0
Inertia J:	0.0881		

OK | Cancel | Apply | Help

图 5.25　直流电动机模型参数设置

仿真停止时间设为 0.6s，运行后输出的仿真波形图如图 5.26 所示。

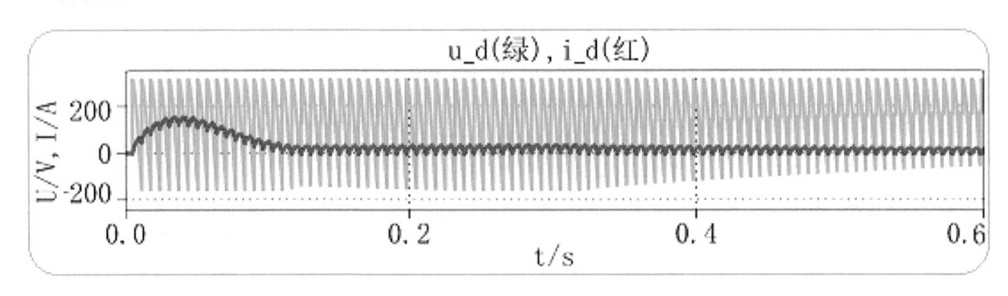

图 5.26　含大电感的反电动势负载仿真波形图

由于仿真时间较长，电压波形较为密集，但波形的变化依然可见。通过波形缩放，选取 0.30～0.40s 的仿真波形如图 5.27 所示。

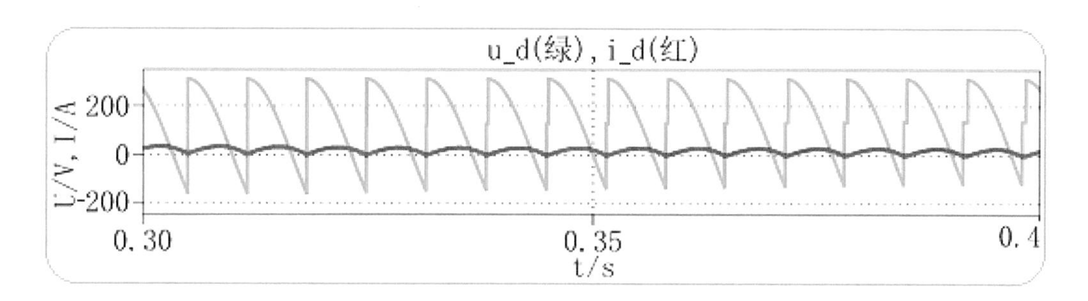

图 5.27 缩放后的仿真波形图

3. 波形分析

由图 5.27 可得出如下分析。

（1）当电动机工作于额定状态时，电枢电流连续，流过晶闸管的电流也连续，晶闸管所在相电源电压过零变负，电感释放储能，产生反电动势，使晶闸管继续导通，直到下一个晶闸管被触发导通后才关断，因此输出电压出现负值且波形连续。工作原理和输出电压平均值 U_d 的计算同大电感负载时一样，只是输出平均电流 I_d 的计算应该为

$$I_d = \frac{U_d - E}{R_a} \tag{5-16}$$

（2）当电动机工作于轻载状态时，电枢电流变小，电感在交流电源供电期间的储能也减少，在电源电压过零变负后，电感的储能不足以使负载电流连续，流过晶闸管的电流减小至零后，负载两端的电压为电动机反电动势 E，故输出电压 u_d 有一个台阶式波动，随着电感储能的减少，台阶逐渐变宽，最后趋于稳定。

5.2.2 三相桥式全控整流电路

在如图 5.19 所示的仿真电路模型中取消零线，并将负载接在三相半波共阴极输出和共阳极输出之间便构成了三相桥式全控整流电路。

由表 5.5 中的原理图可知，晶闸管 VT_1、VT_3 和 VT_5 组成共阴极组，VT_2、VT_4、VT_6 组成共阳极组。共阴极组输出电流向负载供电，再经过共阳极组回到另一相电源而不需要零线。当共阴极组中的晶闸管导通时，变压器二次绕组电流为正向电流，当共阳极组中的晶闸管导通时，变压器二次绕组电流为反向电流，因此，在一个电源周期中，变压器二次绕组正负半周都有电流流过，提高了变压器的利用率，且没有直流分量，变压器不存在磁饱和问题。

一、电阻性负载

1. 电路模型

三相桥式全控整流电路电阻性负载仿真模型图如图 5.28 所示。

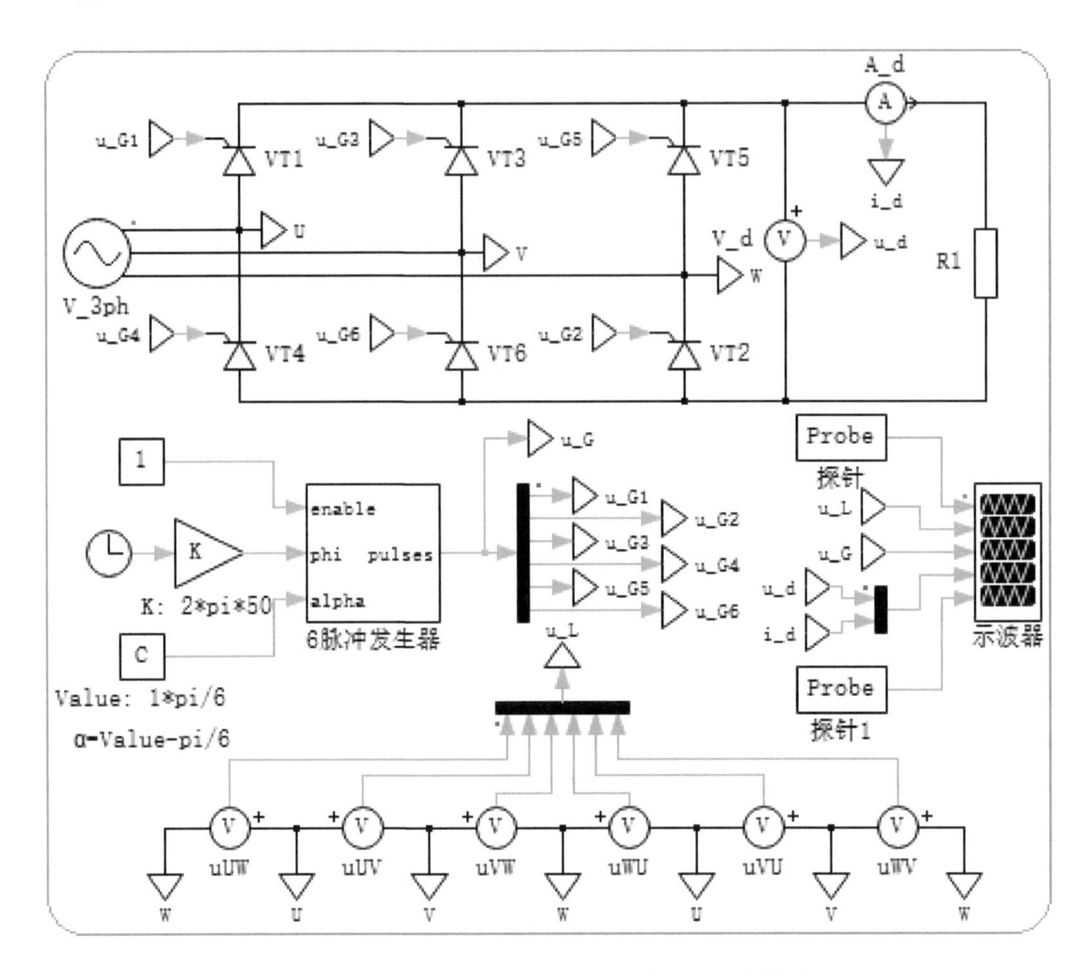

图 5.28 三相桥式全控整流电路电阻性负载仿真模型图

为了分析方便，电路模型中应用电气标签将三相交流电压引出，在下方用电压表对三相交流电源线电压进行检测，探针用于检测三相交流电源的相电压，探针 1 用于检测晶闸管 VT_1 的电压和电流。

元件和仿真参数设置与三相半波可控整流电路仿真模型基本相同，三相六脉冲发生器参数设置如图 5.29 所示，脉冲宽度设为 π/12，选择双脉冲模式，控制角 α 设为 0°。

运行后，输出仿真波形如图 5.30 所示。

2. 波形分析

由三相半波可控整流电路分析可知，共阴极组和共阳极组各晶闸管的自然换相点分别为三相交流电压波形在正负半波的交点，控制角 α 设为 0°，即在各相自然换相点处触发该相上晶闸管导通，一个电源周期输出电压的波形由六段组成。以 0.2s 之后的一个电源周期为例，每段具体的工作情况如表 5.6 所示。

Block Parameters: 三相桥式全控整流电路/6脉冲发生器

6-Pulse Generator (mask)

This block generates the pulses used to fire the thyristors of a 6-pulse thyristor converter. Inputs are a logical enable signal, a ramp signal phi (produced e.g. by a PLL), and the firing angle alpha (in radians).

If the 'Pulse type' parameter is set to 'Double pulses', each thyristor receives two pulses: one when the firing angle is reached, and a second, then the next thyristor is fired.

Parameters

Pulse width [rad]:

pi/12

Pulse type:

Double pulses

OK　Cancel　Apply　Help

图 5.29　三相六脉冲发生器参数设置

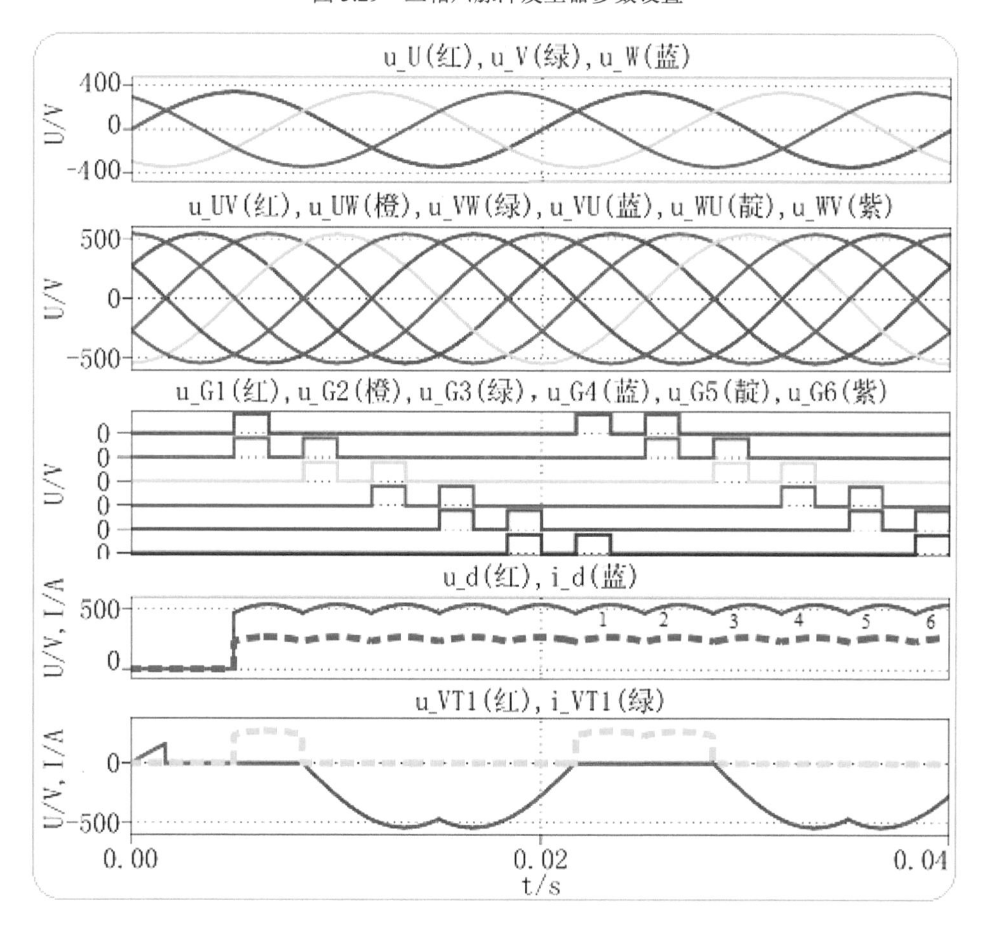

图 5.30　三相桥式全控整流电路电阻性负载仿真波形图

表 5.6　三相桥式全控整流电路电阻性负载 α=0°时工作情况分析表

电压段	ωt	共阴极组			共阳极组			输出电压 u_d
		自然换相点	最高电压相	导通晶闸管	自然换相点	最低电压相	导通晶闸管	
1	30°～90°	30°	U	VT_1		V	VT_6	u_{UV}
2	90°～150°		U	VT_1	90°	W	VT_2	u_{UW}
3	150°～210°	150°	V	VT_3		W	VT_2	u_{VW}
4	210°～270°		V	VT_3	210°	U	VT_4	u_{VU}
5	270°～330°	270°	W	VT_5		U	VT_4	u_{WU}
6	330°～390°		W	VT_5	330°	V	VT_6	u_{WV}

由以上分析可知：

（1）三相桥式全控整流电路任一时刻必须同时有两个晶闸管被触发导通，才能形成负载电流，其中一个在共阴极组，另一个在共阳极组。

（2）触发脉冲应该采用宽度为 80°～100°的单脉冲，或者脉冲上升沿间隔为 60°的双脉冲。

（3）整流输出电压 u_d 波形由电源线电压 u_{UV}、u_{UW}、u_{VW}、u_{VU}、u_{WU} 和 u_{WV} 轮流输出组成，各线电压正半波交点分别是晶闸管 VT_1～VT_6 的自然换相点。

（4）六个晶闸管中每管导通角为 120°，每间隔 60°有一个晶闸管换相。

（5）晶闸管所承受的最大正反向电压为交流电源线电压的最大值。

通过叠加阶跃信号方式，在仿真过程中修改控制角 α 分别为 0°、30°、60°和 90°，并采用宽脉冲触发，观察输出电压波形，如图 5.31 所示。

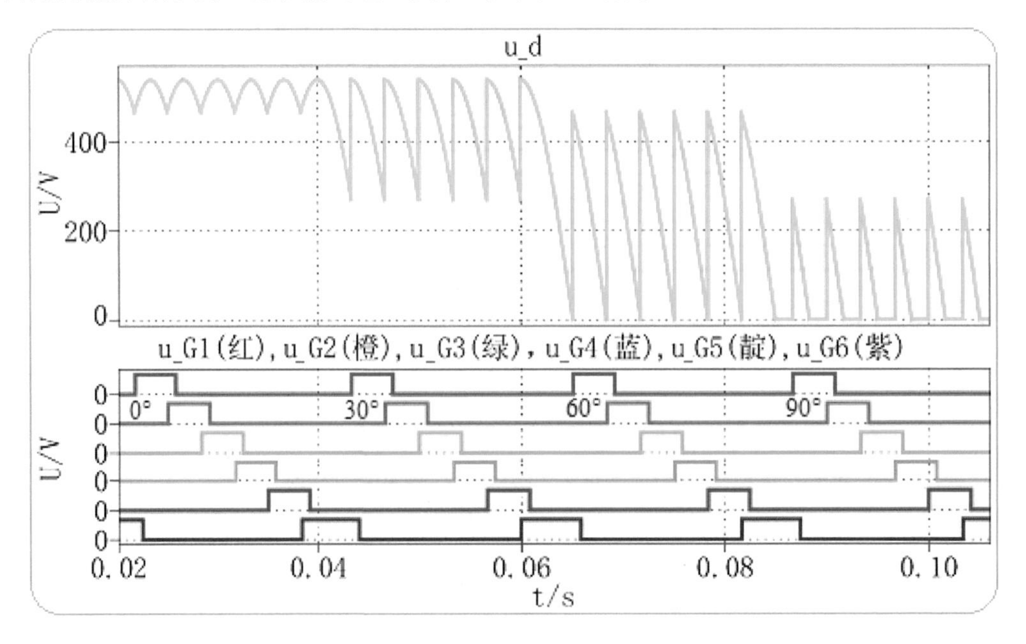

图 5.31　三相桥式全控整流电路电阻性负载不同控制角时仿真波形图

由图 5.31 可知：

（1）每个电源周期，输出电压由六段组成，当 $\alpha \leqslant 60°$时，电压波形连续；当 $\alpha > 60°$时，电压波形断续。

（2）随控制角 α 的增大，输出电压的平均值逐渐减小，当 $\alpha = 120°$时，输出电压平均值为零，因此控制角 α 的移相为 0°～120°。

二、阻感性负载

1. 波形分析

修改负载为电感串联电阻形式，设置电阻 R=1Ω，电感 L=0.05H，其他元件参数不变。在仿真过程中使控制角 α 分别为 0°、30°、60°和 90°，仿真时间设为 0.51s，仿真得到输出电压和电流的波形如图 5.32 所示。

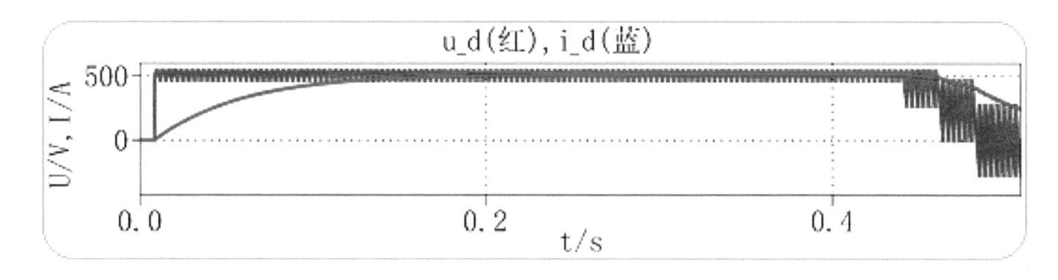

图 5.32 三相桥式全控整流电路阻感性负载仿真波形图（1）

由图 5.32 可知：

（1）输出电压在控制角 $\alpha \leqslant 60°$时的波形与电阻性负载相同，当 $\alpha > 60°$时电压出现负值。

（2）输出电流在 0.2s 之前一直在上升，稳定后近似于一条直线，控制角 α 增大，输出电压变小，输出电流也随之变小。

选取 0.42～0.51s 的仿真波形，如图 5.33 所示。

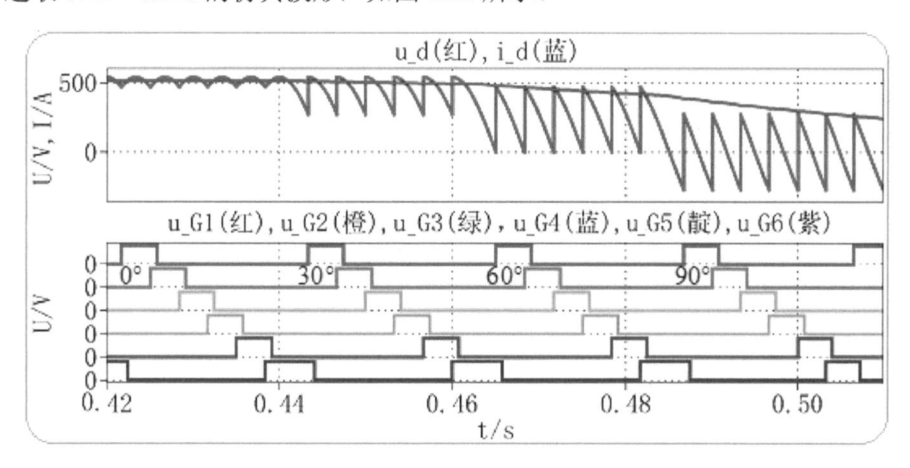

图 5.33 三相桥式全控整流电路阻感性负载仿真波形图（2）

在 α =90°时，输出电压正负面积相等，即输出电压平均值为零。输出电流因电感储能释放逐渐下降，由此可知三相桥式全控整流电路带阻感性负载时的移相为 0°～90°。

2. 定量分析

1）三相桥式全控整流电路的输出电压平均值 U_d

① 在电流连续的情况下计算式为

$$U_{\mathrm{d}} = \frac{1}{\pi/3}\int_{\frac{\pi}{3}+\alpha}^{\frac{2\pi}{3}+\alpha} \sqrt{6}U \sin \omega t \mathrm{d}(\omega t) = 2.34U\cos\alpha \tag{5-17}$$

② 在电流断续（电阻性负载 $\alpha > 60°$）的情况下计算式为

$$U_{\mathrm{d}} = \frac{3}{\pi}\int_{\frac{\pi}{3}+\alpha}^{\pi} \sqrt{6}U \sin \omega t \mathrm{d}(\omega t) = 2.34U\left[1+\cos(\frac{\pi}{3}+\alpha)\right] \tag{5-18}$$

式中，U 为输入交流相电压有效值。

2）三相桥式全控整流电路的输出电流平均值 I_d

① 对于电阻性负载：

$$I_{\mathrm{d}} = \frac{U_{\mathrm{d}}}{R} \tag{5-19}$$

② 带大电感的反电动势负载：

$$I_{\mathrm{d}} = \frac{U_{\mathrm{d}} - E}{R_{\mathrm{a}}} \tag{5-20}$$

5.2.3 三相桥式半控整流电路

与单相可控整流电路一样，三相可控整流电路也有半控形式，如表 5.5 所示，共阴极组为可控的晶闸管，共阳极组为不可控的二极管。

一、电阻性负载

1. 仿真模型

三相桥式半控整流电路电阻性负载仿真模型图如图 5.34 所示。

模型中探针用于检测三相交流电源的相电压，探针 1 除检测晶闸管 VT_1 的电压和电流外，还检测流过二极管 VD_2、VD_4 和 VD_6 的电流。

设置交流电源电压幅值为 311V，频率为 50Hz，电阻为 R=2Ω。三相六脉冲发生器仅使用 VT_1、VT_3 和 VT_5 的触发脉冲 u_{G1}、u_{G3} 和 u_{G5}，单脉冲触发方式，宽度为 π/12，控制角 α 设为 0°。

在仿真过程中使控制角 α 分别为 0°、30°、60°、90°、120°和 150°，运行后选取 0.02～0.15s 时间段仿真波形，如图 5.35 所示。

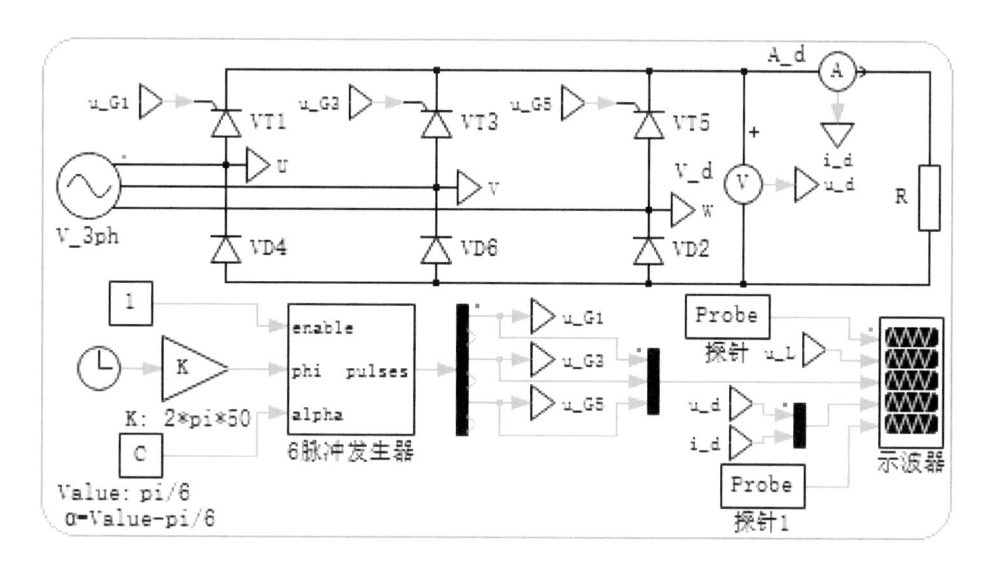

图 5.34　三相桥式半控整流电路电阻性负载仿真模型图

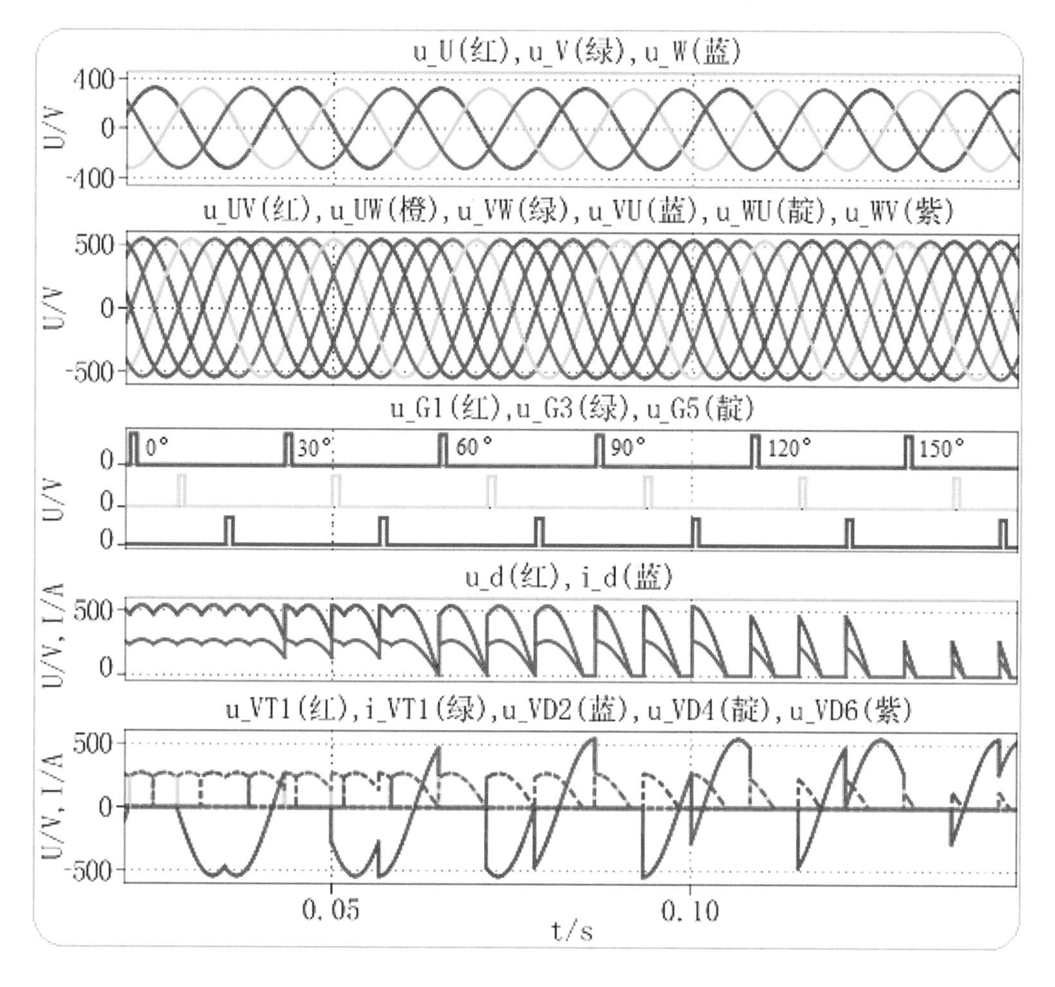

图 5.35　三相桥式半控整流电路电阻性负载仿真波形图

2. 波形分析

（1）当控制角 α=0°时，触发脉冲在自然换相点出现，工作情况与三相桥式全控整流电路完全一样，输出电压的波形与三相桥式全控整流电路在 α=0°时输出的电压波形相同。

（2）当控制角 α=30°时，触发 VT_1 管导通，共阳极组二极管 VD_6 阴极电位最低，所以 VT_1、VD_6 导通，负载两端电压 $u_d=u_{UV}$；此后在共阳极换相点处 VD_2 导通，VD_6 关断，所以 VT_1、VD_6 导通，负载两端电压 $u_d=u_{UW}$；当 VT_1 导通到共阴极换相点处时，VT_3 触发脉冲还未出现，VT_3 不能导通，所以继续导通，直到 VT_3 被触发导通才关断，电路转为 VT_3、VD_2 导通，$u_d=u_{VW}$。依次类推，三个晶闸管和三个二极管分别轮流导通，负载 R 上得到的电压波形一个周期内仍有六个波头，但六个波头形状不同，是相互间隔的三个完整波头和三个缺角波头。

（3）当控制角 α=60°时，晶闸管 VT_1 在电压 u_{UW} 的作用下，在相电压 u_U 峰点处被触发导通，共阳极组二极管 VD_2 导通，负载两端电压 $u_d=u_{UW}$。输出波形只剩下三个波头，分别是 u_{UW}、u_{VU} 和 u_{WV}，波形刚好连续，所以 α=60°是整流输出电压波形连续与断续的临界点。

（4）当控制角 α=90°时，晶闸管 VT_1 在电压 u_{UW} 的作用下，在线电压 u_{UW} 峰点处被触发导通，共阳极组二极管 VD_2 导通，负载两端电压 $u_d=u_{UW}$，后续两个波头与此类似，分别是 u_{VU} 和 u_{WV}。

（5）α=120°时的波形是 α=90°时的波形的后 60°部分；α=150°时的波形是 α=90°时的波形的后 30°部分。当 α=180°，触发脉冲发出时，u_{UW}、u_{VU} 和 u_{WV} 均已到零，晶闸管不能被触发导通，因而输出电压 u_d=0。

二、阻感性负载

修改负载为电感串联电阻形式，设置电阻 R=1Ω，电感 L=0.05H，其他元件参数不变。在仿真过程中使控制角 α 分别为 0°、30°、60°、90°、120°和 150°，仿真时间设为 0.25s，运行后选取 0.12～0.25s 的仿真波形如图 5.36 所示。

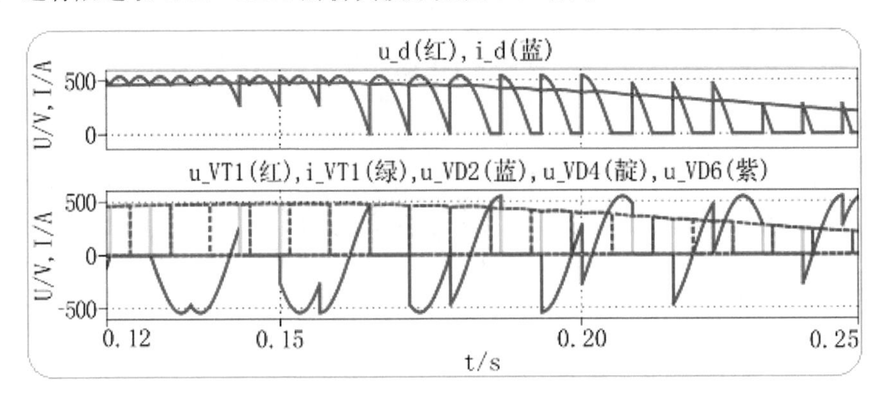

图 5.36　三相桥式半控整流电路阻感性负载仿真波形图

由图 5.36 可知，三相桥式半控整流电路阻感性负载输出电压波形与电阻性负载一样，稳态时电流波形近似为一条水平线。当 $\alpha \leqslant 60°$时电压波形连续；当 $\alpha > 60°$时，因为电感储能释放，存在续流阶段，由图 5.36 中的晶闸管和二极管的电流波形可知，续流期间是原导通的晶闸管继续导通，直到下一个晶闸管被触发导通。共阳极组二极管在换相点处自然轮换。

实际应用中必须在负载两端反并联二极管来续流，这样原来导通的晶闸管在使其工作的线电压过零变负时，再使续流二极管导通而流过负载电流，晶闸管承受反向电压而关断。

若不加续流二极管，当触发脉冲丢失或突然把控制角 α 移到 180°时，则与单相桥式半控整流电路一样，三相桥式半控整流电路也会发生导通的晶闸管关不断，而三个整流二极管轮流导通的现象，使整流电路处于失控状态。

在 $\alpha = 90°$时，VT_3 和 VT_5 的触发脉冲丢失，输出波形如图 5.37 所示。

由图 5.37 可知，在 VT_3 和 VT_5 的触发脉冲丢失后，VT_1 一直处于导通状态，三个二极管轮流导通，输出电压不受控制。

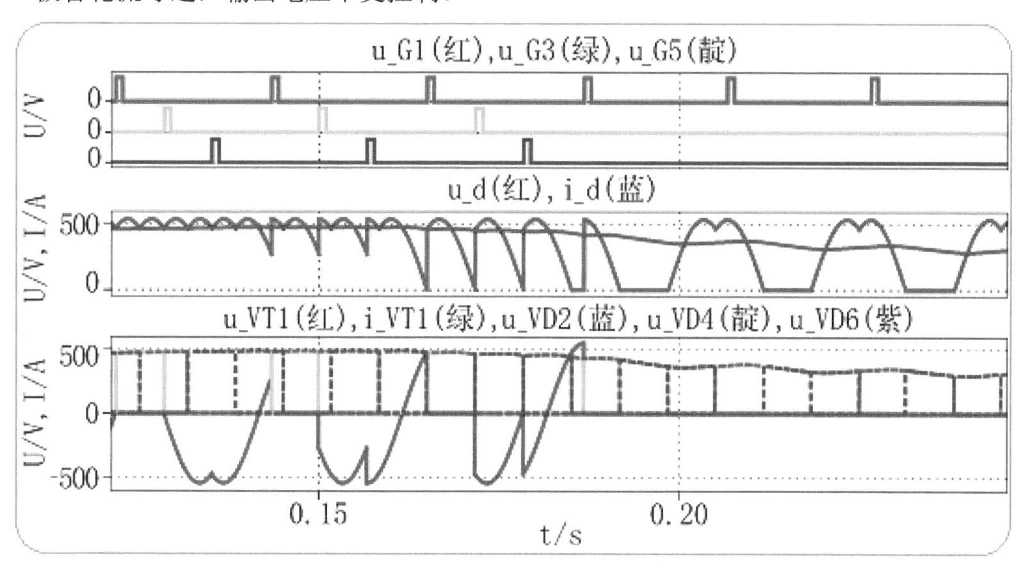

图 5.37　三相桥式半控整流电路阻感性负载失控现象仿真波形图

要点回顾

（1）将交流电转变为直流电的过程称为整流，按使用的器件其电路分为不可控整流电路和可控整流电路，可控整流电路采用移相控制，又称为相控整流电路。

（2）根据功率大小，小功率电路一般采用单相整流电路，中大功率电路采用三相整流电路或多相整流电路。

（3）单相整流电路结构有半波、全波和桥式，各使用 1、2 和 4 个功率器件，半波电路中的变压器存在直流磁化问题。

（4）整流变压器的作用为电压变换、电气隔离和抑制电网干扰。

（5）整流电路的负载分为电阻性、阻感性和反电动势等，各种性质负载的特点。

（6）分析整流电路应结合输入交流电压波形、晶闸管导通与关断条件和负载性质。

（7）分析整流电路通常假定三个理想条件。

（8）单相桥式可控整流电路带电阻性负载时的移相范围、导通角大小及输出电压平均值计算。

（9）单相桥式可控整流电路带阻感性负载时输出电压波形的特点、移相范围和导通角大小。

（10）单相桥式可控整流电路功率器件导通时流过的电流和关断时两端电压的大小。

（11）电流从一条路径转换到另外一条路径的过程称为换流，也称为换相。

（12）电感量足够大如何界定，电感量足够大电感在电路中的作用。

（13）续流二极管的作用，流过续流二极管电流的计算。

（14）蓄电池和直流电动机的电枢均属于反电动势负载但各有特点。

（15）单相桥式半控整流电路有两种结构，两者的区别。

（16）共阴极可控式单相桥式半控整流电路在接阻感性负载不反并联续流二极管情况下，在触发电路故障时会发生失控。

（17）三相半波可控整流电路有共阴极和共阳极接法，是三相可控整流电路最基本的电路。

（18）三相半波可控整流电路有共阴极接法换流总是换到阳极电压更高的一相，共阳极接法换流总是换到阴极电压更低的一相，触发脉冲应该间隔 120°。

（19）三相半波可控整流电路共阴极接法自然换相点为距 U 相起点 30°、150°和 270°电角度处，共阳极接法为 90°、210°和 330°电角度处。

（20）三相半波可控整流电路电阻性负载电压和电流连续断续的分界点为控制角 $\alpha=30°$。

（21）三相半波可控整流电路电阻性负载工作时的特点和输出电压的计算。

（22）三相半波可控整流电路阻感性负载工作时的特点和输出电压的计算。

（23）三相半波可控整流电路含大电感的反电动势负载的两种工作状态。

（24）三相桥式全控整流电路结构，共阴极组和共阳极组功率器件标号顺序。

（25）三相桥式全控整流电路应采用双窄脉冲或宽脉冲触发。

（26）三相桥式全控整流电路电阻性负载的工作规律。

（27）三相桥式全控整流电路阻感性负载时的移相范围。

（28）三相桥式半控整流电路的结构、各控制角时的波形特点和失控现象。

6 交-交变换电路仿真与分析

内容提要

交-交流变换电路是一种将电压（电流）和频率固定的交流电变换成电压（电流）和频率可调的交流电的电路，包括电力电子开关电路、交流调压电路和交-交变频电路。

电力电子开关电路具有无触点、开关速度快、使用寿命长等优点，获得了广泛应用。交流调压电路在电炉的温度控制、灯光调节、小容量电动机的调速及大容量交流电动机的软启动等场合得到广泛应用。交-交变频电路一般应用于大功率低转速的交流电动机调速，也用于电力系统无功补偿、感应加热用电源、交流励磁变速、恒频发电机的励磁电源等。

交流变换电路可以用两个普通晶闸管反并联组成开关器件，由于双向晶闸管的出现，可以用一个双向晶闸管代替两个反并联普通晶闸管，从而使电路大大简化。

交流变换电路的分析方法与可控整流电路基本相同。

6.1　交流调压电路

交流调压电路与整流电路相似，也有单相和三相之分，对于三相负载，又可分为星形连接和三角形连接。

6.1.1　单相交流调压电路

单相交流调压电路用于小功率调节，广泛用于民用电气控制。单相交流调压电路分析可推广至三相交流调压电路。如图 6.1 所示，单相交流调压电路可以用两个普通晶闸管反并联，也可以用一个双向晶闸管。用一个双向晶闸管的单相交流调压电路因其线路简单，成本低，故被人们越来越多地使用。

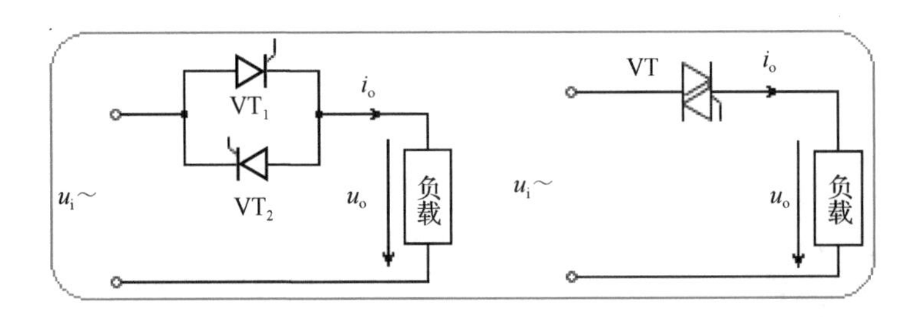

图 6.1　单相交流调压电路原理图

一、电阻性负载

1. 电路模型

单相交流调压电路仿真模型图如图 6.2 所示，探针 1 用于检测交流输入电压和电流，探针 2 用于检测晶闸管 VT_1 的电压和电流。

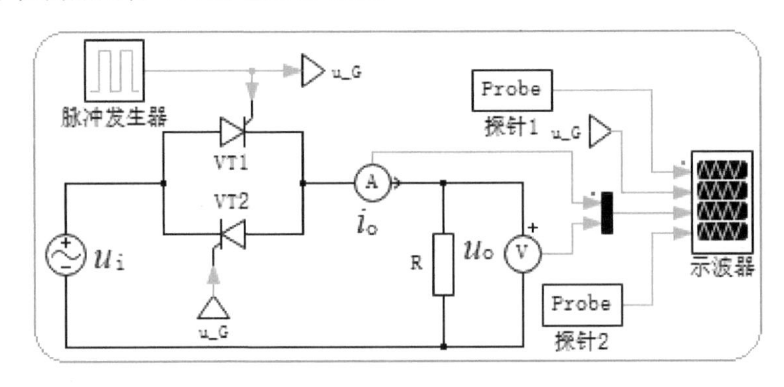

图 6.2　单相交流调压电路仿真模型图

脉冲发生器产生的一路脉冲信号同时控制 VT_1 和 VT_2，在电源负半周期间 VT_1 也有控制的脉冲信号，但其在承受反向电压时不能被触发导通。因脉冲发生器一个电源周期要产生两个脉冲，所以设置其频率为 100Hz。

交流电源电压幅值为 311V，频率为 50Hz，负载电阻 R=2Ω，仿真时间为 0.1s。

仿真过程中设置控制角 α 分别为 30°、60°、90°、120°和 150°。运行后，由示波器观察到的仿真波形如图 6.3 所示。

2. 波形分析

由图 6.1 可知，在交流电源正半波期间，晶闸管 VT_1 承受正向电压，在负半波期间，晶闸管 VT_2 承受正向电压，在此期间，只要有适当的脉冲，晶闸管就可以被触发导通。电源正半波期间 VT_1 导通，加到负载两端的电压为正；电源负半波期间 VT_2 导通，加到负载两端的电压为负。两种情况下流过电阻性负载的电流波形与电压波形相同，电流和电压大小成比例。

通过仿真波形可得出如下结论：

（1）带电阻性负载时，负载电流波形与单相桥式可控整流交流侧电流波形一致，改变控制角 α 可以改变负载电压有效值，达到交流调压的目的。单相交流调压的触发电路完全可套用整流触发电路。

（2）为使输出电压不含直流成分，两个晶闸管的控制角 α 应保持 180°的相位差。

（3）控制角 α 的移相为 0°～180°。

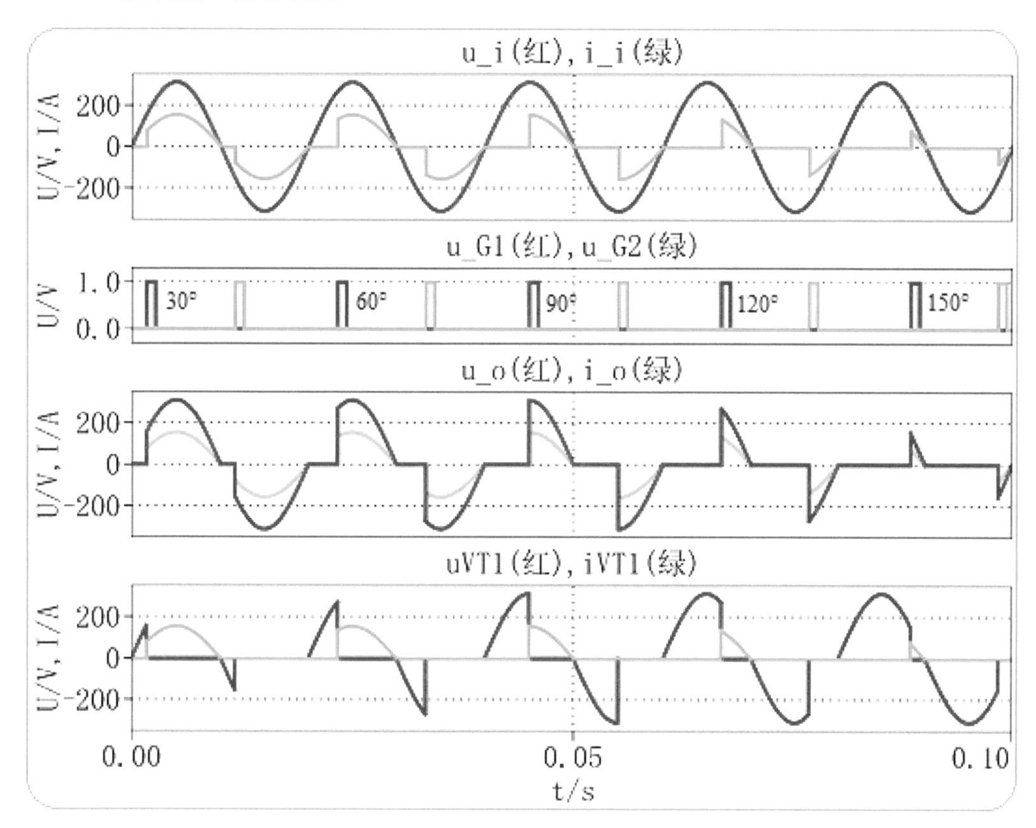

图 6.3　单相交流调压电路电阻性负载仿真波形图

二、阻感性负载

修改负载为电感串联电阻形式，设置电阻 $R=\pi\ \Omega$，电感 $L=0.01\text{H}$，其他元件参数不变。仿真时间和控制角 α 与上例相同，运行后，观察到的仿真波形如图 6.4 所示。

因为阻感性负载阻抗角 $\varphi=\arctan\dfrac{\omega L}{R}$，由以上的设置可知，阻抗角 φ 等于 45°。

（1）当控制角 $\alpha=30°$时，晶闸管 VT_1 被触发导通后，一直持续到 225°时刻，而在 210°时刻，晶闸管 VT_2 的触发脉冲已经出现，但在 225°时刻前就消失了，所以晶闸管 VT_2 不能够导通，输出电压出现较多的直流分量。

（2）当控制角 $\alpha=60°$时，晶闸管 VT_1 被触发导通后，一直持续到 225°时刻处关断，之后输出电压 u_o 等于零，在 240°时刻晶闸管 VT_2 被触发导通，输出电压等于 u_i，晶闸管 VT_2 一直持续导通到下一个周期正半周，在负载电流减小到零时关断。在其余的控制角时的电路工作情况与之相同，只是晶闸管导通与关断的时刻不同而已。

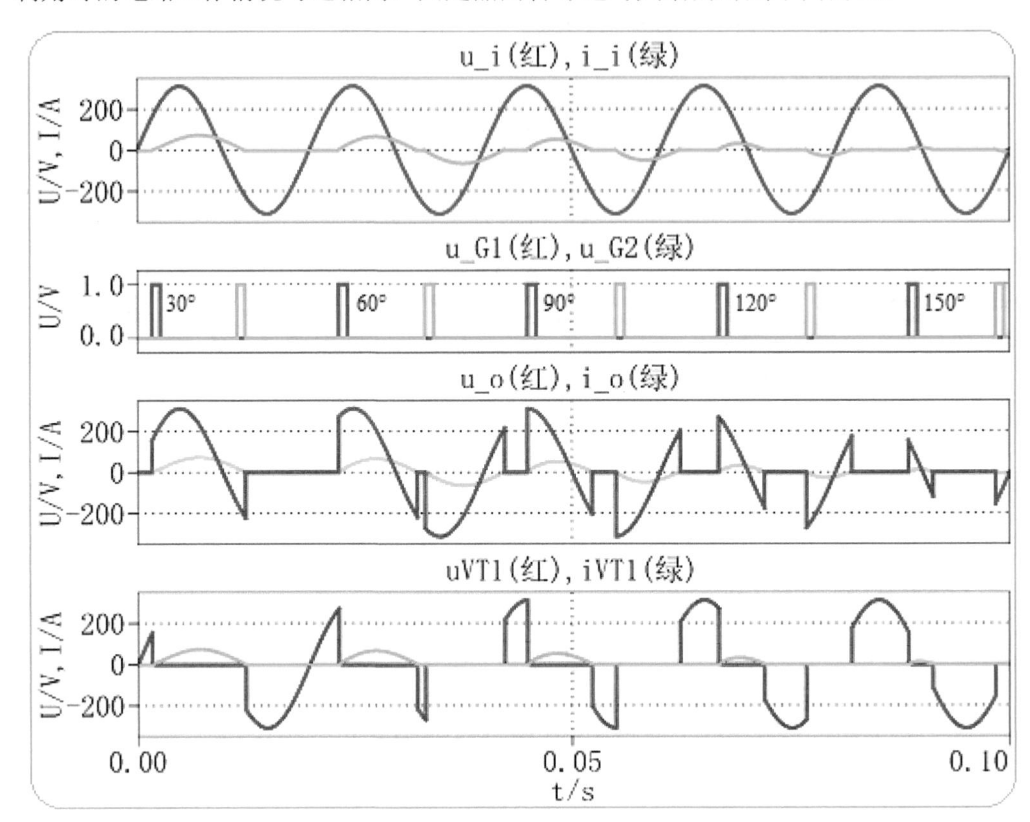

图 6.4　单相交流调压电路阻感性负载仿真波形图

综上所述，在阻感性负载时，控制角α的移相为φ～180°，要使电路正常工作，必须采用宽脉冲触发，以避免发生有一个晶闸管无法导通，电流出现很大的直流分量的现象。

6.1.2　三相交流调压电路

负载容量较大时宜采用三相交流调压电路。三相交流调压电路具有多种形式，如图 6.5 所示。

星形连接电路分为三相三线和三相四线两种情况，三相四线相当于三个单相交流调压电路的组合，三相互相错开 120°工作，单相交流调压电路的分析均适用于这种电路。无论是单相交流调压电路还是三相交流调压电路，控制角从各自相电压由负变正的过零点开始算起，即 ωt= 0°，这与三相桥式可控整流电路是不同的。

三相三线带电阻负载工作时，任一相导通必须和另一相构成回路，因此电流通路中至少有两个晶闸管导通，应采用双脉冲或宽脉冲触发。晶闸管 VT_1、VT_3 和 VT_5 的触发信号应互差 120°，晶闸管 VT_2、VT_4 和 VT_6 的触发信号也应互差 120°，同一相两个晶闸管的触发信号应互差 180°。这样晶闸管 VT_1～VT_6 的触发信号依次相差 60°，这与三相桥式可控整流电路是相同的。触发脉冲顺序和三相桥式全控整流电路一样。

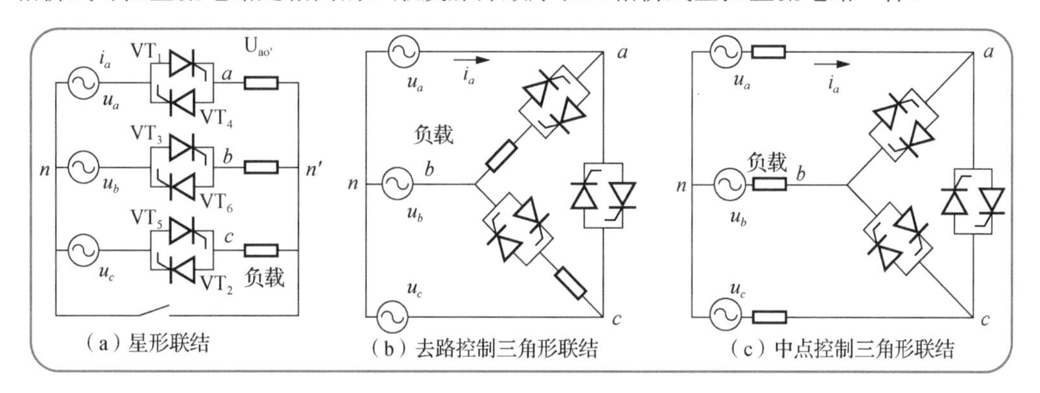

图 6.5 三相交流调压电路

1. 电路模型

星形联结三相三线交流调压电路电阻性负载仿真模型图如图 6.6 所示，模型中同样需要对三相交流电源线电压进行检测，探针 1 用于检测三相电源的相电压，探针 2 用于检测晶闸管 VT_1 和 VT_4 的电压和电流，探针 3 用于检测晶闸管 VT_3 和 VT_6 的电压和电流，探针 4 用于检测晶闸管 VT_5 和 VT_2 的电压和电流。

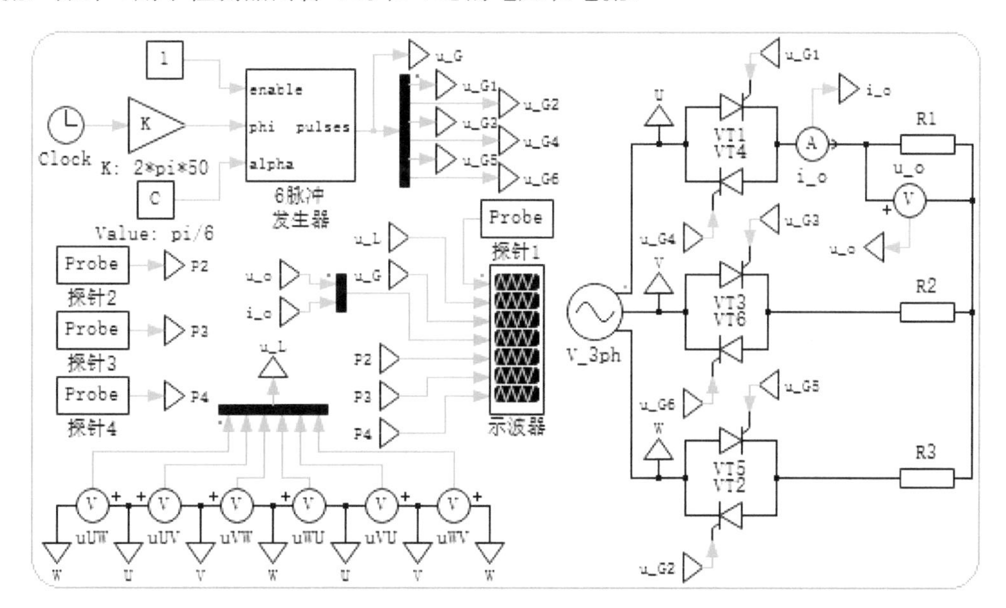

图 6.6 三相交流调压电路三相三线电阻性负载仿真模型图

2. 元件和仿真参数设置

交流电源电压幅值为 311V，频率为 50Hz，负载电阻 R=2Ω，采用宽脉冲触发方式。

仿真时间为 0.14s，在仿真过程中设置控制角 α 分别为 0°、30°、60°、90°和 120°。运行后，选取 0.02～0.122s 的仿真波形如图 6.7 所示。

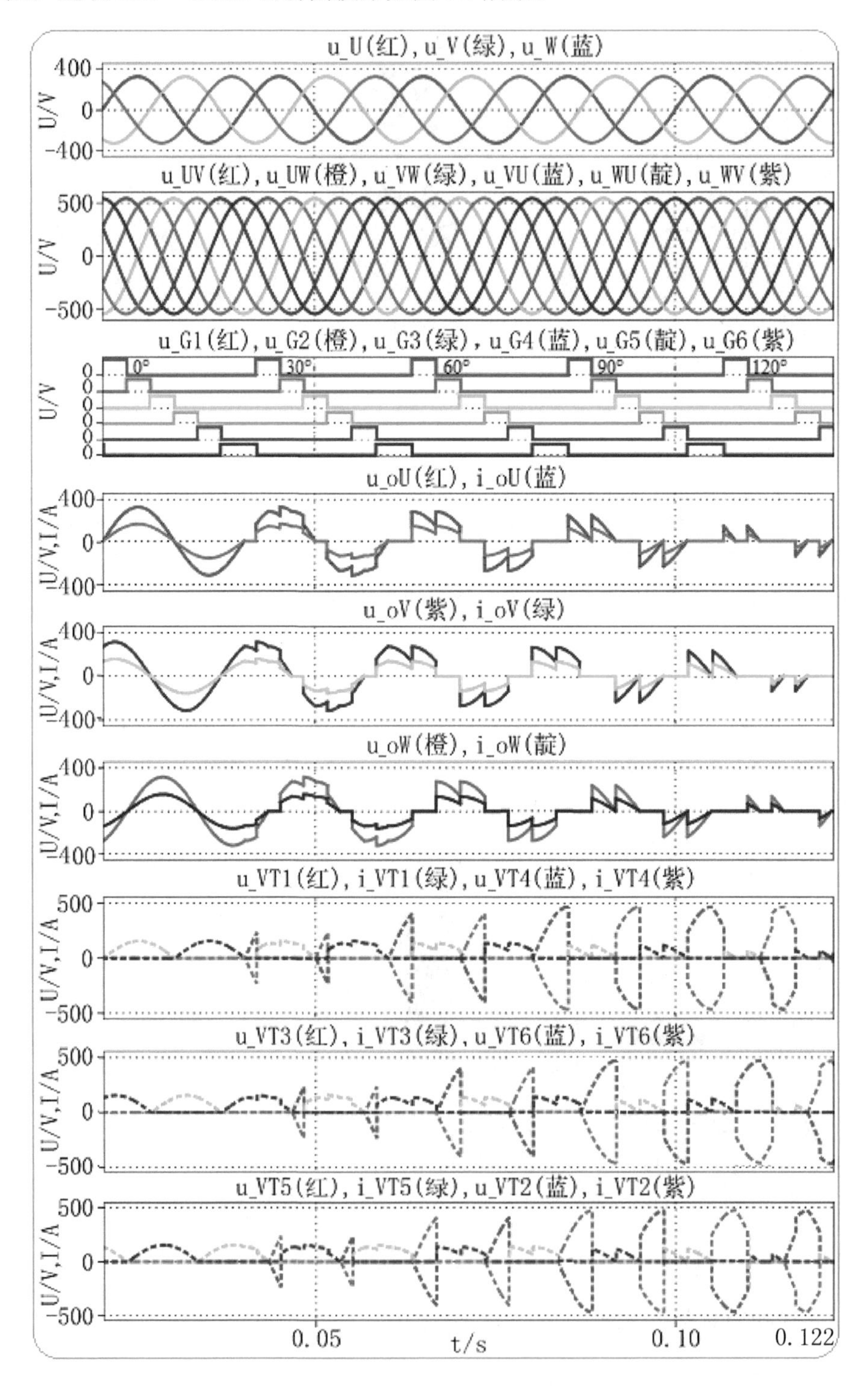

图 6.7 三相三线交流调压电路电阻性负载仿真波形图

3. 波形分析

由三相三线交流调压电路电阻性负载仿真波形图可得出如下分析。

1）$\alpha = 0°$

当 α = 0°时，即在相应每相电压过零处给晶闸管触发脉冲。例如，VT_1在 U 相电压过零变正时导通，过零变负时承受反向电压自然关断，随即 VT_4 导通，晶闸管的导通角为 180°，此时的晶闸管相当于二极管，负载上输出的电压等于交流电源 U 相电压。V、W 两相的导通情况与此完全相同。在任何时刻都有三个晶闸管同时导通，如表 6.1 所示。

表 6.1　α= 0°时处于导通状态的晶闸管

区间 电源	0°～60°	60°～120°	120°～180°	180°～240°	240°～300°	300°～360°
U 相	VT_1	VT_1	VT_1	VT_4	VT_4	VT_4
V 相	VT_6	VT_6	VT_3	VT_3	VT_3	VT_6
W 相	VT_5	VT_2	VT_2	VT_2	VT_5	VT_5

2）$\alpha = 30°$

为分析方便，将 U 相电源的一个周期平均分为 12 个区间，对照仿真波形图可归纳出每个区间的晶闸管导通情况和负载两端的电压，如表 6.2 所示。

表 6.2　α=30°时的工作情况

区　间	电　　源			负 载 电 压		
	U 相	V 相	W 相	U 相	V 相	W 相
0°～30°	VT_1断、VT_4断	VT_3断、VT_6通	VT_5通、VT_2断	0	$u_{WV}/2$	$u_{WV}/2$
30°～60°	VT_1通、VT_4断	VT_3断、VT_6通	VT_5通、VT_2断	u_U	u_V	u_W
60°～90°	VT_1通、VT_4断	VT_3断、VT_6通	VT_5断、VT_2断	$u_{UV}/2$	$u_{UV}/2$	0
90°～120°	VT_1通、VT_4断	VT_3断、VT_6通	VT_5断、VT_2通	u_U	u_V	u_W
120°～150°	VT_1通、VT_4断	VT_3断、VT_6断	VT_5断、VT_2通	$u_{UW}/2$	0	$u_{UW}/2$
150°～180	VT_1通、VT_4断	VT_3通、VT_6断	VT_5断、VT_2通	u_U	u_V	u_W
180°～210°	VT_1断、VT_4断	VT_3通、VT_6断	VT_5断、VT_2通	0	$u_{VW}/2$	$u_{VW}/2$
210°～240°	VT_1断、VT_4通	VT_3通、VT_6断	VT_5断、VT_2通	u_U	u_V	u_W
240°～270°	VT_1断、VT_4通	VT_3通、VT_6断	VT_5断、VT_2断	$u_{VU}/2$	$u_{VU}/2$	0
270°～300°	VT_1断、VT_4通	VT_3通、VT_6断	VT_5通、VT_2断	u_U	u_V	u_W
300°～330°	VT_1断、VT_4通	VT_3断、VT_6断	VT_5通、VT_2断	$u_{WU}/2$	0	$u_{WU}/2$
330°～360°	VT_1断、VT_4通	VT_3断、VT_6通	VT_5通、VT_2断	u_U	u_V	u_W

由表 6.2 可总结电路工作规律如下：每相上的两个晶闸管各导通 150°，两相之间导通间隔 120°；晶闸管按照三相导通和两相导通轮流工作；在三相导通时，各相负载电压为本相电源电压；在两相导通时，负载上电压为导通两相线电压的一半；没有导通相的负载电压为 0。

3）$\alpha = 60°$

将 U 相电源的一个周期平均分为 6 个区间，对照仿真波形图可归纳出每个区间的晶闸管导通情况和负载两端的电压，如表 6.3 所示。

表 6.3　α=60°时的工作情况

区　间	电　源			负 载 电 压		
	U 相	V 相	W 相	U 相	V 相	W 相
0°～60°	VT_1 断、VT_4 断	VT_3 断、VT_6 通	VT_5 通、VT_2 断	0	$u_{WV}/2$	$u_{WV}/2$
60°～120°	VT_1 通、VT_4 断	VT_3 断、VT_6 通	VT_5 断、VT_2 断	$u_{UV}/2$	$u_{UV}/2$	0
120°～180°	VT_1 通、VT_4 断	VT_3 断、VT_6 断	VT_5 断、VT_2 通	$u_{UW}/2$	0	$u_{UW}/2$
180°～240°	VT_1 断、VT_4 断	VT_3 通、VT_6 断	VT_5 断、VT_2 通	0	$u_{VW}/2$	$u_{VW}/2$
240°～300°	VT_1 断、VT_4 通	VT_3 通、VT_6 断	VT_5 断、VT_2 断	$u_{VU}/2$	$u_{VU}/2$	0
300°～360°	VT_1 断、VT_4 通	VT_3 断、VT_6 断	VT_5 通、VT_2 断	$u_{WU}/2$	0	$u_{WU}/2$

由表 6.3 可总结出在任何时刻都有两相上的晶闸管有一个导通，第三相中的两个晶闸管都不导通。电流从电源的其中一相流出回到另一相电源，每管持续导通 120°，负载上电压与 $\alpha = 30°$时的两相导通情况相同。

4）$\alpha = 90°$

将 U 相电源的一个周期按表 6.4 分为 7 个区间，对照仿真波形图可归纳出每个区间的晶闸管导通情况和负载两端的电压。

表 6.4　α=90°时的工作情况

区　间	电　源			负 载 电 压		
	U 相	V 相	W 相	U 相	V 相	W 相
0°～30°	VT_1 断、VT_4 通	VT_3 断、VT_6 断	VT_5 通、VT_2 断	$u_{WU}/2$	0	$u_{WU}/2$
90°～150°	VT_1 断、VT_4 断	VT_3 断、VT_6 通	VT_5 通、VT_2 断	$u_{UV}/2$	$u_{UV}/2$	0
150°～210°	VT_1 通、VT_4 断	VT_3 断、VT_6 通	VT_5 断、VT_2 断	$u_{UW}/2$	0	$u_{UW}/2$
210°～270°	VT_1 通、VT_4 断	VT_3 断、VT_6 断	VT_5 断、VT_2 通	0	$u_{VW}/2$	$u_{VW}/2$
270°～330°	VT_1 断、VT_4 断	VT_3 通、VT_6 断	VT_5 断、VT_2 通	$u_{VU}/2$	$u_{VU}/2$	0
30°～90°	VT_1 断、VT_4 通	VT_3 通、VT_6 断	VT_5 断、VT_2 断	0	$u_{WV}/2$	$u_{WV}/2$
330°～360°	VT_1 断、VT_4 通	VT_3 断、VT_6 断	VT_5 通、VT_2 断	$u_{WU}/2$	0	$u_{WU}/2$

由表 6.4 可以总结出，$\alpha = 90°$的工作情况与 $\alpha = 60°$时相同，但负载上电压明显随 α 的增大而减小。

5）α =120°

将 U 相电源的一个周期按表 6.5 分为 12 个区间，对照仿真波形图可归纳出每个区间的晶闸管导通情况和负载两端的电压。

表 6.5 α=120°时的工作情况

区 间	电 源			负 载 电 压		
	U 相	V 相	W 相	U 相	V 相	W 相
0°～30°	VT_1断、VT_4通	VT_3断、VT_6断	VT_5通、VT_2断	$u_{WU}/2$	0	$u_{WU}/2$
30°～60°	VT_1断、VT_4断	VT_3断、VT_6断	VT_5断、VT_2断	0	0	0
60°～90°	VT_1断、VT_4断	VT_3断、VT_6通	VT_5通、VT_2断	0	$u_{WV}/2$	$u_{WV}/2$
90°～120°	VT_1断、VT_4断	VT_3断、VT_6断	VT_5断、VT_2断	0	0	0
120°～150°	VT_1通、VT_4断	VT_3断、VT_6通	VT_5断、VT_2断	$u_{UV}/2$	$u_{UV}/2$	0
150°～180	VT_1断、VT_4断	VT_3断、VT_6断	VT_5断、VT_2断	0	0	0
180°～210°	VT_1通、VT_4断	VT_3断、VT_6断	VT_5断、VT_2通	$u_{UW}/2$	0	$u_{UW}/2$
210°～240°	VT_1断、VT_4断	VT_3断、VT_6断	VT_5断、VT_2断	0	0	0
240°～270°	VT_1断、VT_4断	VT_3通、VT_6断	VT_5断、VT_2通	0	$u_{VW}/2$	$u_{VW}/2$
270°～300°	VT_1断、VT_4断	VT_3断、VT_6断	VT_5断、VT_2断	0	0	0
300°～330°	VT_1断、VT_4通	VT_3通、VT_6断	VT_5断、VT_2断	$u_{VU}/2$	$u_{VU}/2$	0
330°～360°	VT_1断、VT_4断	VT_3断、VT_6断	VT_5断、VT_2断	0	0	0

由表 6.5 和仿真波形图可以看出，当 $\alpha = 120°$时，每个晶闸管导通 30°，关断 30°，各区间有两个晶闸管导通构成回路，或者没有晶闸管导通，属于两相断续导通工作方式。

当 $\alpha = 150°$时，晶闸管 VT_1 和 VT_6 均有触发脉冲，但因 $u_{UV}<0$，VT_1 和 VT_6 均无法导通。其他晶闸管的情况也是如此。因此在 $\alpha \geqslant 150°$情况下，从电源到负载均不构成电流的通路，输出电压为零。

综上所述，星形连接三相三线交流调压电路，在带电阻性负载的情况下，其控制角 α 的移相为 0°～150°。

星形连接三相三线交流调压电路带阻感性负载的工作情况与单相交流调压电路带阻感性负载分析方法相同，只是情况更复杂一些。

6.2 交-交变频电路

交-交变频电路是直接将频率固定的交流电变换成另一频率固定或可变的交流电的电路。这种变流装置称为交-交变频器，也称为周波变换器（Cyclo Convertor）。由于整个变换电路直接与电网连接，各晶闸管元件承受的是交流电压，故可采用电网电压自然换流，不需要强迫换流装置，简化了主电路的结构，提高了换流能力。

交-交变频电路广泛应用于大功率低转速的交流电动机调速传动系统、交流励磁变速恒频发电机的励磁电源等。

6.2.1 单相交-交变频电路

实际使用的主要是三相交-交变频电路，但单相交-交变频电路是基础，其电路原理图如图 6.8 所示。

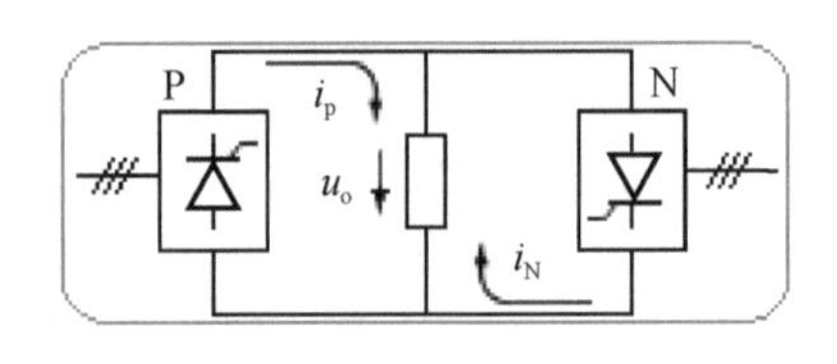

图 6.8 单相交-交变频电路原理图

单相交-交变频电路由正（P）组和反（N）组晶闸管变流电路反并联构成，在正组工作时，输出电流 i_o 为正；在反组工作时，输出电流 i_o 为负。让两组晶闸管变流电路按一定频率交替工作，则会输出该频率的交流电。改变两组晶闸管变流电路的切换频率，就可以改变输出交流电的频率；改变交流电路工作时的控制角 α，就可以改变输出交流电的幅值。

1. 电路模型

交-交变频电路的负载可以是阻感性、电阻性或电容性的，其中以阻感性负载使用较多。图 6.9 为单相交-交变频电路阻感性负载仿真模型图，模型中将结构较为复杂或相同的电路创建成子系统模块，如正组晶闸管变流电路的具体子系统模型电路与图 5.28 中的三相桥式全控整流电路相同。

控制器子系统模型图如图 6.10 所示。

模型中正组和反组为三相桥式可控整流电路，由控制器产生两组脉冲信号控制正反两组变流器晶闸管工作，使输出电压按照正弦规律变化。探针用于检测三相交流输入电源的线电压，实际是对示波器右侧六只电压表测量信号进行检测。变压器模块可以在 Electrical/Trans-forms 库中找到。

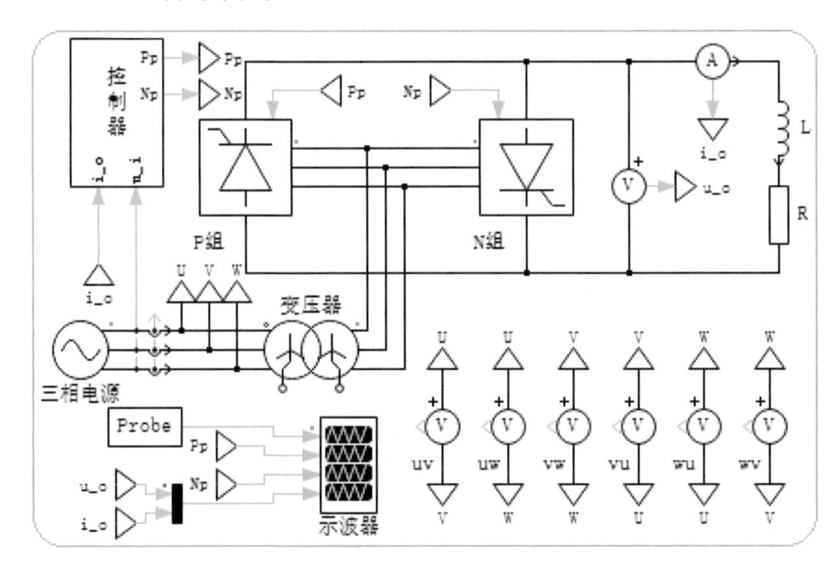

图 6.9 单相交-交变频电路阻感性负载仿真模型图

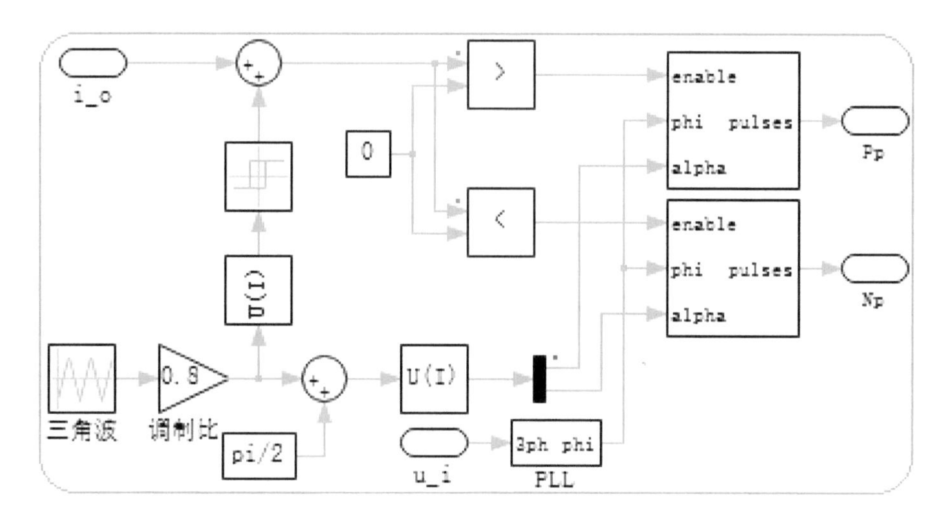

图 6.10 控制器子系统模型图

2. 参数设置

将输入三相交流电源相电压幅值设为311V，频率为50Hz，电感L=0.1H，电阻R=2Ω。隔离变压器参数设置如图 6.11 所示。控制器中三角波频率设为 5Hz，调制比设为 0.8；三相六脉冲发生器设置为宽脉冲触发方式，脉宽为 π/2。

Block Parameters: 三相交交变频电路1/V相变压器

Yy Transformer (mask) (link)

This component implements a two-winding, three-phase transformer in star-star connection with a three-leg or five-leg core. The type may be Yy0, Yy2, Yy4, Yy6, Yy8 or Yy10 depending on the phase lag of the secondary side.

Parameters

Leakage inductance [L1 L2]: [0 0.005]

Core loss resistance Rfe: 1e3

Winding resistance [R1 R2]: [0 0]

No. of core legs (3 or 5): 5

No. of turns [n1 n2]: [1 1]

Phase lag of secondary side (degree): 0

Magnetizing current values: 1

Initial current wdg. 1 [i1a i1b i1c]: [0 0 0]

Magnetizing flux values: 1e3

Initial current wdg. 2 [i2a i2b i2c]: [0 0 0]

OK　Cancel　Apply　Help

图 6.11 隔离变压器参数设置

仿真时间为 0.5s，选择刚性的 RADAU 求解器。运行，选取 0.148～0.352s 的仿真波形图，如图 6.12 所示。

3．波形分析

对照输入三相交流电源线电压和正反两组触发脉冲，可以分析出正反两组晶闸管的导通情况和输出交流电压的各组成部分，具体如表 6.6 所示。

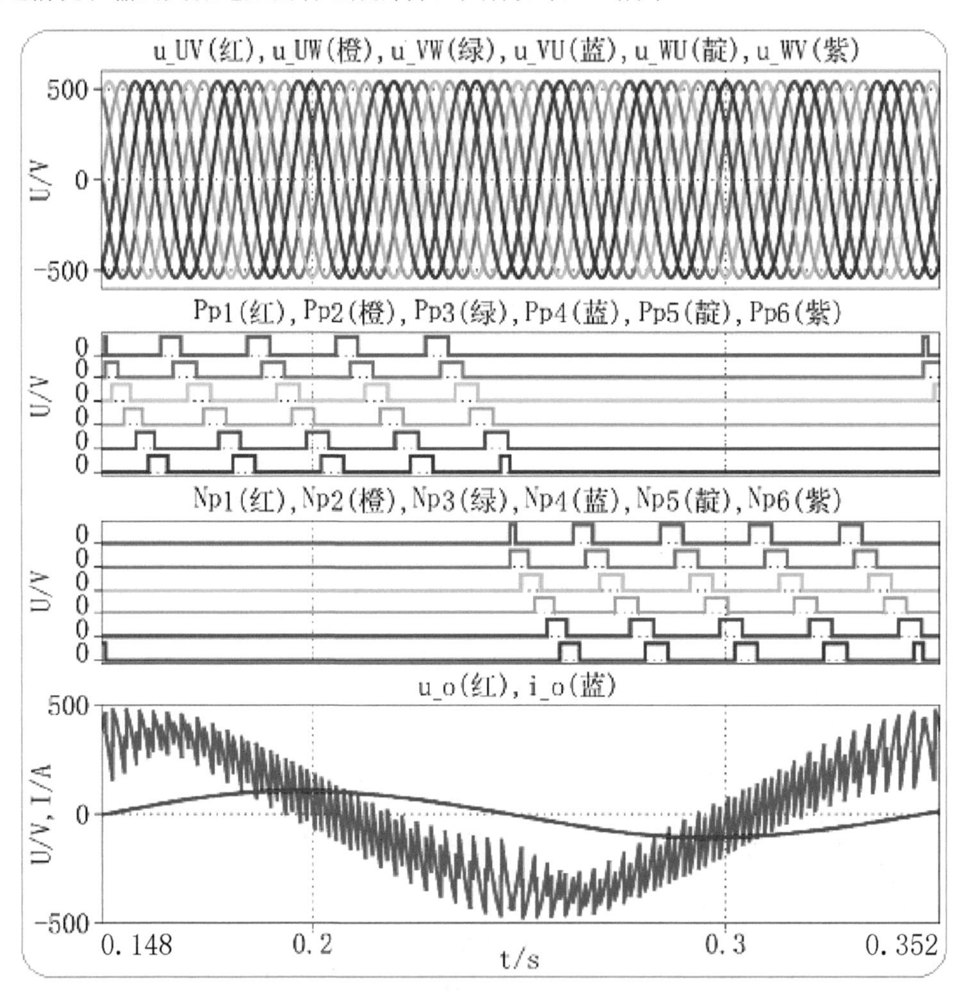

图 6.12　单相交-交变频电路阻感性负载仿真波形图

表 6.6　输出交流电压的各组成部分和晶闸管的导通情况对照表

	序号	1	2	3	4	5	6	7	8	9	10	11	12	13	14	15
正组	晶闸管	VT_1 VT_2	VT_2 VT_3	VT_3 VT_4	VT_4 VT_5	VT_5 VT_6	VT_6 VT_1	VT_1 VT_2	VT_2 VT_3	VT_3 VT_4	VT_4 VT_5	VT_5 VT_6	VT_6 VT_1	VT_1 VT_2	VT_2 VT_3	VT_3 VT_4
	u_o	u_{UW}	u_{VW}	u_{VU}	u_{WU}	u_{WV}	u_{UV}	u_{UW}	u_{VW}	u_{VU}	u_{WU}	u_{WV}	u_{UV}	u_{UW}	u_{VW}	u_{VU}
	序号	16	17	18	19	20	21	22	23	24	25	26	27	28	29	
	晶闸管	VT_4 VT_5	VT_5 VT_6	VT_6 VT_1	VT_1 VT_2	VT_2 VT_3	VT_3 VT_4	VT_4 VT_5	VT_5 VT_6	VT_6 VT_1	VT_1 VT_2	VT_2 VT_3	VT_3 VT_4	VT_4 VT_5	VT_5 VT_6	
	u_o	u_{WU}	u_{WV}	u_{UV}	u_{UW}	u_{VW}	u_{VU}	u_{WU}	u_{WV}	u_{UV}	u_{UW}	u_{VW}	u_{VU}	u_{WU}	u_{WV}	

续表

	序号	1	2	3	4	5	6	7	8	9	10	11	12	13	14	15
反组	晶闸管	VT_1 VT_2	VT_2 VT_3	VT_3 VT_4	VT_4 VT_5	VT_5 VT_6	VT_6 VT_1	VT_1 VT_2	VT_2 VT_3	VT_3 VT_4	VT_4 VT_5	VT_5 VT_6	VT_6 VT_1	VT_1 VT_2	VT_2 VT_3	VT_3 VT_4
	u_o	u_{UW}	u_{VW}	u_{VU}	u_{WU}	u_{WV}	u_{UV}	u_{UW}	u_{VW}	u_{VU}	u_{WU}	u_{WV}	u_{UV}	u_{UW}	u_{VW}	u_{VU}
	序号	16	17	18	19	20	21	22	23	24	25	26	27	28	29	
	晶闸管	VT_4 VT_5	VT_5 VT_6	VT_6 VT_1	VT_1 VT_2	VT_2 VT_3	VT_3 VT_4	VT_4 VT_5	VT_5 VT_6	VT_6 VT_1	VT_1 VT_2	VT_2 VT_3	VT_3 VT_4	VT_4 VT_5	VT_5 VT_6	
	u_o	u_{WU}	u_{WV}	u_{UV}	u_{UW}	u_{VW}	u_{VU}	u_{WU}	u_{WV}	u_{UV}	u_{UW}	u_{VW}	u_{VU}	u_{WU}	u_{WV}	

注：以上是根据理论分析得出的结果，实际的波形因变压器漏感和线路电感的影响存在换相重叠角。

由以上分析和仿真波形可知。

（1）输出交流电流的正半周开始于正组脉冲 Pp2 出现时刻，即正组晶闸管 VT_1 和 VT_2 导通时刻，结束于反组脉冲 Np2 出现时刻，即反组晶闸管 VT_1 和 VT_2 导通时刻；之后输出交流电流进入负半周，直到下个周期正组脉冲 Pp2 再次出现时刻结束。由此可知，输出电流正半周为正组变流器工作，负半周为反组变流器工作。

（2）输出交流电流的正半周期间，输出交流电压在过零时刻，即正组变流器两个晶闸管换流期间输出平均电压等于零的中点，在此之前正组变流输出电压平均值为正，因此工作在整流状态；在此之后工作在逆变状态。同理，输出交流电流的负半周期间，输出交流电压为负时，反组变流器工作在整流状态；为正时，工作在逆变状态。

从以上分析可知，在交-交变频电路中两组变流电路哪一组工作是由输出电流的方向决定的，与输出电压的极性无关；每组变流电路是工作在整流状态还是逆变状态，是由输出电压方向和输出电流方向确定的。

（3）在正组变流器工作时，反组脉冲被封锁，在反组变流器工作时，正组脉冲被封锁，即两组变流器不同时工作，不存在环流。采用这种控制方法的运行方式称为无环流运行方式，交-交变频电路大都采用无环流运行方式。

（4）单相交-交变频电路阻感性负载无环流运行方式的一个交流输出周期可分为六个阶段：

① $i_o > 0$，$u_o > 0$，正组整流；

② $i_o > 0$，$u_o < 0$，正组逆变；

③ 电流过零，正组切换到反组的死区；

④ $i_o < 0$，$u_o < 0$，反组整流；

⑤ $i_o < 0$，$u_o > 0$，反组逆变；

⑥ 电流过零，反组切换到正组的死区。

（5）与三相交流调压或三相可控整流电路的触发脉冲相比，相邻触发脉冲之间的间隔不是固定的 60°，而是变化的，即每个脉冲的触发控制角 α 按照余弦规律改变，在输出电压为零时，控制角 α 最大，随后减小；在输出电压最大时，控制角 α 达到最小值，随后又增大。变化的规律是使交-交变频电路输出正弦电压，调制方法是采用余弦交点法。在实际应用中采用计算机计算控制角 α，以实现准确的运算和复杂控制，使整个系统获得良好的性能。

6.2.2 三相交-交变频电路

三相交-交变频电路由三组输出电压相位互差 120°的单相交-交变频电路，按一定的方式连接而成，电路接线形式主要有公共交流母线进线方式［见图 6.13（a)］和输出星形连接方式［见图 6.13（b)］。

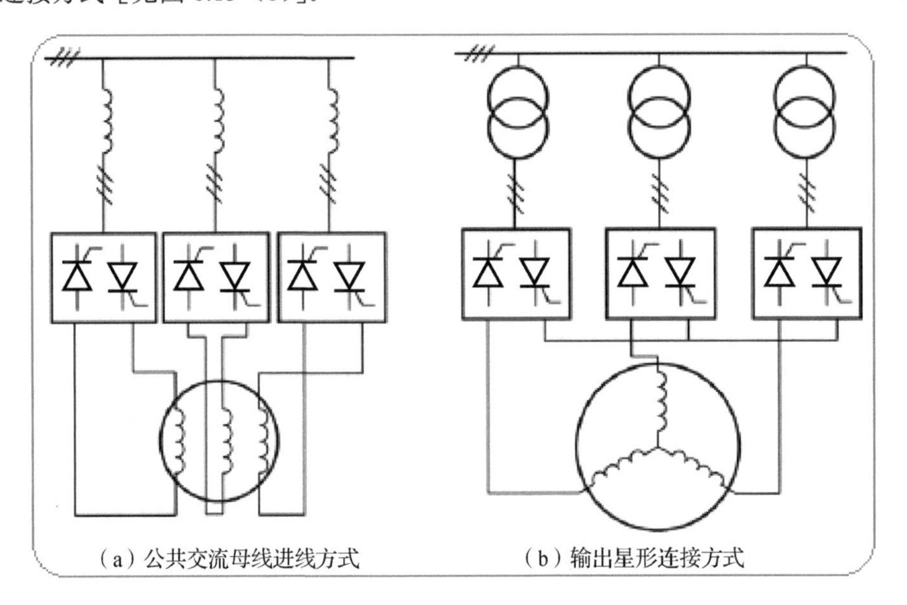

图 6.13　三相交-交变频电路简图

公共交流母线进线方式的三相交-交变频电路由三组彼此独立的、输出电压相位相互错开 120°的单相交-交变频电路组成，它们的电源进线通过进线电抗器接在公共的交流母线上。因为电源进线端公用，所以三组单相交-交变频电路的输出端必须隔离。为此，交流电动机的三个绕组必须拆开，同时引出六根线。公共交流母线进线三相交-交变频电路主要用于中等容量的交流调速系统。

输出端星形连接的三相交-交变频电路，三相交流电动机的三个绕组也是星形连接，电动机中点和变频器中点接在一起，电动机只引三根线即可。因为三组单相变频器连接在一起，电源进线端公用，其电源进线就必须隔离，所以三组单相变频器分别用三个变压器供电。与整流电路一样，同一组桥内的两个晶闸管靠双触发脉冲或宽脉冲保证同时导通，两组桥之间则是靠各自的足够宽度的触发脉冲来保证同时导通。

1．电路模型

输出星形连接的三相交-交变频电路仿真模型图如图 6.14 所示。模型中三相负载星形连接于中心点，但未与三相电源的中心点连接。

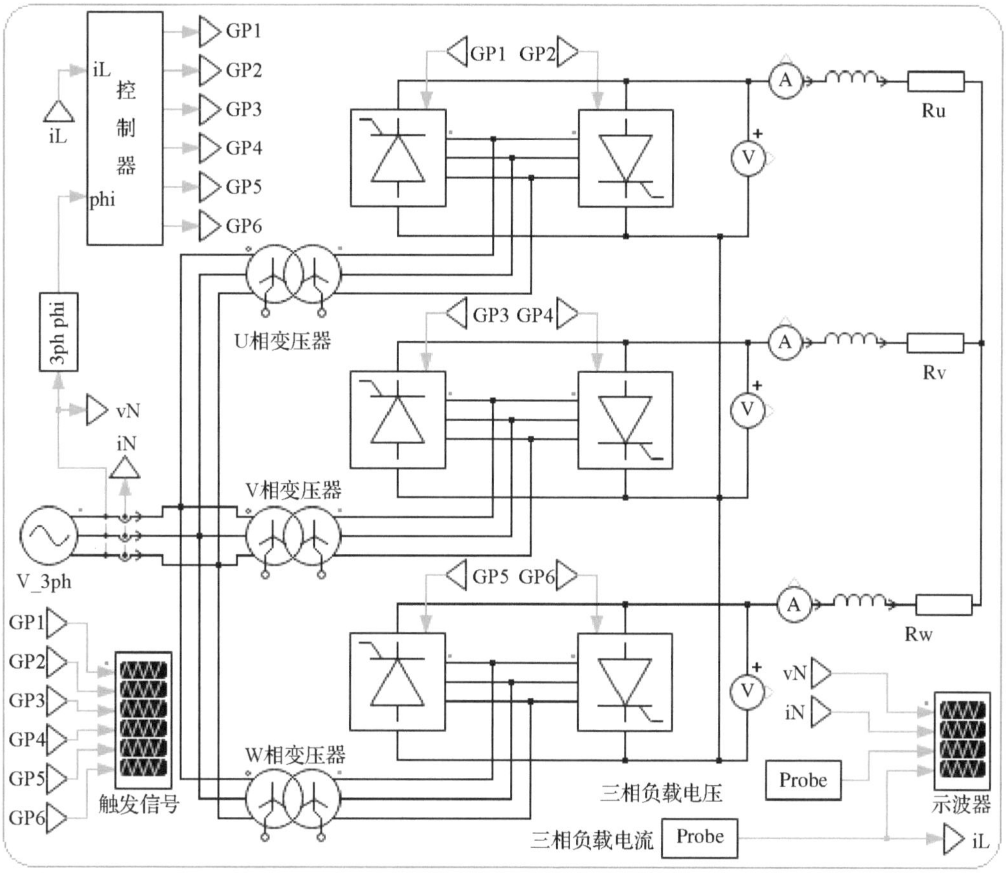

图 6.14 输出星形连接的三相交-交变频电路仿真模型图

三相交流输入电压和电流由三相检测仪表检测，该模块搜索路径为 Electrical/Meters。

三相电源通过隔离变压器给三相变流器组供电，每相变流器的结构与单相交-交变频电路相同，每组按三相交流电相序错开 120°工作。

控制器产生三相正反两组变流器触发脉冲，控制原理与单相交-交变频电路相同。三相六组脉冲触发信号由示波器显示。

探针用于检测三相交流输出电压和电流。

2. 元件和仿真参数设置

设交流电源电压幅值为 5000V，频率为 50Hz，电感为 0.1H，电阻为 10Ω，控制器中的三角波频率为 5Hz，调制比为 0.8；三相六脉冲发生器为单脉冲触发方式，脉宽为 π/2，仿真时间为 0.4s，选择刚性的 RADAU 求解器。运行后，综合示波器输出仿真波形如图 6.15 所示。

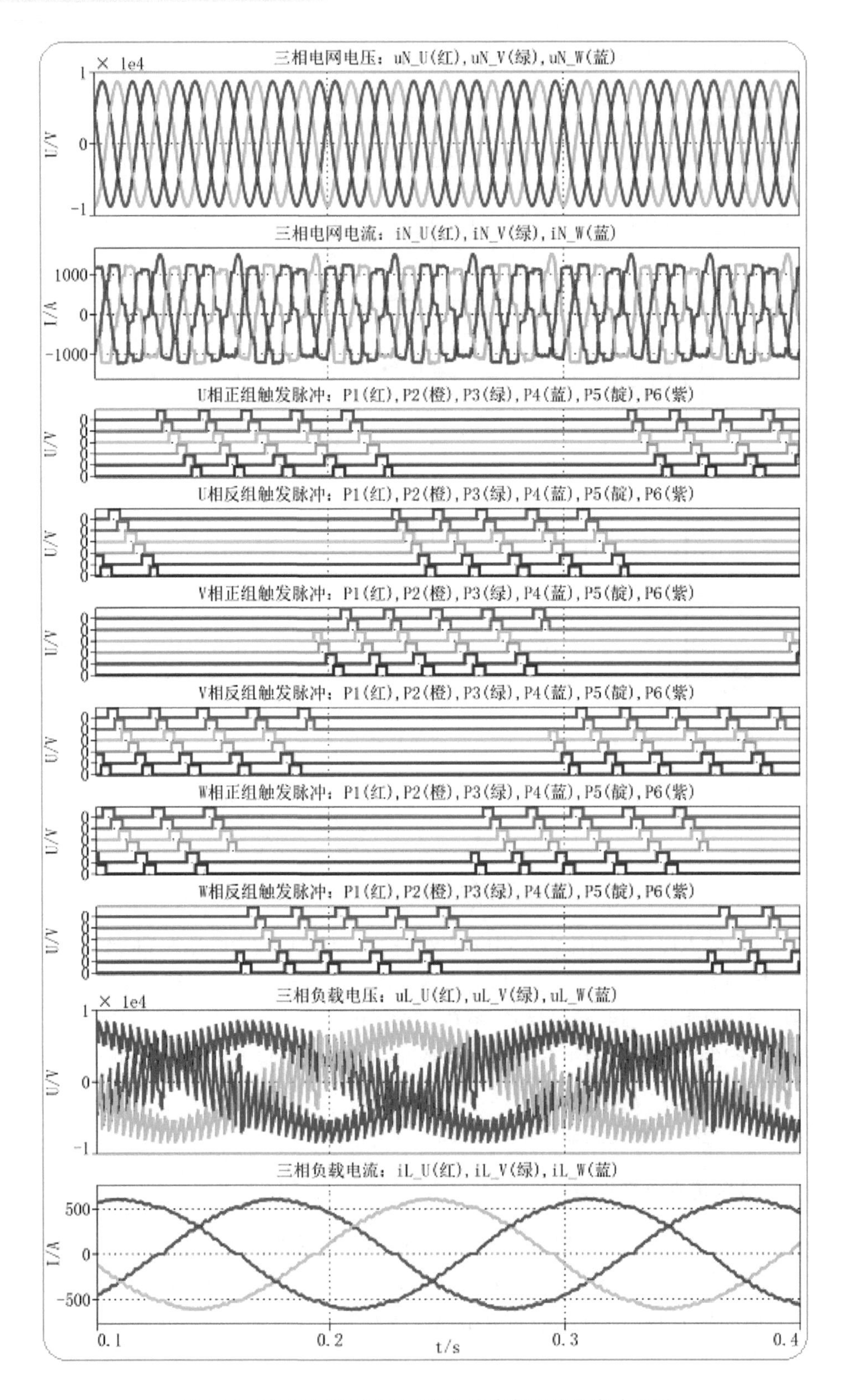

图 6.15　输出星形连接的三相交-交变频电路仿真波形图

3. 波形分析

对照单相交-交变频电路工作状态表和三相输出电压、电流波形，分析得出三相交-交变频电路各相晶闸管的工作状态，具体如表 6.7 所示，表中 P 表示正组，N 表示反组，序号表示对应的工作状态，输出交流电压组成和晶闸管导通情况可对照表 6.6。

表 6.7 三相交-交变频电路工作状态对照表

U 相	P1	P2	P3	P4	P5	P6	P7	P8	P9	P10	P11	P12	P13	P14	P15
V 相	N11	N12	N13	N14	N15	N16	N17	N18	N19	N20	N21	N22	N23	N24	N25
W 相	P21	P22	P23	P24	P25	P26	P27	P28	P29	→	N1	N2	N3	N4	N5
U 相	P16	P17	P18	P19	P20	P21	P22	P23	P24	P25	P26	P27	P28	P29	→
V 相	N26	N27	N28	N29	→	P1	P2	P3	P4	P5	P6	P7	P8	P9	P10
W 相	N6	N7	N8	N9	N10	N11	N12	N13	N14	N15	N16	N17	N18	N19	N20
U 相	N1	N2	N3	N4	N5	N6	N7	N8	N9	N10	N11	N12	N13	N14	N15
V 相	P11	P12	P13	P14	P15	P16	P17	P18	P19	P20	P21	P22	P23	P24	P25
W 相	N21	N22	N23	N24	N25	N26	N27	N28	N29	→	P1	P2	P3	P4	P5
U 相	N16	N17	N18	N19	N20	N21	N22	N23	N24	N25	N26	N27	N28	N29	→
V 相	P26	P27	P28	P29	→	N1	N2	N3	N4	N5	N6	N7	N8	N9	N10
W 相	P6	P7	P8	P9	P10	P11	P12	P13	P14	P15	P16	P17	P18	P19	P20

由仿真波形及以上分析可知：

（1）三相负载电流滞后电压的相位因输出交流电频率的变小而相对变小，电网三相输入电流和电压的相位基本不变，但由于三个单相交-交变频电路的部分输入电流谐波相互抵消，三相系统的基波因数增大，从而使其功率因数得以提高。

（2）与三相交流调压类似，任何时刻构成三相变频电路的六组桥式电路中，只在某相负载电流过零，即对应输出相两组桥之间进行切换期间，另外两输出相均有一组桥的两个晶闸管，即共计至少有四个晶闸管同时导通才能构成回路，形成负载电流；其余时间每相均有两个共计六个晶闸管同时导通。

（3）与整流电路一样，同一桥内的两个晶闸管依靠宽脉冲触发保证同时导通，而不同输出相两组桥之间依靠足够的触发脉冲宽度来保证同时导通。

（4）每组桥内各晶闸管触发脉冲的间隔是变化的，但不同输出相两组桥触发脉冲之间的位置是相对固定的，宽脉冲的前端或后端与另一组桥的触发脉冲重合，使四个晶闸管同时有触发脉冲，形成导通回路。

要点回顾

（1）交-交变换电路概念及包含的电路类型。

（2）电力电子开关电路的特点。

（3）交流调压电路和交-交变频电路的应用。

（4）交流变换电路中所使用的功率器件。

（5）两种器件构成的单相交流调压电路的结构。

（6）单相交流调压电路电阻性负载时的工作规律。

（7）单相交流调压电路阻感负载控制角α的移相范围。

（8）三相交流调压电路的几种形式。

（9）三相交流调压星形连接电路分为三相三线和三相四线两种情况。

（10）交流调压三相三线星形连接电路电阻性负载的移相范围。

（11）直接将固定频率的交流电变换成另一频率固定或可变交流电的变换称为交-交变频，也称为周波变换。

（12）单相输出交-交变频电路的结构和控制规律。

（13）单相交-交变频电路阻感性负载无环流运行方式的一个交流输出周期的六个阶段。

（14）三相交-交变频电路由三组输出电压相位互差 120°的单相交-交变频电路，按一定的方式连接而成。

（15）公共交流母线进线方式的三相交-交变频电路结构特点。

（16）输出星形连接的三相交-交变频电路结构特点。

（17）三相交-交变频电路对触发电路的要求。

（18）输出星形连接三相交-交变频电路晶闸管工作状态分析。

7 直流变换电路仿真与分析

内容提要

直流变换是将直流电转换成另一固定或可调电压的直流电，其变换电路包括直接直流变换电路和间接直流变换电路。直接直流变换也称为直流斩波，是直接以高频开关器件控制直流电源通、断的，这种电路输出与输入没有隔离，是基本的直流变换电路；间接直流变换是在输入与输出间插入高频变压器以实现隔离，这种变换电路也称为隔离型直流变换电路。

直流斩波电路最常见的功能就是调压，它可以控制负载上获得的电功率，即具有功率控制功能。在某些场合，还可以被用来调节阻抗。所以，依直流斩波电路的功能可以将其分为功率控制型、调压型、调阻型等。

直流斩波电路中的开关器件工作频率高，多采用全控型电力电子器件，如 GTR、MOSFET 和 IGBT 等开关器件。

分析直流斩波电路时，通常有以下假设：

（1）电力电子开关器件和二极管是理想的，即导通时压降为零，阻断时漏电流为零，开关过程瞬时完成。

（2）电路中的电感和电容均为无损耗的理想储能元件。

（3）线路阻抗为零，电路的输入功率等于输出功率。

（4）滤波电路的电磁时间常数远大于开关器件的工作周期，负载电压在一个开关周期中为常数。

7.1 基本斩波电路

基本的斩波电路原理如图 7.1（a）所示，斩波电路负载为电阻 R，图中电力电子器件看成是理想的开关。

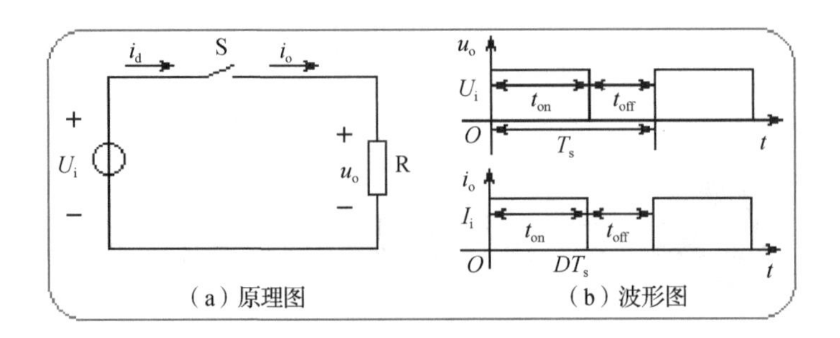

图 7.1　基本斩波电路及其负载波形

当 S 闭合时，直流输入电压加到 R 两端，持续时间为 t_{on}；当 S 断开时，负载上的电压为零，持续时间为 t_{off}，则斩波电路的工作周期 $T_s = t_{on} + t_{off}$，斩波电路的输出波形如图 7.1（b）所示。若定义斩波电路的占空比 $D = t_{on} / T_s$，则由波形图可得输出电压平均值 U_o 为

$$U_o = \frac{t_{on}}{T_s} U_i = DU_i \tag{7-1}$$

由上式可知，当占空比 D 从 0 变到 1 时，所对应的输出电压平均值 U_o 从 0 变到 U_i，因此改变占空比 D 就可以调节输出直流电压平均值的大小。占空比的改变通常有定频调宽、定宽调频和调频调宽等控制方法。

基本直流变换电路有降压斩波（Buck）电路、升压斩波（Boost）电路、升降压斩波（Buck-Boost）电路、Cuk 斩波电路、Sepic 斩波电路和 Zeta 斩波电路。六种基本的直流斩波电路原理图如表 7.1 所示。

表 7.1　基本的直流斩波电路原理图

电路类型	原　理　图	电路类型	原　理　图
降压斩波电路	V L i_i i_o E VD C u_o R	升压斩波电路	L VD i_i i_o E V C u_o R
升降压斩波电路	V VD i_i E L C u_o R i_o	Cuk 斩波电路	L_1 C L_2 i_i E V VD u_o R i_o
Sepic 斩波电路	L_1 C_1 VD i_i i_o E V L_2 u_o C_2 R	Zeta 斩波电路	V C_1 L_2 i_i i_o L_1 VD C_2 u_o R

7.1.1 降压斩波电路

降压斩波电路是最基本的斩波电路，因其输出电压低于输入电压而得名。

1. 电路模型

降压斩波电路仿真模型如图 7.2 所示。

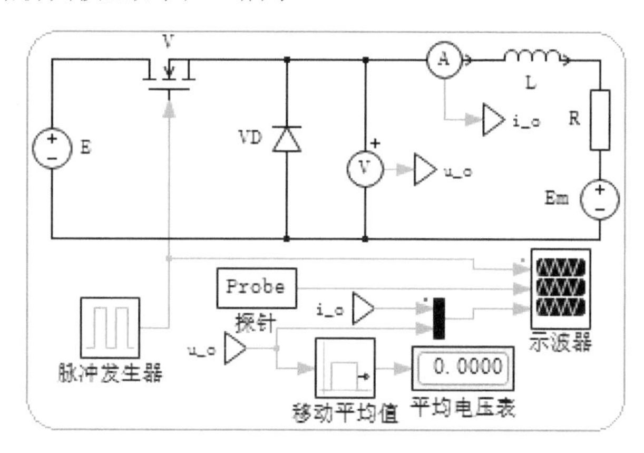

图 7.2 降压斩波电路仿真模型

模型中探针用于检测电感电流，通过移动平均值模块和显示器来观察输出电压平均值。移动平均值模块获取路径为 Control/Filters。

2. 参数设置

输入直流电源电压 E 为 100V，反电动势 E_m 为 10V，脉冲发生器频率为 50kHz，占空比 D 为 0.25。

（1）电感 L=1mH，电阻 R=0.5Ω。仿真时间设为 20ms，运行仿真，平均电压表显示为 25.0000V，分别选取 0～1ms 和 19～20ms 的波形图如图 7.3 和 7.4 所示。

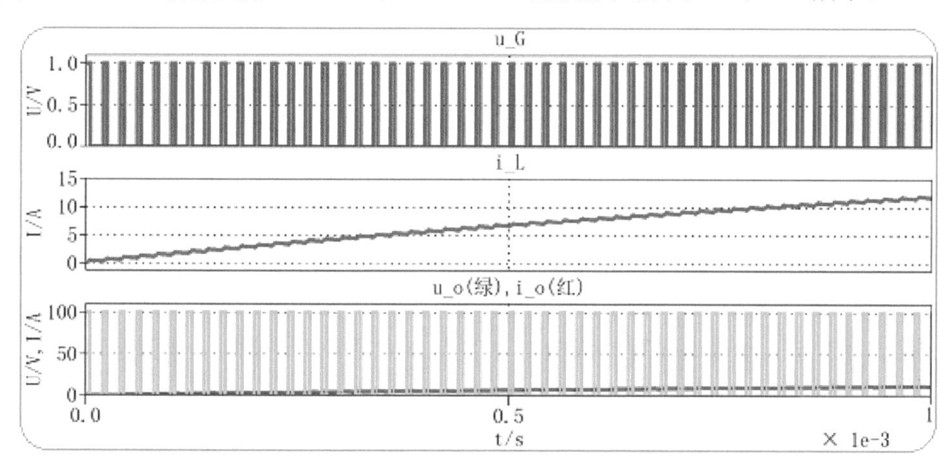

图 7.3 降压斩波电路参数设置 0～1ms 时段仿真波形图

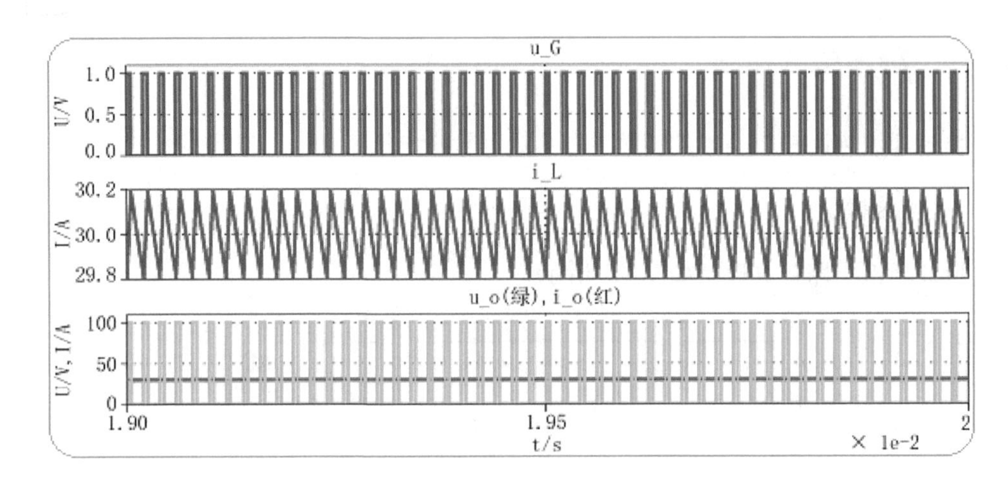

图 7.4　降压斩波电路参数设置 19～20ms 时段仿真波形图

（2）电感 L=0.1mH，电阻 R=20Ω。仿真时间设为 2ms，运行仿真，平均电压表显示为 27.7496V，波形如图 7.5 所示。

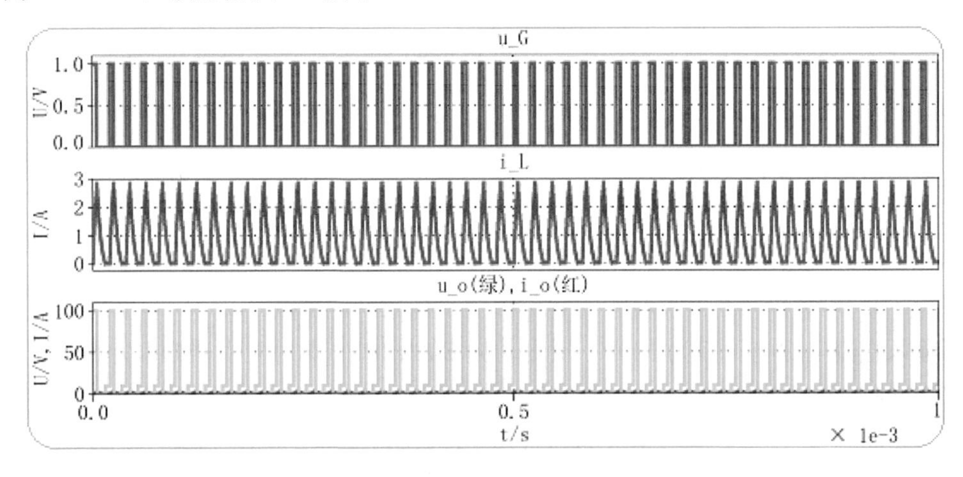

图 7.5　降压斩波电路参数设置 0～1ms 时段仿真波形图

3．波形分析

对比图 7.3 和图 7.4 可知：

（1）输出电压波形为方波，形状与控制脉冲相同，由前述计算公式可求得输出电压的平均值为 25V，与平均电压表显示的数值一致。

（2）图 7.3 中电感电流波形近乎阶梯波，随时间延长而增大，说明电感储能在不断增加，电路工作于过渡态；而图 7.4 中电感电流波形为三角波，电流最小值为 29.8A，最大值为 30.2A，此数值与文献[3]第 123 页的计算结果吻合，此时，电路已进入稳定工作状态。

（3）图 7.3 中负载电流波形随时间增长而不断上升，图 7.4 中负载电流已稳定，电感电流连续。

图 7.5 所示电感电流出现了断续，同时输出电压波形在电感电流断续后出现台阶；输出电流很小，几乎看不见，通过波形缩放，可见波形如图 7.6 所示。

由图 7.6 可以清楚地看到，在开关管导通期间，电感电流上升，开关管关断后电流下降；负载电流也是如此。负载电流到零后出现反电动势 E_m 的台阶。输出电压的波形与电流连续的情况不同，计算公式也就不能应用式（7-1）。

出现电流断续的原因：一是电感量不足，二是负载过小。

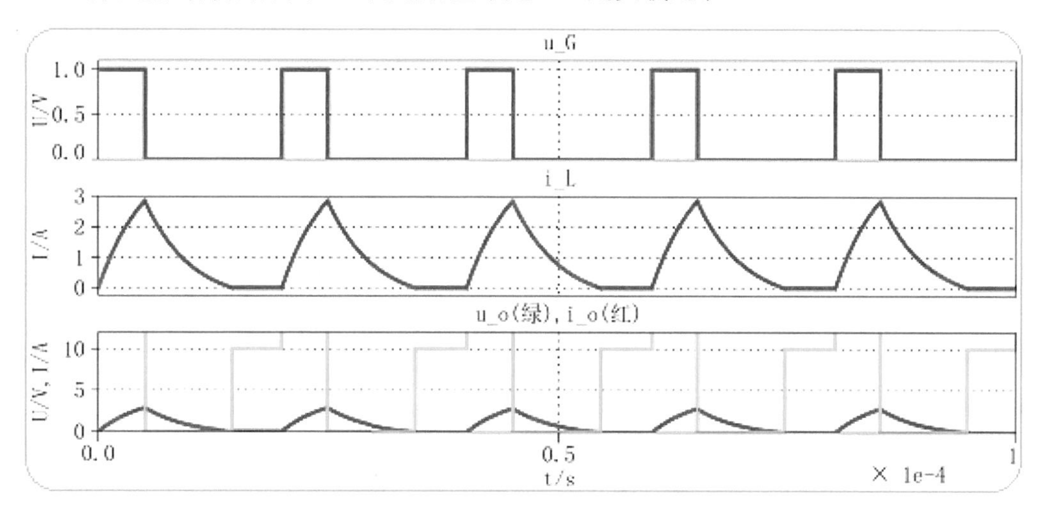

图 7.6　降压斩波电路参数设置 0～1ms 时段仿真波形细节图

总结以上，直流斩波电路根据电感电流可分为连续模式和断续模式，大部分的实际应用是让电路工作电流连续，也有些实际应用是让电路工作于电流连续与断续的临界状态。

7.1.2　升压斩波电路

升压斩波电路是另外一种重要的斩波电路，其输出电压高于输入电压。

1．电路模型

升压斩波电路仿真模型如图 7.7 所示。

模型中探针除检测电感电流外，还检测流过开关管 V、二极管 VD 的电流，以判断它们的工作状态。

2．参数设置

输入直流电源电压 E 为 50V，电感 L=10mH，电阻 R=20Ω，电容 C=100μF。脉冲发生器频率为 25kHz，占空比 D 为 0.625。

仿真时间设为 20ms，运行仿真，平均电压表显示为 133.33V，分别选取 0～1ms 和 19～20ms 的波形图如图 7.8 和 7.9 所示。

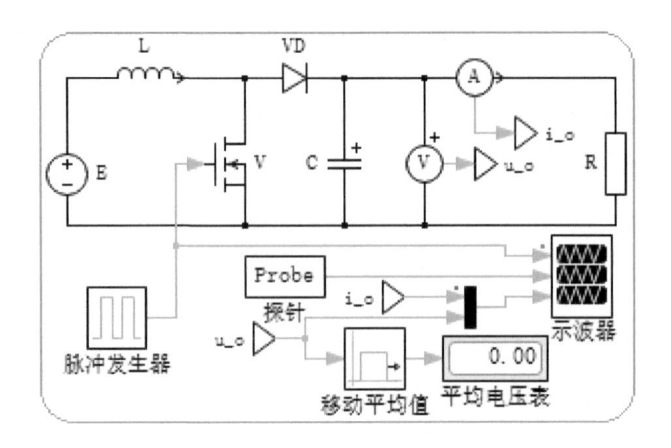

图 7.7 升压斩波电路仿真模型

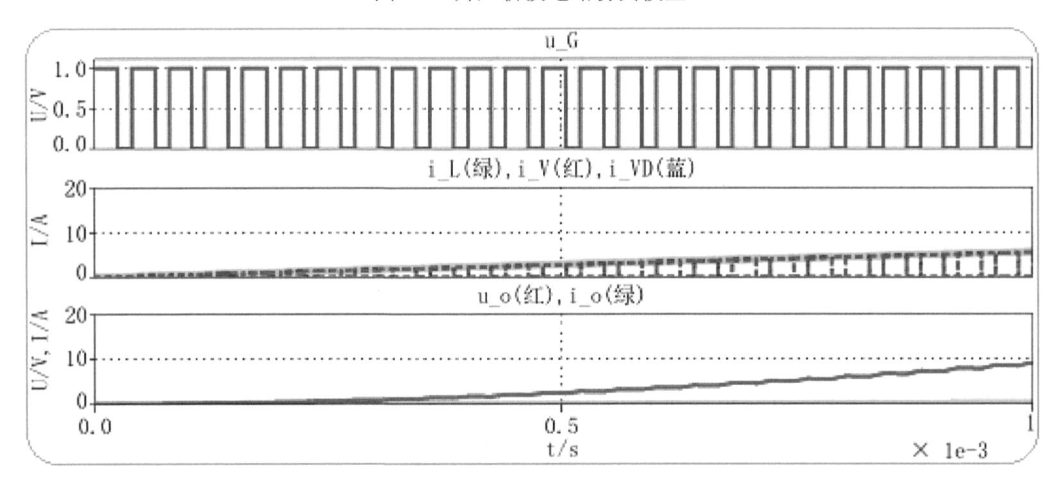

图 7.8 升压斩波电路 0～1ms 时段仿真波形图

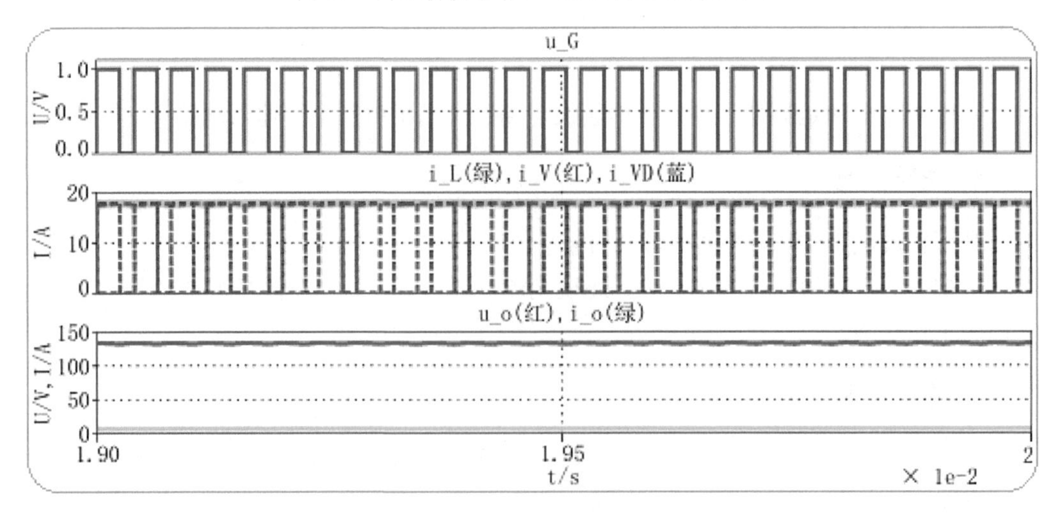

图 7.9 升压斩波电路 19～20ms 时段仿真波形图

3．波形分析

对图 7.8 和图 7.9 的分析与降压斩波电路工作于电感电流连续模式相同。从图 7.9 可以看出当开关管 V 导通时，流过电感电流；开关管关断期间，电感电流流经续流二极管 VD。具体细节通过波形缩放操作，显示如图 7.10 所示。

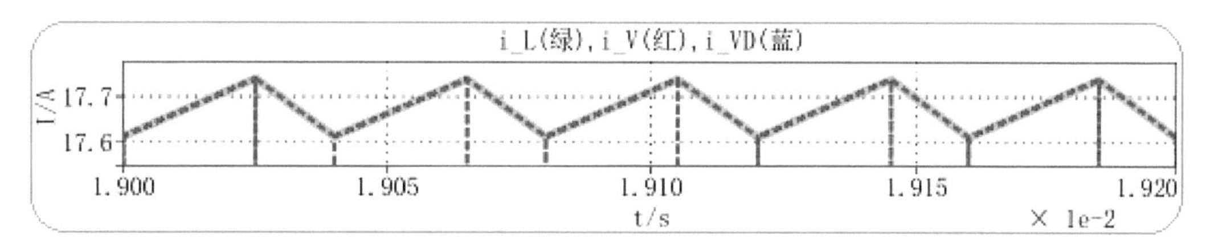

图 7.10 升压斩波电路 19～19.2ms 时段仿真波形细节图

由图 7.10 所示，电感电流在电路的一个工作周期中的变化量为零，即开关管 V 导通期间电流上升，电感储存能量；二极管 VD 续流期间电流下降，电感释放能量；电感储存的能量与释放的能量符合能量守恒定律。由此可推导出升压电路输出电压 U_o 的计算公式如下。

开关管 V 导通期间电流上升量 Δi_{L+} 为

$$\Delta i_{L+} = \frac{E}{L} t_{on} = \frac{E}{L} D T_s \quad (7\text{-}2)$$

二极管 VD 续流期间电流下降量 Δi_{L-} 为

$$\Delta i_{L-} = \frac{U_o - E}{L}(T_s - t_{on}) = \frac{U_o - E}{L}(1-D)T_s \quad (7\text{-}3)$$

由式（7-2）和式（7-3）可得出输出电压 U_o 为

$$U_o = \frac{1}{1-D} E \quad (7\text{-}4)$$

代入相关参数计算出的电压与平均电压表显示数值相同。

4．电流断续模式仿真与分析

修改模型中元件参数，电感 L=0.1mH，电阻 R=100Ω，电容 C=20μF，其他参数不变。

仿真时间设为 1ms，运行仿真，平均电压表显示为 216.00V，将输出电压、电流波形分开显示，选取 0.4～1ms 时段波形如图 7.11 所示。

由波形图可知，电感电流出现了断续，而负载电流依然连续，其原因是负载在开关管 V 导通，即续流二极管 VD 关断期间由电容供电。在电路达到稳定工作状态时，电感在一个开关周期中依然遵循能量守恒定律，但存在电流断续的时间，按照以上电感电流连续模式公式来推导输出电压平均值的话，即相当于开关周期 T_s 变小，占空比 D 增大，输出电压变大了。因而不能使用式（7-4）来计算电流断续模式下的输出平均电压。

总结以上，升压斩波电路中，电感在开关管 V 导通期间储存能量，在开关管关断期间将储存的能量通过续流二极管释放给电容和负载。由于是输入电源和电感储能同时向负载供电，输出电压得以提高，同时电容中储存的电能不能通过续流二极管回流，因此续流二极管也具有防逆流的作用。

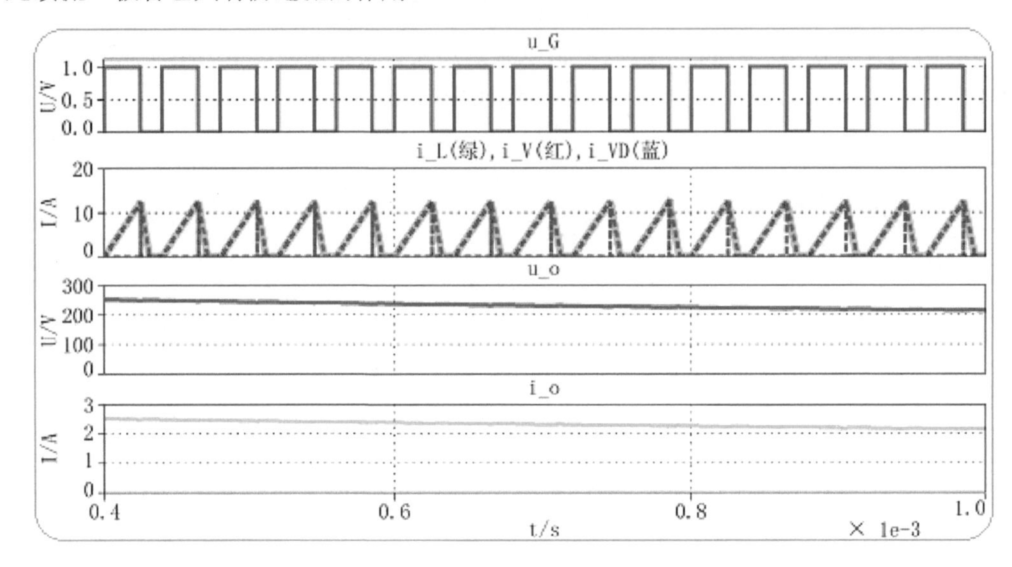

图 7.11　升压斩波电路仿真 0.4～1ms 时段波形细节图

7.1.3　升降压斩波电路

升降压斩波电路是由降压和升压两种基本斩波电路混合串联而成的，其输出电压可以低于输入电压，也可以高于输入电压，且输出电压极性与输入电压极性相反，又称为反极性变换器。

1. 仿真模型

升降压斩波电路仿真模型如图 7.12 所示。为防止电源短路故障而终止仿真，必须将模型中续流二极管 VD 的通态电阻 R_{on} 值设为 1mΩ，其余元件作用与升压斩波电路仿真模型相同。

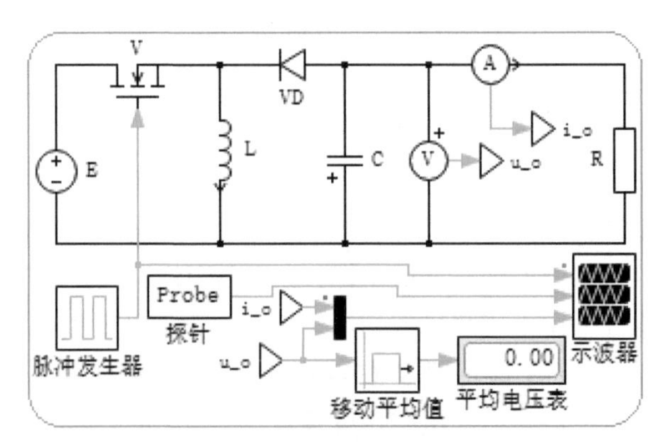

图 7.12　升降压斩波电路仿真模型

2．参数设置

输入直流电源电压 E 为 30V，电感 L=10mH，电容 C=50μF，脉冲发生器频率为 50kHz。

（1）设置脉冲发生器占空比 D 为 0.625，负载电阻 R=20Ω。仿真时间设为 20ms，运行仿真，平均电压表显示为-50.00V，选取 19.5s～20ms 波形图如图 7.13 所示。

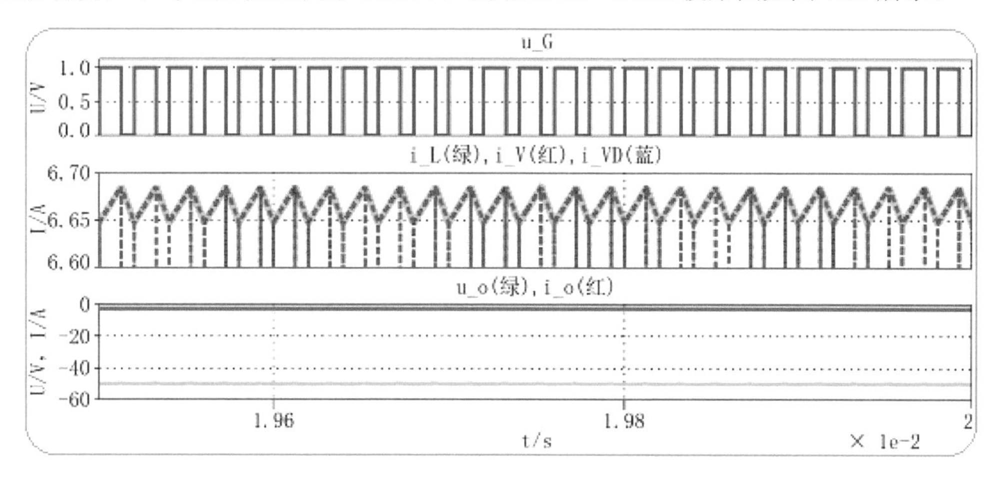

图 7.13　升降压斩波电路设置 19.5～20ms 时段仿真波形图（1）

（2）设置脉冲发生器占空比 D 为 0.375，负载电阻 R=10Ω。仿真时间设为 20ms，运行仿真，平均电压表显示为-18.00V，选取 19.5ms～20s 波形图如图 7.14 所示。

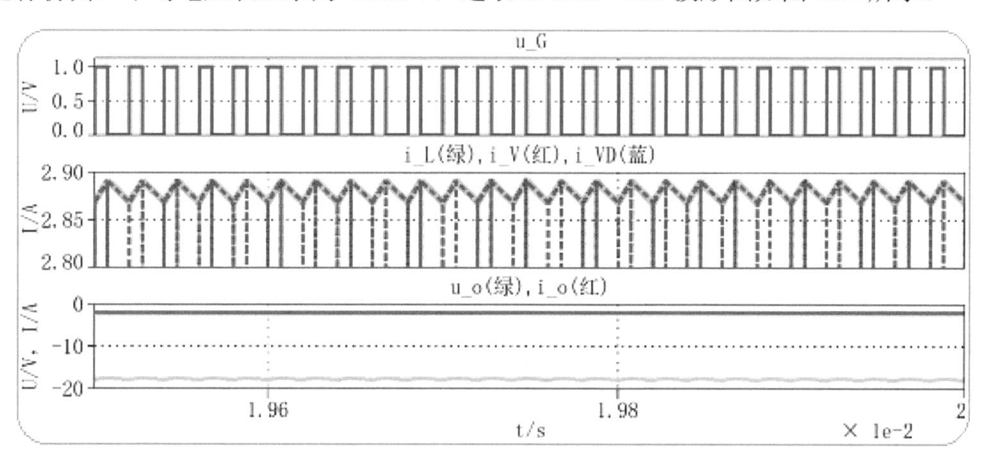

图 7.14　升降压斩波电路设置 19.5～20ms 时段仿真波形图（2）

3．波形分析

由仿真波形可知：

（1）电路工作于电感电流连续模式，输出电压与输入电压极性相反。

（2）当占空比 D 大于 0.5 时实现升压，小于 0.5 时实现降压。

（3）输出平均电压计算公式为升压斩波电路和降压斩波电路计算公式的乘积，即

$$U_o = \frac{D}{1-D}E \tag{7-5}$$

7.1.4 Cuk 斩波电路

Cuk 斩波电路与升降压斩波电路类似，能实现升压、降压，也能对输入电压极性进行变换。

1．仿真模型与参数设置

Cuk 斩波电路仿真模型如图 7.15 所示。输入直流电源电压 E 为 30V，电感 L_1=5mH，电感 L_2=2mH，电容 C=20μF，脉冲发生器频率为 50kHz。

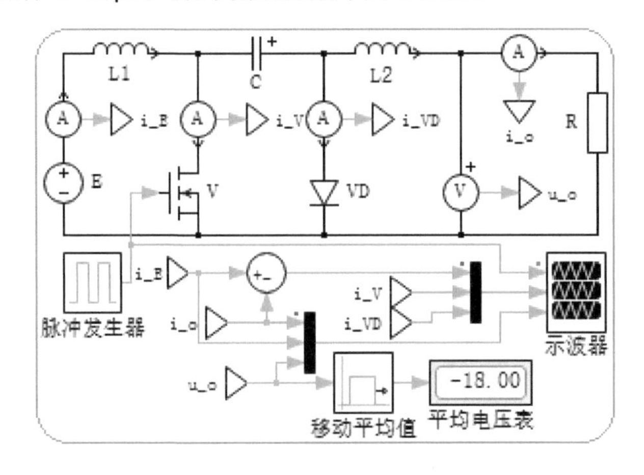

图 7.15 Cuk 斩波电路仿真模型

（1）设置脉冲发生器占空比 D 为 0.625，负载电阻 R=20Ω。仿真时间设为 20ms，运行仿真，平均电压表显示为-50.00V，选取 19.5～20ms 时段波形图如图 7.16 所示。

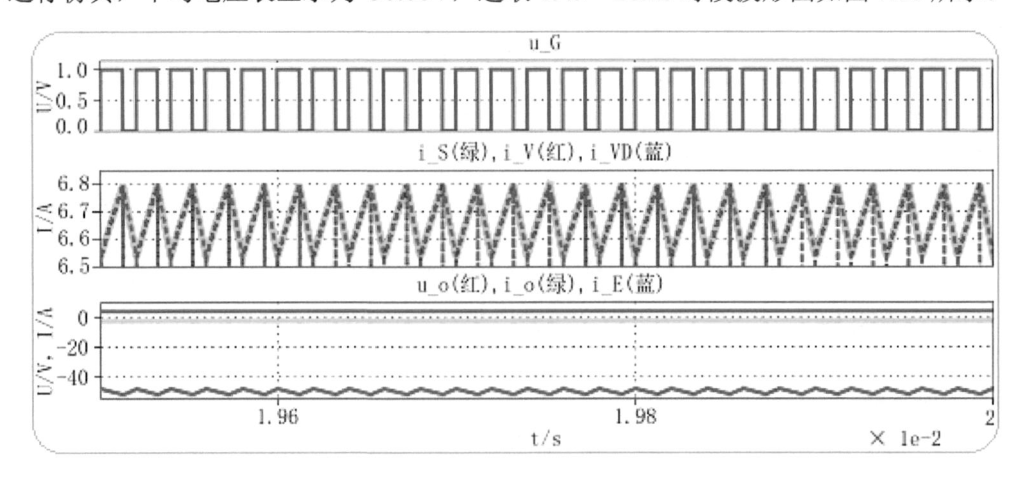

图 7.16 Cuk 斩波电路设置 19.5～20ms 时段仿真波形图（1）

（2）设置脉冲发生器占空比 D 为 0.375，负载电阻 R=5Ω。仿真时间设为 20ms，运行仿真，平均电压表显示为-18.00V，选取 19.5～20ms 时段波形图如图 7.17 所示。

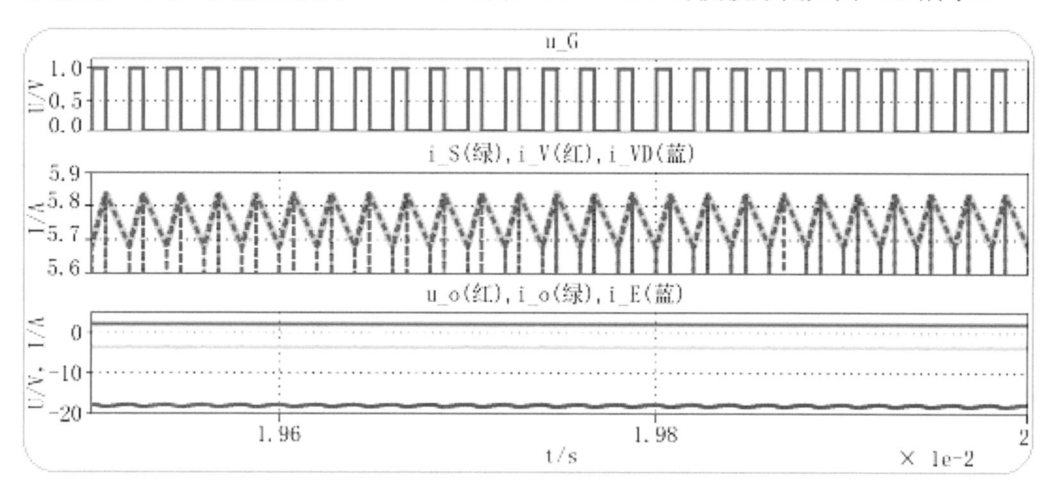

图 7.17　Cuk 斩波电路设置 19.5～20ms 时段仿真波形图（2）

2．波形分析

由仿真波形可知：

（1）该电路与升降压斩波电路类似，即可升压和降压，也可实现极性变换，且二者输出平均电压计算公式相同。

（2）开关管 V 导通期间，同时流过电源电流和负载电流；续流二极管 VD 导通期间，也同时流过电源电流和负载电流。

（3）电容在一个电路工作周期内，电压的变化量为零，符合能量守恒定律。

（4）电源供电电流和负载电流均连续。

7.1.5　Sepic 斩波电路和 Zeta 斩波电路

Sepic 斩波电路和 Zeta 斩波电路具有与升降压斩波电路相同的数量关系，但输出电压的极性与输入电压的极性相同。

1．仿真模型与参数设置

Sepic 斩波电路仿真模型如图 7.18 所示。

输入直流电源电压 E 为 30V，电感 L_1=5mH，电感 L_2=0.5mH，电容 C_1=20μF，C_2=63μF，脉冲发生器频率为 50kHz。

（1）设置脉冲发生器占空比 D 为 0.625，负载电阻 R=20Ω。仿真时间设为 20ms，运行仿真，平均电压表显示为 50.04V，选取 19.8～20ms 时段波形图如图 7.19 所示。

（2）设置脉冲发生器占空比 D 为 0.375，负载电阻 R=5Ω。仿真时间设为 20ms，运行仿真，平均电压表显示为 18.00V，选取 19.8～20ms 时段波形图如图 7.20 所示。

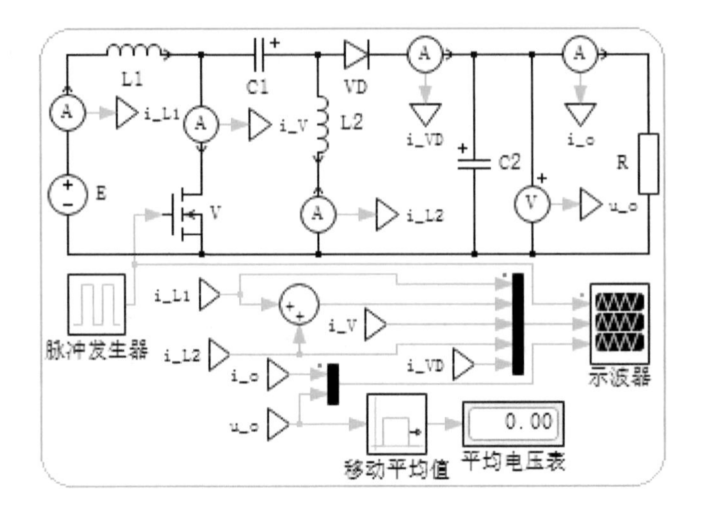

图 7.18　Sepic 斩波电路仿真模型

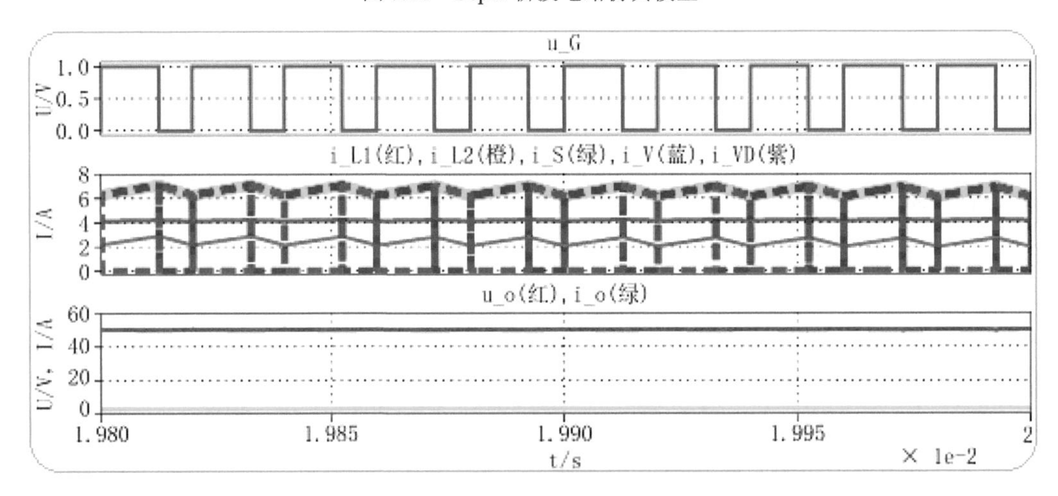

图 7.19　Sepic 斩波电路设置 19.8～20ms 时段仿真波形图（1）

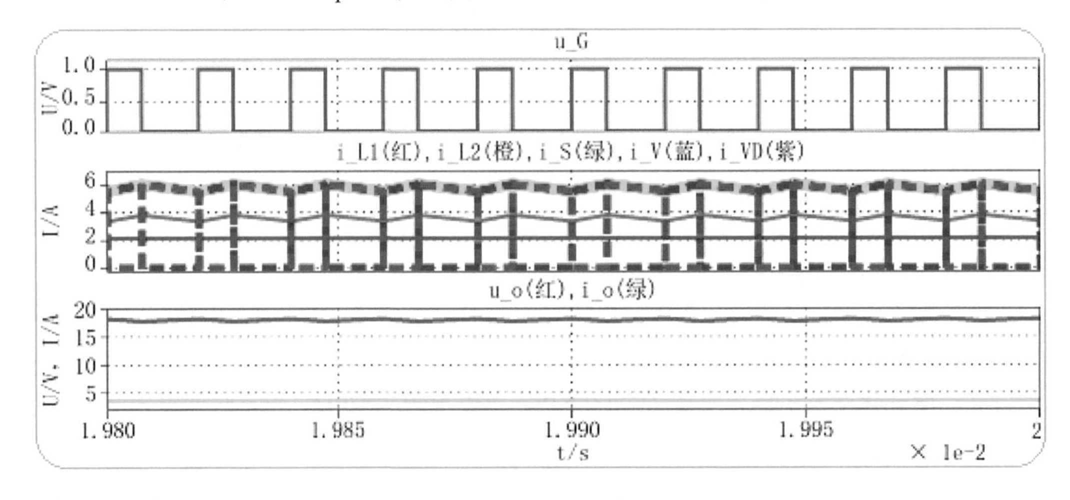

图 7.20　Sepic 斩波电路设置 19.8～20ms 时段仿真波形图（2）

2. 波形分析

由仿真波形可知：

（1）电感 L_1 和电感 L_2 中的电流，在开关管 V 导通期间同时流过开关管 V；在续流二极管 VD 导通期间，也同时流过二极管 VD。

（2）电感 L_1 的电流波形平直，而电感 L_2 的电流波形波动。由此可认为电感 L_1 的作用为电源电流滤波，电感 L_2 的作用为能量的传递。

（3）Sepic 斩波电路输出平均电压计算公式与升降压斩波电路输出平均电压计算公式相同，输出电压极性与输入电压极性相同。

Zeta 斩波电路的工作原理与 Sepic 斩波电路相同，区别在于电感 L_1 起能量传递的作用，电感 L_2 用于输出电流滤波。

7.2 隔离型斩波电路

带隔离变压器的直流斩波电路是在基本的直流斩波电路中插入了隔离变压器，使电源和负载之间有电气隔离，提高了变换电路运行的安全可靠性和电磁兼容性，适当的电压比还可以使电源电压与负载电压匹配。

隔离型直流变换电路原理图如表 7.2 所示，带隔离变压器的直流斩波电路可分为单端变换电路和双端变换电路两大类。单端变换电路变压器磁通只在一个方向上变化，包括正激电路和反激电路；双端变换电路变压器磁通在正反两个方向变化，包括半桥电路、全桥电路和推挽电路。

表 7.2 隔离型直流变换电路原理图

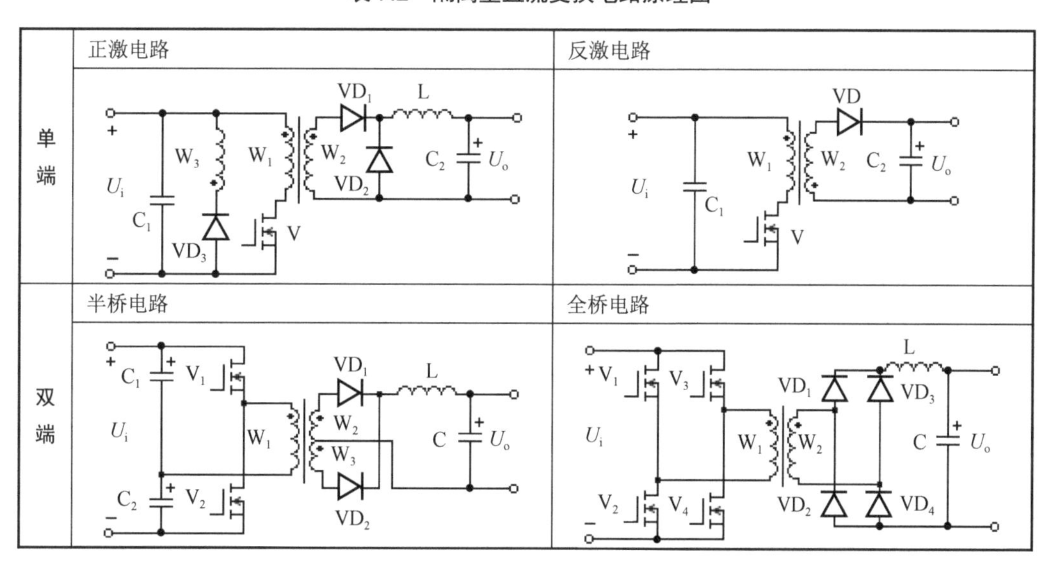

续表

<table>
<tr><td rowspan="2">双端</td><td>推挽电路</td></tr>
<tr><td>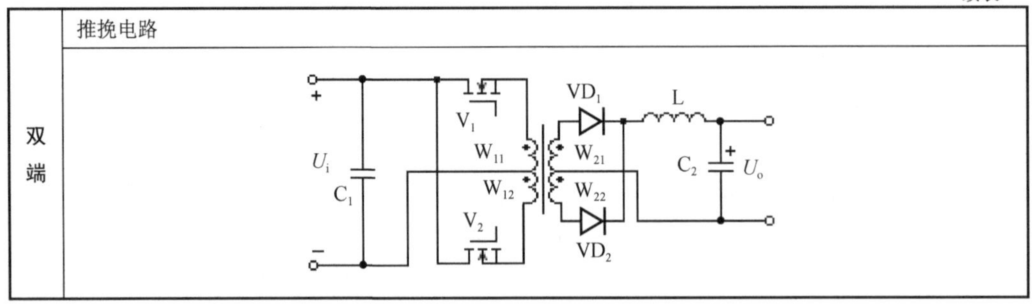
</td></tr>
</table>

7.2.1 正激电路

正激电路包含多种不同结构，典型的单开关正激电路原理如表 7.2 所示。正激电路结构较简单，成本低，可靠性高，驱动电路简单；但存在变压器单向励磁且利用率低的缺点，功率在几百瓦到几千瓦；应用于各种中、小功率电源。

1. 仿真模型

正激电路仿真模型如图 7.21 所示。模型中在理想变压器二次侧绕组并联了磁化电感。退磁绕组通过二极管连接到一次侧，在开关管 V 关断时流过退磁电流。初级绕组和退磁绕组的匝数相同，以便在开关管导通之前使变压器完全退磁，避免变压器饱和。

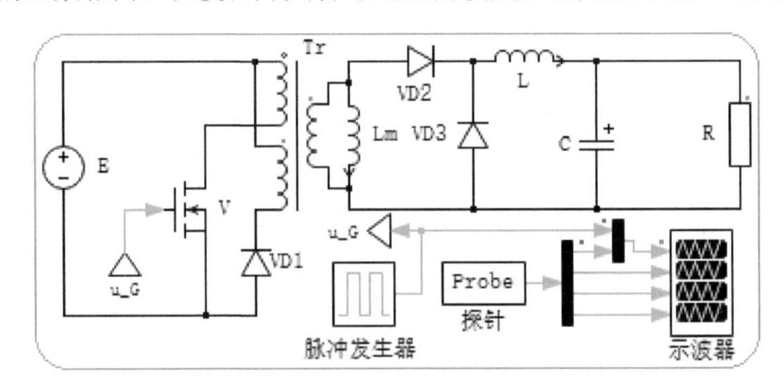

图 7.21 正激电路仿真模型

应用探针对开关管 V 的电压与电流，以及二极管 VD_1、VD_2 和 VD_3 中的电流进行检测。

2. 参数设置

输入电源电压 E 取 30V，磁化电感 L_m=1mH，滤波电感 L=0.5 mH，电容 C=400μF，负载电阻 R=0.5Ω，脉冲发生器工作频率为 20kHz，占空比 D 为 0.4。理想变压器的参数设置如图 7.22 所示。

仿真时间设为 10ms，运行仿真，正激电路输出电压、电流仿真波形图如图 7.23 所示，选取 9.5～10ms 波形图如图 7.24 所示。

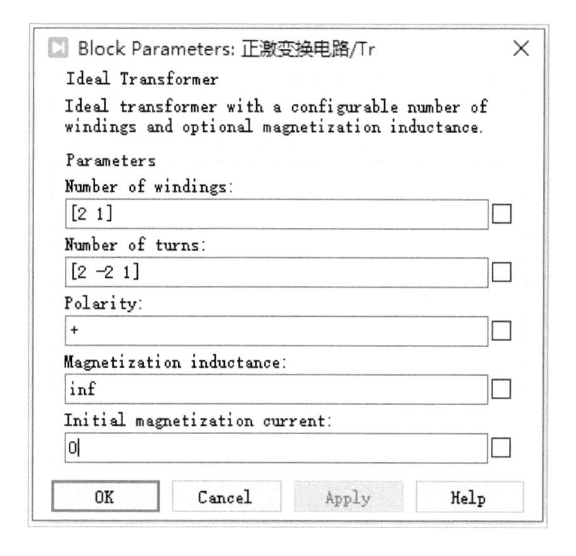

图 7.22　理想变压器的参数设置

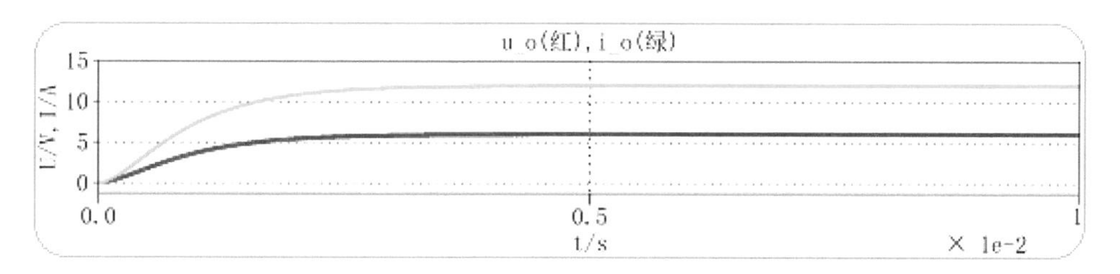

图 7.23　正激电路输出电压、电流仿真波形图

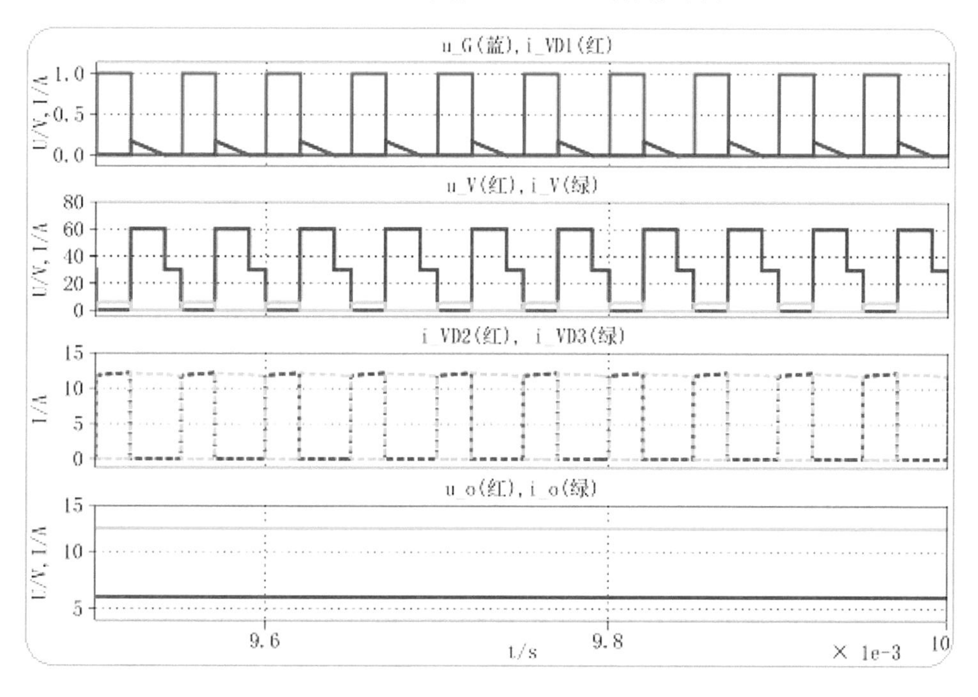

图 7.24　正激电路仿真波形图

3. 波形分析

由图 7.23 可知，电路在 0.5s 时已稳定工作，对稳态时波形（见图 7.24）分析可知：

（1）开关管 V 导通期间，将电能通过变压器直接传递到二次侧，与此同时二极管 VD_2 导通。

（2）开关管 V 关断时，二极管 VD_1 导通，变压器的励磁电流通过退磁绕组流回电源，在开关管 V 下次导通前使磁芯复位。

（3）开关管在磁芯复位期间承受的电压为 2 倍电源电压，磁芯复位后所承受的电压为电源电压。

（4）二极管 VD_2 和 VD_3 的电流波形表明滤波电感电流连续，这种模式下输出平均电压计算公式为

$$U_o = \frac{N_2}{N_1} D U_i \tag{7-6}$$

式中，N_1、N_2 为变压器一次侧和二次侧绕组的匝数，D 为占空比。

7.2.2 反激电路

反激电路结构非常简单，成本很低，可靠性高，驱动电路简单；但难以达到较大的功率，变压器单向励磁且利用率低；功率在几瓦到几十瓦，广泛应用于小功率电子设备、计算机设备和消费电子设备电源。

1. 仿真模型

反激电路仿真模型如图 7.25 所示。磁化电感 L_m 并联在理想变压器一次侧。探针对开关管 V 的电压和电流、二极管 VD 的电流，以及负载的电压和电流进行检测。

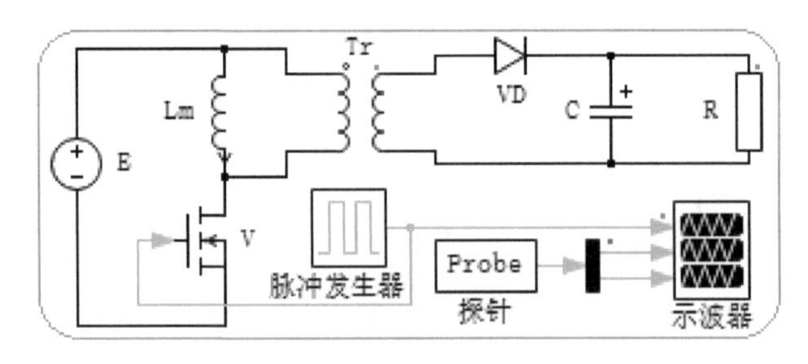

图 7.25 反激电路仿真模型

2. 参数设置

输入电源电压取 30V，理想变压器的绕组匝数比为 2:1，滤波电容 C=500μF。

（1）磁化电感 L_m=0.2mH，负载电阻 R=0.5Ω，脉冲发生器工作频率为 100kHz，占空比 D 为 0.25，仿真时间设为 10ms，运行仿真，反激电路输出电压、电流仿真波形图如图 7.26 所示，选取 9.95～10ms 时段波形图如图 7.27 所示。

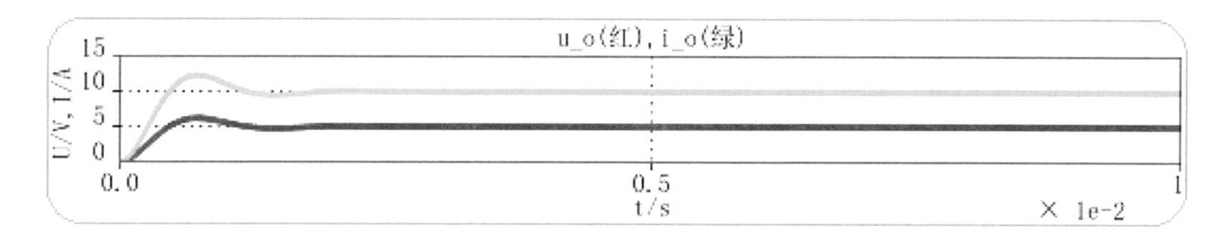

图 7.26 反激电路输出电压、电流仿真波形图

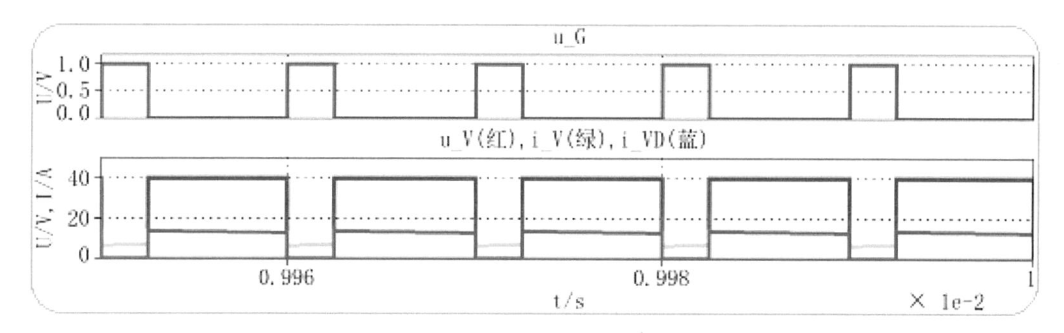

图 7.27 反激电路参数设置 9.95～10ms 时段仿真波形图

（2）磁化电感 L_m=0.1mH，负载电阻 R=2Ω，脉冲发生器工作频率为 10kHz，占空比 D 为 0.25，仿真时间设为 10ms，运行仿真，选取 9.95～10ms 波形图如图 7.28 所示。

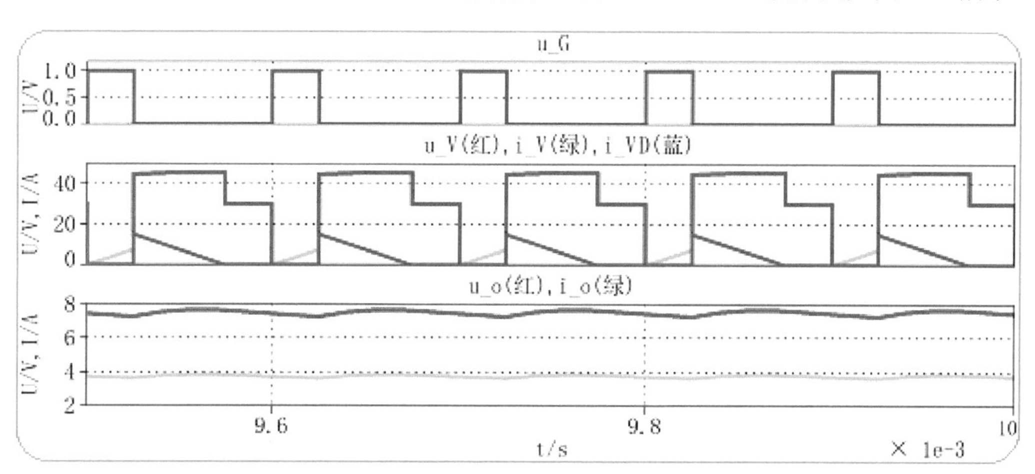

图 7.28 反激电路参数设置 9.95～10ms 时段仿真波形图

3．波形分析

由图 7.26 可知，电路在 0.3s 时已稳定工作，对稳态时波形（见图 7.27）分析可知：

（1）开关管 V 导通期间，将电能储存于变压器中，开关管 V 关断时，二极管 VD 导通，将储存在变压器中的能量传输至负载。

（2）开关管 V 关断期间承受的电压为

$$U_V = U_i + \frac{N_2}{N_1} U_o \tag{7-7}$$

（3）如果当开关管 V 导通时，变压器二次侧绕组中的电流尚未下降到零，则电路工作于电流连续模式，输出电压计算式为

$$U_{\mathrm{o}}=\frac{N_2}{N_1}\times\frac{D}{1-D}U_{\mathrm{i}} \tag{7-8}$$

（4）如果开关管 V 开通前，变压器二次侧绕组中的电流已经下降到零，则电路工作于电流断续模式，此时输出电压高于上式的计算值，并随负载减小而升高，在负载电流为零的极限情况下，$U_{\mathrm{o}}\to\infty$，这将损坏电路中的器件，因此反激电路不应工作于负载开路状态。

7.2.3 半桥电路

半桥电路变压器双向励磁，没有变压器偏磁问题，开关较少，成本低；但有直通问题，可靠性低，需要复杂的隔离驱动电路；功率在几百瓦到几千瓦，应用于各种工业用电源和计算机电源等。

1. 仿真模型

半桥电路仿真模型如图 7.29 所示。直流输入的两个电容用电源代替，脉冲发生器产生两路驱动信号以控制开关管 V_1 和 V_2。变压器二次侧有两组绕组且匝数相同。探针对开关管 V_1 和 V_2 的电压和电流、二极管 VD_1 和 VD_2 的电流，以及负载的电压和电流进行检测。

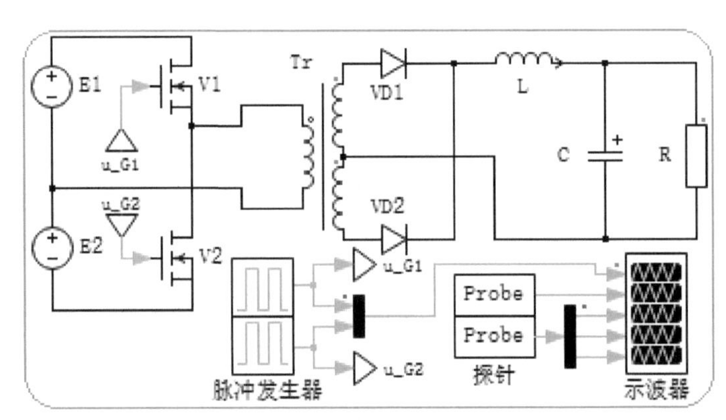

图 7.29　半桥电路仿真模型

2. 参数设置

输入电源的电压 E_1 和 E_2 均取 30V，则输入的电源电压 U_{i} 为 60V。理想变压器的绕组匝数比为 3:2:2，滤波电感 L=20μH，电容 C=100μF，负载电阻 R=1.2Ω。

脉冲发生器工作频率为 50kHz，占空比 D 为 0.3，仿真时间设为 10ms，运行仿真，半桥电路输出电压、电流仿真波形图如图 7.30 所示，选取 9.96～10ms 时段波形图如图 7.31 所示。

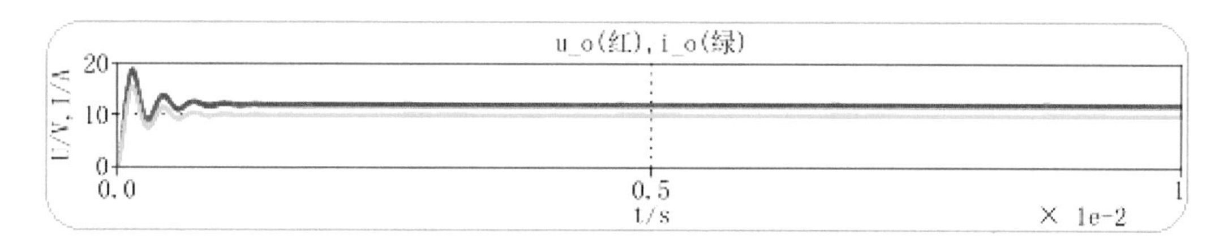

图 7.30　半桥电路输出电压、电流仿真波形图

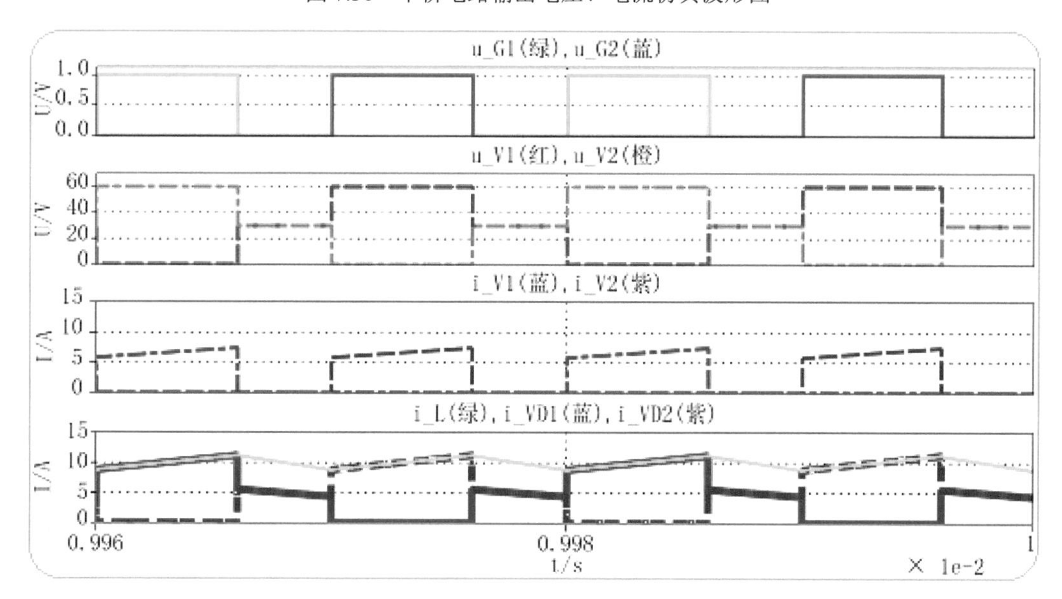

图 7.31　半桥电路仿真波形图

3. 波形分析

由图 7.30 可知，电路在 0.2s 时已稳定工作，对稳态时波形图 7.31 分析可知：

（1）开关管 V_1 导通期间，将电能通过变压器直接传递到二次侧，与此同时二极管 VD_1 导通；同理开关管 V_2 和二极管 VD_2 同时通断；为避免上、下开关管直通，占空比 D 不能超过 0.5，并留有裕量。

（2）开关管 V_1 和 V_2 关断期间承受的电压为输入电源电压，当其中一只开关管导通期间，另一只开关管承受的电压为输入电源电压的一半。

（3）滤波电感电流连续，二极管 VD_1 在 V_1 导通期间流过电感电流，V_1 关断期间流过电感电流的一半。

（4）滤波电感电流连续模式下输出平均电压计算公式为

$$U_o = \frac{N_2}{N_1} D U_i \tag{7-9}$$

如果电感电流断续，则输出电压将高于式（7-9）的计算值，最大为

$$U_o = \frac{N_2}{N_1} \times D \frac{U_i}{2} \tag{7-10}$$

7.2.4 全桥电路

全桥电路变压器双向励磁，容易达到大功率；但结构复杂，成本高，有直通问题，可靠性低，需要复杂的多组隔离驱动电路；功率在几百瓦到几百千瓦，应用于大功率工业用电源、焊接电源和电解电源等。

1. 仿真模型

全桥电路仿真模型如图 7.32 所示。四只开关管按对角分成两组，V_1 和 V_4 为一组，V_2 和 V_3 一组；脉冲发生器产生两路驱动信号以控制两组开关管。探针对开关管 V_1 和 V_2 的电压和电流、二极管 VD_1 和 VD_2 的电流，以及输出电压和电流进行检测。

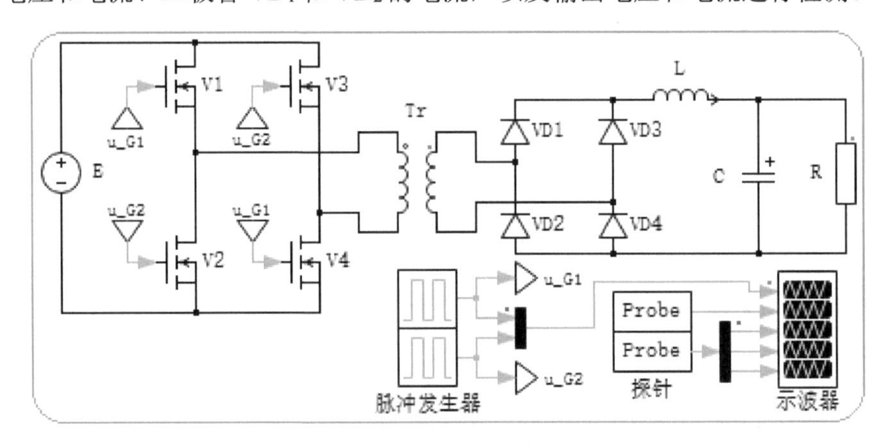

图 7.32 全桥电路仿真模型

2. 参数设置

输入电源电压 E 为 30V，理想变压器的绕组匝数比为 3:2，滤波电感 L=20μH，电容 C=100μF，负载电阻 R=1.2Ω。

脉冲发生器工作频率为 50kHz，占空比 D 为 0.3，仿真时间设为 10ms，运行仿真，全桥电路输出电压、电流仿真波形图如图 7.33 所示，选取 9.96～10ms 时段波形如图 7.34 所示。

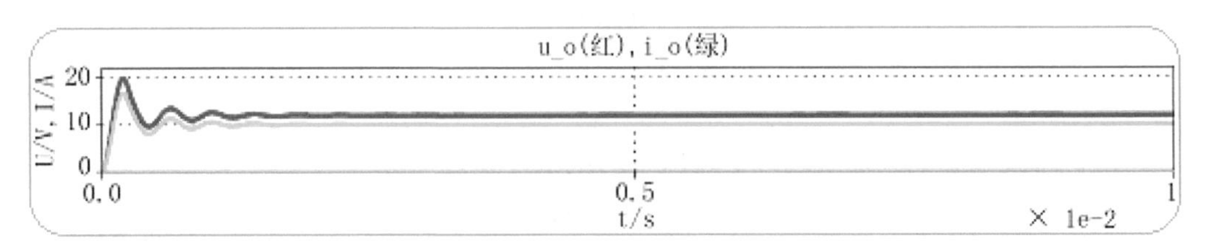

图 7.33 全桥电路输出电压、电流仿真波形图

3. 波形分析

由图 7.33 可知，电路在 0.3s 时已稳定工作，与半桥电路类似，输出电压出现了过冲。

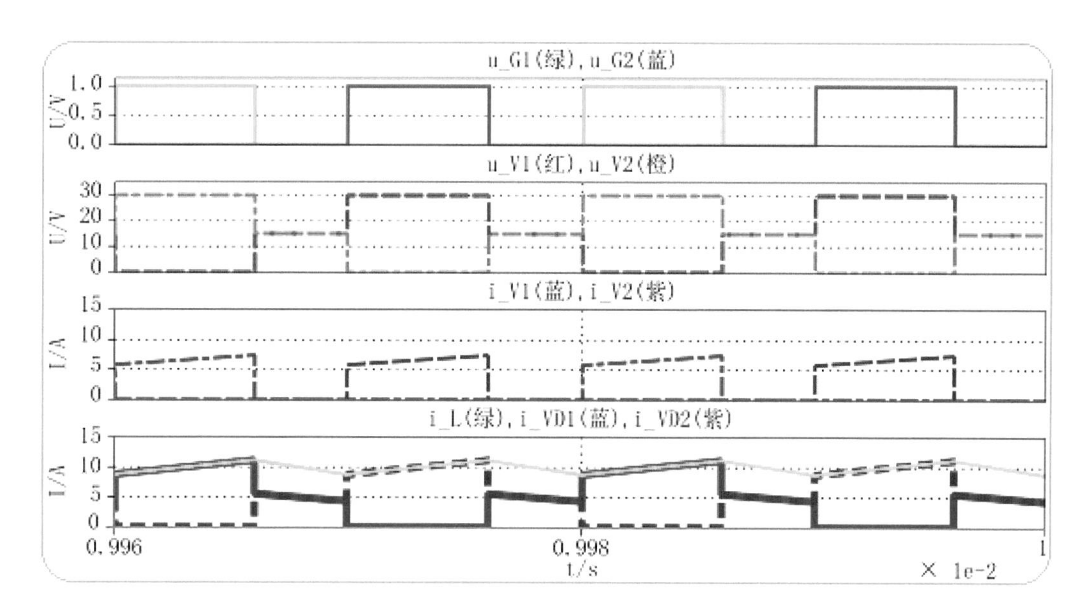

图 7.34 全桥电路仿真波形图

对比全桥电路仿真波形图与半桥电路仿真波形图可知：

（1）开关管和二极管的电压、电流，以及滤波电感电流波形基本相同。

（2）开关管 V_1 和 V_4 导通期间，二极管 VD_1 和 VD_4 导通；开关管 V_2 和 V_3 导通期间，二极管 VD_2 和 VD_3 导通；为避免上、下开关管直通，占空比 D 不能超过 0.5，并留有裕量。

（3）在参数设置相同的条件下，若要求全桥电路输出电压与半桥电路的输出电压相同，则输入电源电压、开关管和二极管承受的电压为半桥电路的一半。

（4）滤波电感电流连续模式下输出平均电压计算式为

$$U_o = \frac{N_2}{N_1} \times 2DU_i \tag{7-11}$$

如果电感电流断续，则输出电压将高于上式的计算值，最大为

$$U_o = \frac{N_2}{N_1} U_i \tag{7-12}$$

7.2.5 推挽电路

推挽电路的变压器双向励磁，变压器一次侧电流回路中只有一个开关，通态损耗较小，驱动简单；但变压器存在偏磁问题；功率在几百瓦到几千瓦，应用于低输入电压的电源。

1. 仿真模型

推挽电路仿真模型如图 7.35 所示。变压器的一次侧两个绕组通过开关管 V_1 和 V_2

接入输入电源，两个开关管交替工作。脉冲发生器产生两路驱动信号以控制开关管 V_1 和 V_2。探针对开关管 V_1 和 V_2 的电压和电流、二极管 VD_1 和 VD_2 的电流，以及负载的电压和电流进行检测。

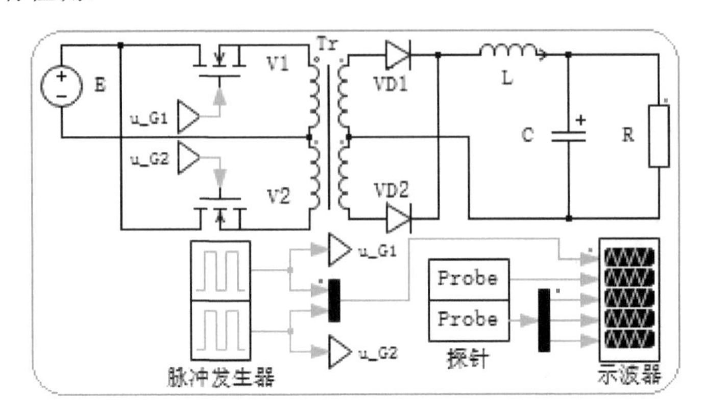

图 7.35　推挽电路仿真模型

2．参数设置

输入电源电压 E 为 30V，理想变压器的绕组匝数比为 3:3:2:2，滤波电感 L=20μH，电容 C=100μF，负载电阻 R=1.2Ω。

脉冲发生器工作频率为 50kHz，占空比 D 为 0.3，仿真时间设为 10ms，运行仿真，推挽电路输出电压、电流仿真波形图如图 7.36 所示，选取 9.96～10ms 时段波形图如图 7.37 所示。

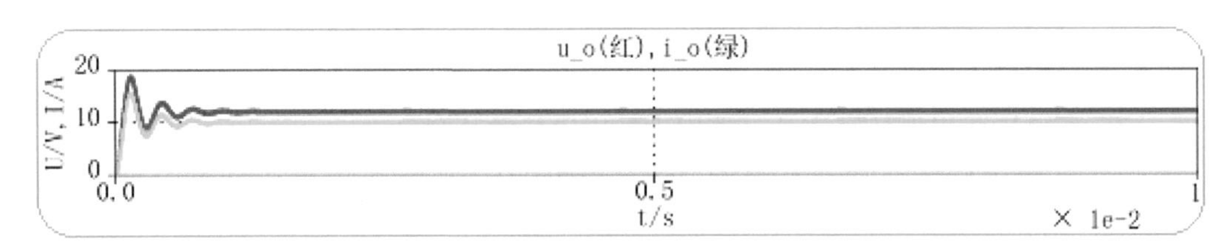

图 7.36　推挽电路输出电压、电流仿真波形图

3．波形分析

由图 7.36 可知，电路在 0.2s 时已稳定工作，对稳态时波形（见图 7.37）分析可知：

（1）开关管 V_1 导通期间，将电能通过变压器直接传递到二次侧，与此同时二极管 VD_1 导通；同理开关管 V_2 和二极管 VD_2 同时通断；为避免上、下开关管直通，占空比 D 不能超过 0.5，并留有裕量。

（2）开关管 V_1 和 V_2 关断期间承受的电压为输入电源电压，当其中一只开关管导通期间，另一只开关管承受的电压为输入电源电压的 2 倍。

（3）滤波电感电流连续，二极管 VD_1 在 V_1 导通期间流过电感电流，V_1 关断期间流过电感电流的一半。

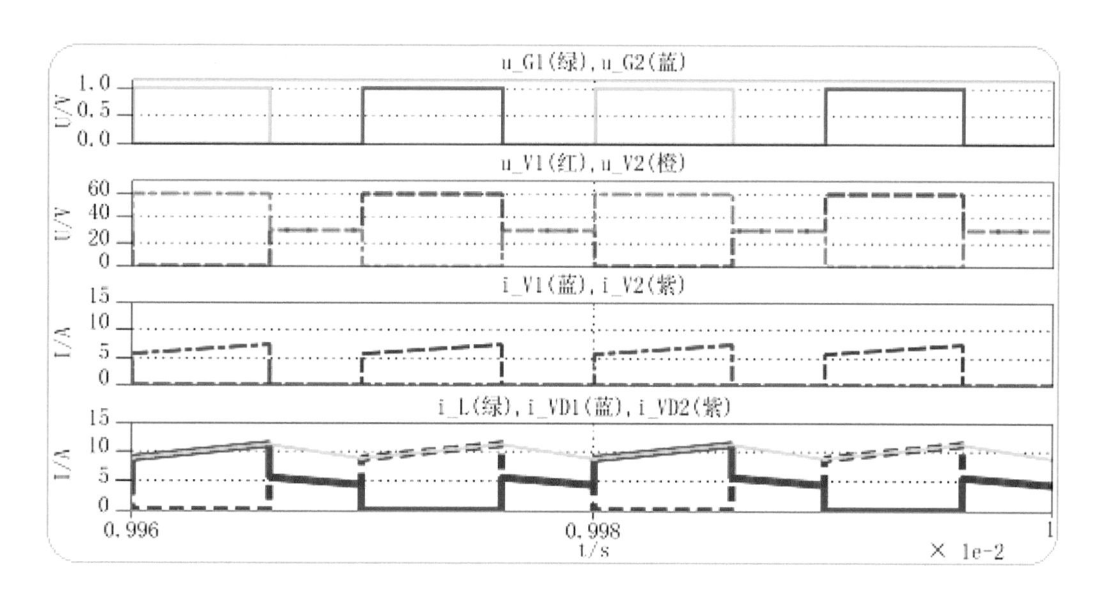

图 7.37　推挽电路仿真波形图

（4）滤波电感电流连续模式下输出平均电压计算式为

$$U_{o}=\frac{N_{2}}{N_{1}}\times 2DU_{i} \tag{7-13}$$

如果电感电流断续，则输出电压将高于上式的计算值，最大为

$$U_{o}=\frac{N_{2}}{N_{1}}U_{i} \tag{7-14}$$

要点回顾

（1）将直流电转换成另一固定或可调电压的直流电的过程称为直流变换，相关电路包括直接直流变换电路和间接直流变换电路。

（2）直接直流变换也称为直流斩波，其电路按功能分为功率控制型、调压型、调阻型等。

（3）间接直流变换也称为隔离型直流变换电路，其电路在输入与输出间插入高频变压器以实现隔离。

（4）直流斩波电路中的开关器件多采用全控型电力电子器件。

（5）分析直流斩波电路时通常假设一些理想条件。

（6）基本的斩波电路原理：改变占空比 D 就可以调节输出直流电压平均值。

（7）占空比的改变通常有定频调宽、定宽调频和调频调宽等方法。

（8）Buck、Boost、Buck-Boost、Cuk、Sepic 和 Zeta 均为基本直流斩波电路。

（9）斩波电路的两种工作模式。

（10）升压斩波电路能够实现升压的原因。

（11）斩波电路中电感在一个开关周期内的能量变化。

（12）升降压斩波电路既能实现升压，也能实现降压，还能实现电压极性的变换。

（13）Cuk 斩波电路的原理与升降压斩波电路工作原理的对比。

（14）Sepic 斩波电路和 Zeta 斩波电路是一类电路，两者的工作原理和输出数量也相同。

（15）带隔离变压器的直流斩波电路可分为单端变换电路和双端变换电路。

（16）隔离变压器在电源和负载之间实现电气隔离，同时还可以使电源电压与负载电压匹配。

（17）正激电路存在变压器单向励磁且利用率低的缺点。

（18）反激电路难以达到较大的功率，变压器单向励磁且利用率低。

（19）半桥电路变压器双向励磁，没有偏磁问题，但有直通问题，需要隔离的驱动电路。

（20）全桥电路容易达到大功率，结构复杂，有直通问题，需要复杂的多组隔离驱动电路。

（21）推挽电路变压器存在偏磁问题，适用于低输入电压的电源。

8 逆变电路仿真与分析

内容提要

8.1 电压型逆变电路
8.2 电流型逆变电路

把直流电变换成交流电称为逆变，完成逆变功能的电路称为逆变电路。逆变输出接在交流电网上称为有源逆变；直接和交流用电负载相接称为无源逆变。

无源逆变电路在科研、国防、生产和生活领域中得到了广泛的应用。各种直流电源（如蓄电池、干电池、太阳能光伏电池等）需要向交流负载供电时先进行逆变；另外，交流电动机调速用变频器、不间断电源、感应加热电源、风力发电设备、电解电镀电源、高频直流焊机、电子镇流器等，它们的核心部分都是逆变电路。

以往的逆变电路采用晶闸管器件，但晶闸管一旦导通就不能自行关断，为此必须设置强迫关断电路。这样就增加了主电路的复杂程度，增加了逆变器的体积、重量和成本，降低了可靠性，也限制了开关频率。目前，绝大多数逆变电路都采用全控型器件，简化了逆变主电路，提高了逆变器的性能。小功率逆变器多用 MOSFET，中功率逆变器多用 IGBT，大功率逆变器则用 GTO。

逆变电路的分类方法有很多，其基本类型如下。

（1）根据输入直流电源的类型可分为电压型逆变电路和电流型逆变电路；

（2）根据输出交流电压的性质可分为恒频恒压正弦波逆变电路、方波逆变电路、变频变压逆变电路、高频脉冲电压（电流）逆变电路；

（3）根据结构的不同可分为半桥式逆变电路、全桥式逆变电路和推挽式逆变电路；

（4）根据逆变电路输出的相数可分为单相逆变电路和三相逆变电路。

8.1 电压型逆变电路

电压型逆变电路直流侧为电压源或并联大电容，直流侧电压基本无脉动；输出电压为矩形波，输出电流因负载阻抗不同而不同；阻感性负载需要提供无功功率，为了给交流侧向直流侧反馈的无功能量提供通道，逆变电路各桥臂需要并联反馈二极管。

8.1.1 单相电压型逆变电路

单相电压型逆变电路主要有半桥、全桥和推挽三种结构，其中以全桥电路应用最多。表 8.1 给出了单相电压型逆变电路的原理图。

表 8.1 单相电压型逆变电路原理图

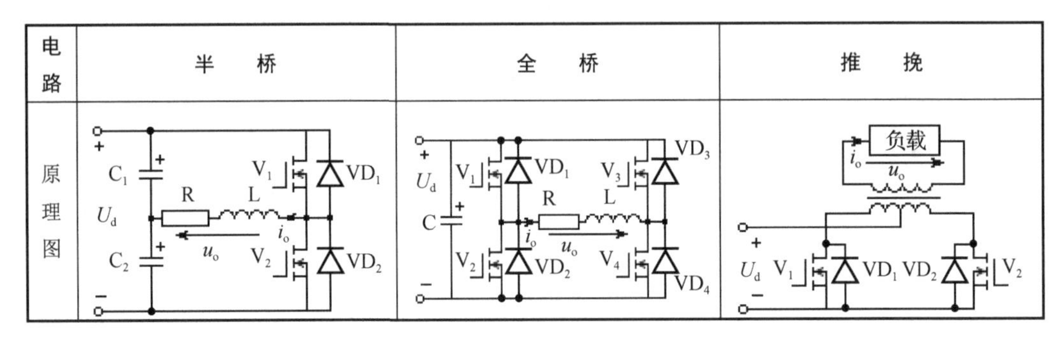

电路	半桥	全桥	推挽
原理图			

一、半桥逆变电路

半桥逆变电路简单，使用器件少；但交流电压幅值仅为输入电源电压的一半，直流侧需要两个电容器串联，要控制两者电压均衡，应用于几千瓦以下的小功率逆变电源。单相全桥、三相桥式逆变电路都可以看成若干个半桥逆变电路的组合。

1. 仿真模型

半桥逆变电路仿真模型如图 8.1 所示。直流输入的两个电容用电压源代替，脉冲发生器产生两路驱动信号以控制开关管 V_1 和 V_2。探针对开关管 V_1 和 V_2 的电压和电流、二极管 VD_1 和 VD_2 的电流，以及负载的电压和电流进行检测。

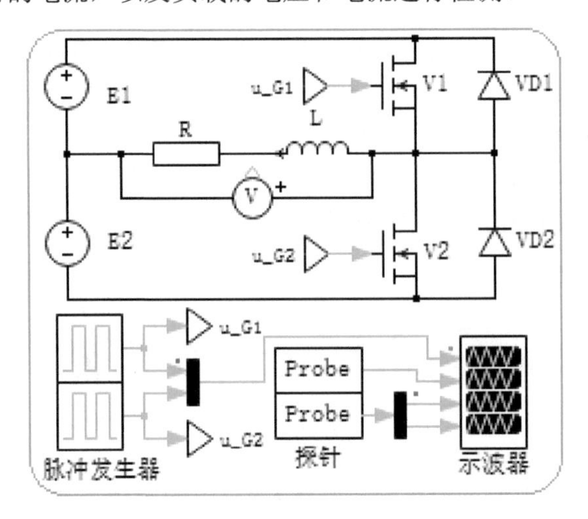

图 8.1 半桥逆变电路仿真模型

2. 参数设置

电源的电压 E_1 和 E_2 均取 30V，则输入的电源电压 U_i 为 60V。负载电感 L=20mH，负载电阻 R=2Ω。

脉冲发生器工作频率为 50Hz，占空比 D 为 0.4，仿真时间设为 100ms，运行仿真，半桥逆变电路仿真波形图如图 8.2 所示。

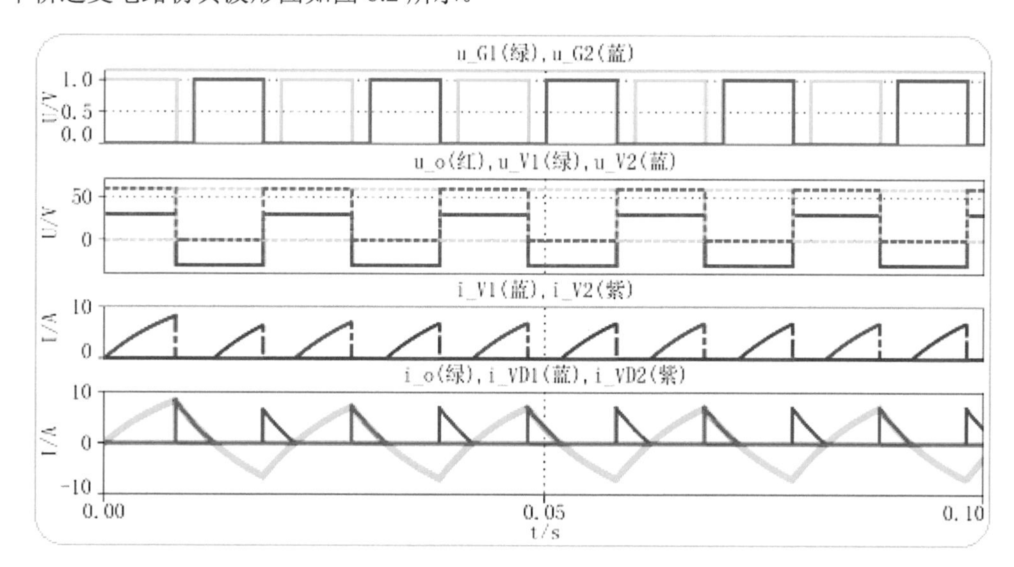

图 8.2　半桥逆变电路仿真波形图

3. 波形分析

由仿真波形图可知，电路在前两个工作周期处于过渡状态，到第三个工作周期时，电路已基本稳定，以第三个工作周期为例，具体的工作过程如下。

（1）当开关管 V_1 的驱动信号电平变高时，因为二极管 VD_1 仍在续流，V_1 不能导通，等到二极管 VD_1 中电流减小到零时，开关管 V_1 才导通。二极管续流及开关管导通期间，输出电压 u_o 为 E_1，即 $U_d/2$。

（2）当开关管 V_1 的驱动信号电平变低后，开关管 V_1 关断，二极管 VD_2 开始续流，输出电压 u_o 为$-E_2$，即$-U_d/2$。

（3）当开关管 V_2 的驱动信号电平变高时，因为二极管 VD_2 仍在续流，V_2 不能导通，等到二极管 VD_2 中电流减小到零时，V_2 才导通，这期间，输出电压 u_o 为 E_2，即$-U_d/2$。

（4）开关管 V_2 关断后，二极管 VD_1 续流，直到开关管 V_1 导通，进入下一个工作周期。

二、全桥逆变电路

全桥逆变电路可看成两个半桥电路的组合，对角开关管组成一对，两对开关管轮流导通。

1. 仿真模型

全桥逆变电路仿真模型如图 8.3 所示。脉冲发生器产生两路驱动信号以控制两组开关管。探针对开关管 V_1 和 V_2 的电压和电流、二极管 VD_1 和 VD_2 的电流，以及负载的电压和电流进行检测。

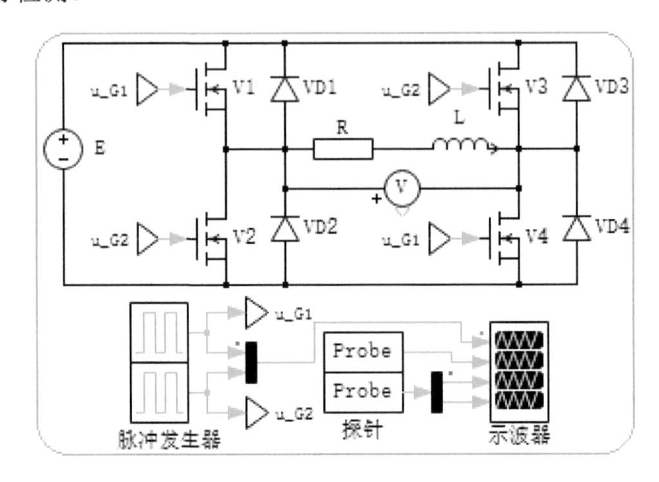

图 8.3 全桥逆变电路仿真模型

2. 参数设置

输入直流电源电压为 30V，负载电感 L=20mH，电阻 R=2Ω。

脉冲发生器工作频率为 50Hz，占空比 D 为 0.4，仿真时间设为 100ms，运行仿真，全桥逆变电路仿真波形图如图 8.4 所示。

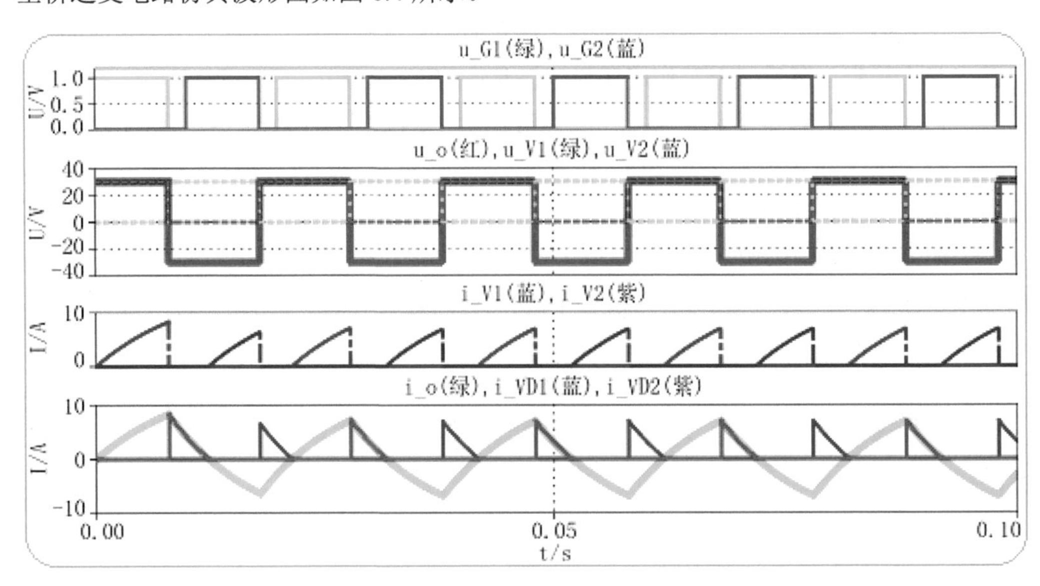

图 8.4 全桥逆变电路仿真波形图

3．波形分析

由仿真波形图可知，电路在前两个工作周期处于过渡状态，到第三个工作周期时，电路已基本稳定，以第三个工作周期为例，具体的工作过程如下。

（1）当开关管 V_1 和 V_4 的驱动信号电平变高时，因为二极管 VD_1 和 VD_4 仍在续流，V_1 和 V_4 不能导通，等到二极管 VD_1 和 VD_4 中电流减小到零时，V_1 和 V_4 才导通，二极管续流及开关管导通期间，输出电压 u_o 为 U_d。

（2）当开关管 V_1 和 V_4 的驱动信号电平变低后，开关管 V_1 和 V_4 关断，二极管 VD_2 和 VD_3 开始续流，输出电压 u_o 为 $-U_d$。

（3）当开关管 V_2 和 V_3 的驱动信号电平变高时，因为二极管 VD_2 和 VD_3 仍在续流，V_2 和 V_3 不能导通，等到二极管 VD_2 和 VD_3 中电流减小到零时，V_2 和 V_3 才导通，这期间，输出电压 u_o 为 $-U_d$。

（4）开关管 V_2 和 V_3 关断后，二极管 VD_1 和 VD_4 开始续流，直到开关管 V_1 和 V_4 导通，进入下一个工作周期。

开关管关断期间承受的电压为输入电源电压，输出交流电压的幅值为输入直流电源电压。

三、全桥逆变电路的移相调压

单相全桥逆变电路中，如果将一个半桥用原来的驱动信号控制，另外一个半桥用滞后一定相位的驱动信号控制，就可以调节输出电压，这便是移相调压。

1．电路模型与参数设置

全桥逆变电路移相调压仿真模型如图 8.5 所示。脉冲发生器产生四路驱动信号控制四个开关管。探针对开关管 V_1～V_4 的电压和电流、二极管 VD_1～VD_4 的电流，以及输出电压和电流进行检测。移相角度为 36°，其余参数设置与上述相同，选取 0.06～0.1s 仿真波形如图 8.6 所示。

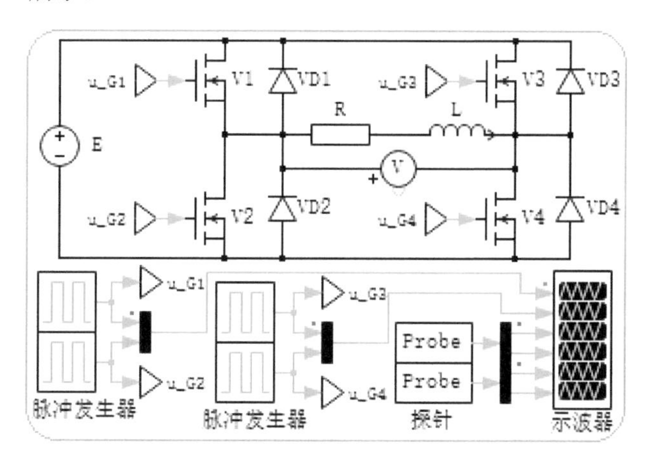

图 8.5　全桥逆变电路移相调压仿真模型

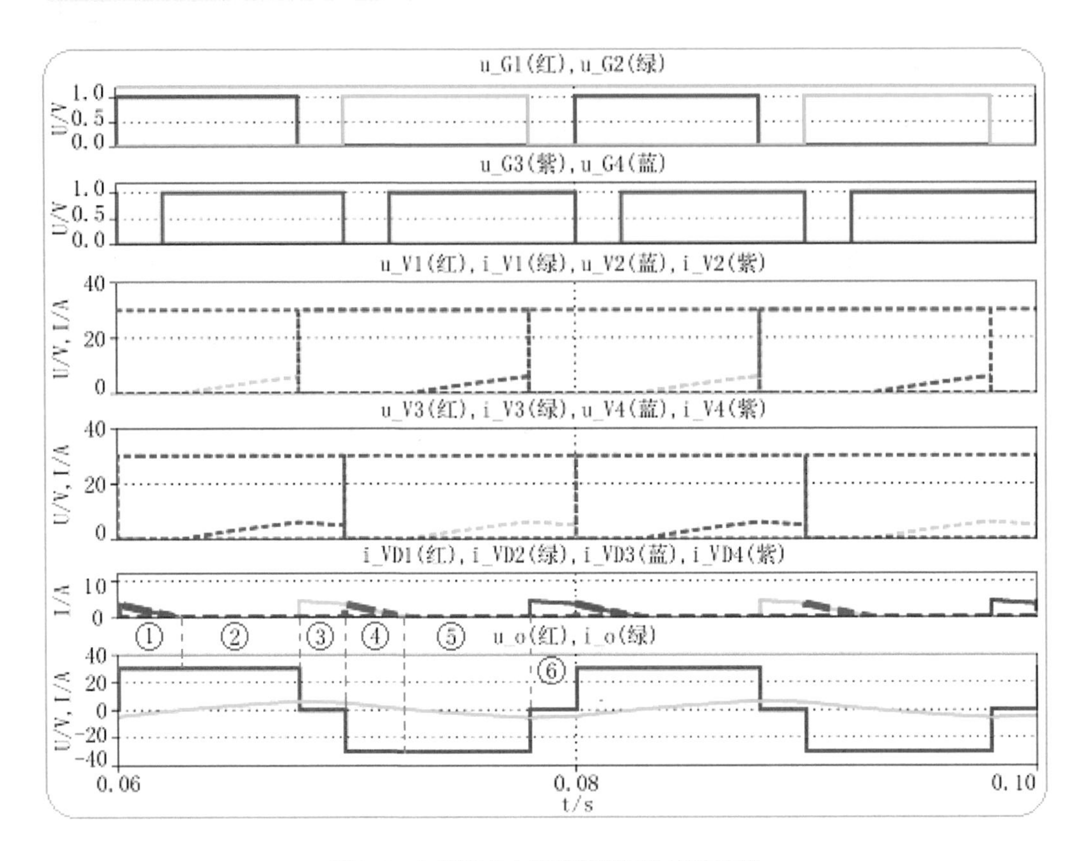

图 8.6　全桥逆变电路移相调压仿真波形图

2. 波形分析

由仿真波形可以分析出全桥逆变电路输出电压的一个周期由六段组成：

① VD_1 和 VD_4 续流，$u_o=U_d$；

② V_1 和 V_4 导通，$u_o=U_d$；

③ V_4 导通，VD_2 续流，$u_o=0$；

④ VD_2 和 VD_3 续流，$u_o=-U_d$；

⑤ V_2 和 V_3 导通，$u_o=-U_d$；

⑥ V_3 导通，VD_1 续流，$u_o=0$。

以上分析与参考文献[3]有区别，本例的占空比 D 为 0.4，而文献中的占空比 D 为 0.5。从实际应用来看，上下开关管间要留有死区，即占空比 D 不可能达到 0.5。改变移相角就可以调节输出电压。

推挽逆变电路虽然所需开关器件的数量较少，但是当开关器件关断时承受的电压为 $2U_d$，比全桥逆变电路高一倍，而且还必须有一个带中心抽头的变压器。因此，这种逆变电路只适用于低压、小功率，且必须要求负载与电源有电气隔离的场合。其工作原理与隔离型推挽变换电路相似，区别在于工作频率和输出电压的形式不同而已。

8.1.2 三相电压型逆变电路

由三个单相逆变电路可以组合成一个三相逆变电路，每个单相逆变电路可以是任意形式，只要三个单相逆变电路输出电压的大小相等、频率相同、相位互差 120°即可。实际应用最广泛的是三相桥式逆变电路，如图 8.7 所示，它可以看成是由三个半桥逆变电路组合而成的。

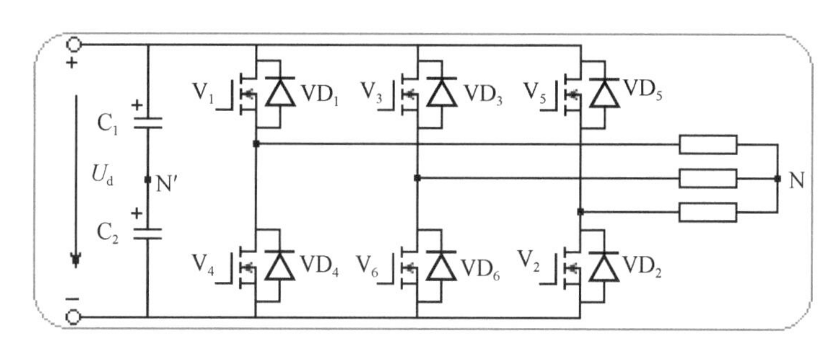

图 8.7 三相桥式逆变电路原理图

1. 仿真模型

三相桥式逆变电路仿真模型如图 8.8 所示。直流侧两个电容用直流电源代替。三相六脉冲发生器产生六路驱动信号。探针对输出三相的相电压和电源中点与负载中心点间的电压进行检测。

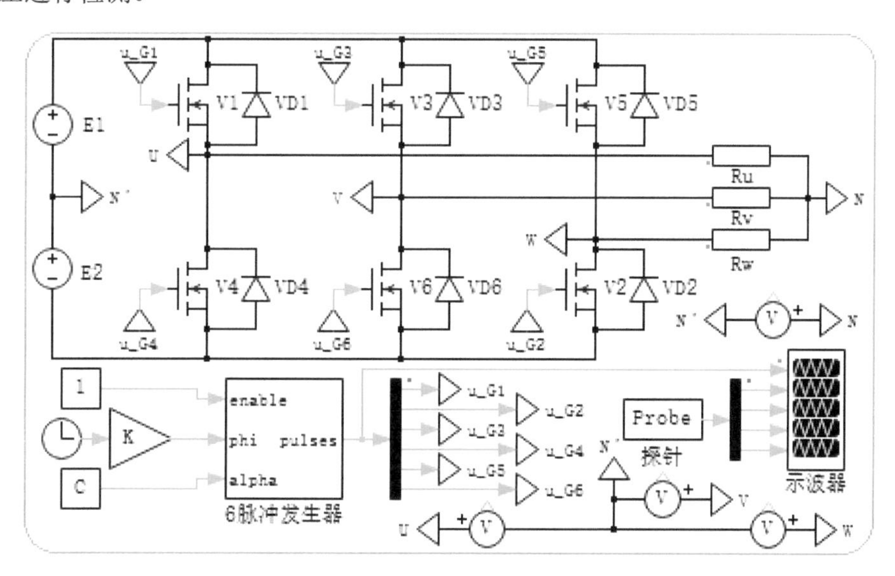

图 8.8 三相桥式逆变电路仿真模型

2. 参数设置

输入直流电源电压 E_1 和 E_2 分别为 150V，三相负载电阻均为 10Ω。

三相六脉冲发生器工作频率为 50Hz，控制角 α 为 120°，单脉冲方式，脉宽约为 180°。仿真时间设为 100ms，选取 0.05～0.1s 时间段仿真波形如图 8.9 所示。

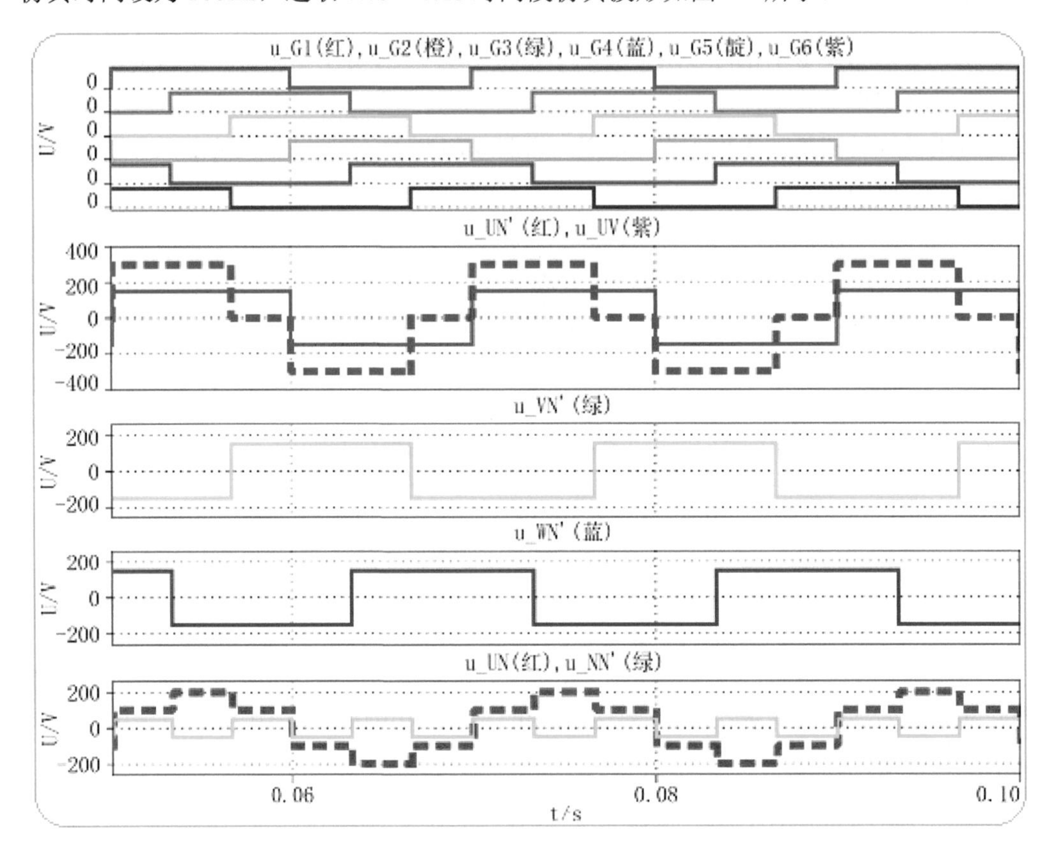

图 8.9　三相桥式逆变电路仿真波形图

3. 波形分析

为了分析方便，在直流侧两个直流电源中点放置了电气标签 N′，三相负载连接中心点电气标签为 N，由仿真波形可知：

（1）同一相（同一半桥）上下两个桥臂交替导通 180°，各相开始导通的角度依次相差 120°。

（2）任何时刻将有 3 个桥臂同时导通，导通的顺序为 1、2、3→2、3、4→3、4、5→4、5、6→5、6、1→6、1、2，即可能是上面一个桥臂和下面两个桥臂同时导通，也可能是上面两个桥臂和下面一个桥臂同时导通。每次换流都是在同一相上下两个桥臂之间进行的，因此被称为纵向换流。

（3）输出相电压 $u_{UN'}$、$u_{VN'}$和 $u_{WN'}$的波形是幅值为$\pm U_d/2$ 的矩形波，但相位依次相差 120°。

（4）负载线电压 u_{UV} 的波形是幅值为$\pm U_d$、宽度为 120°的阶梯波，负载相电压 u_{UN} 的波形是幅值为$\pm U_d/3$ 和$\pm 2U_d/3$ 的阶梯波。

（5）电源中点和负载中心点的电压 $u_{NN'}$波形是幅值为±U_d/6、频率为负载相电压 3 倍的矩形波。

8.2　电流型逆变电路

电流型逆变电路一般在直流侧串联大电感，电流脉动很小，可近似看成直流电流源；交流输出电流为矩形波，输出电压波形和相位因负载不同而不同；由于直流侧电感起缓冲无功能量的作用，不必给开关器件反并联二极管。

电流型逆变电路中，采用半控型器件的电路仍应用较多，换流方式有负载换流和强迫换流；而电压型逆变电路一般采用全控型器件，换流方式为器件换流。

电流型逆变电路按输出相数分为单相电流型逆变电路和三相电流型逆变电路。

8.2.1　单相电流型逆变电路

图 8.10 所示为单相电流型逆变电路原理图，由 4 桥臂组成，每桥臂晶闸管各串联一个电抗器，用来限制晶闸管导通时的电流变化率。VT_1、VT_4 和 VT_2、VT_3 以 1000～2500Hz 的中频轮流导通，可得到中频交流电，用于感应加热线圈，R 和 L 串联为加热线圈及其加热钢料的等效电路，因功率因数很低，故需要并联电容 C。C 和 L、R 构成并联谐振电路，故此电路又称为并联谐振式逆变电路。

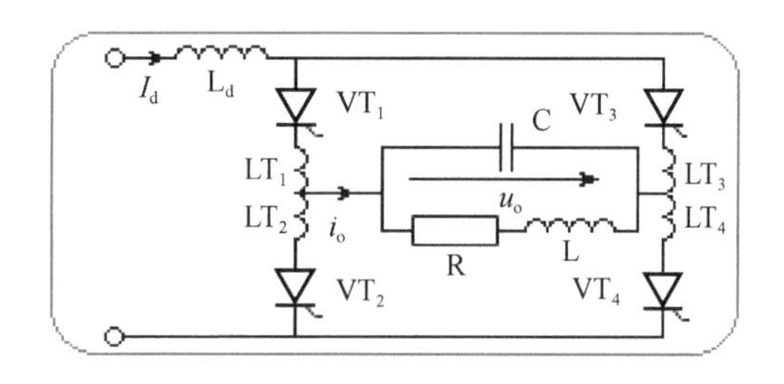

图 8.10　单相电流型逆变电路原理图

1. 电路模型

单相电流型逆变电路仿真模型如图 8.11 所示。探针用于检测晶闸管 VT_1 和 VT_2 的电压和电流，输出电压和电流及 *A*、*B* 两点间的电压。

2. 元件和仿真参数设置

输入直流电源电压 *E* 为 100V，电感 L_d=0.1H，电抗器 L_T=10μH，负载电阻 *R*=0.2Ω，电感 *L*=100μH，电容 *C*=260μF。脉冲发生器工作频率为 1000Hz，控制角 α 取 π/3。

仿真时间设为 1s，选取 0.4～0.402s 时间段仿真波形如图 8.12 所示。

3. 波形分析

由仿真波形可知，电路在一个周期内有两个稳定导通阶段和两个换流阶段：

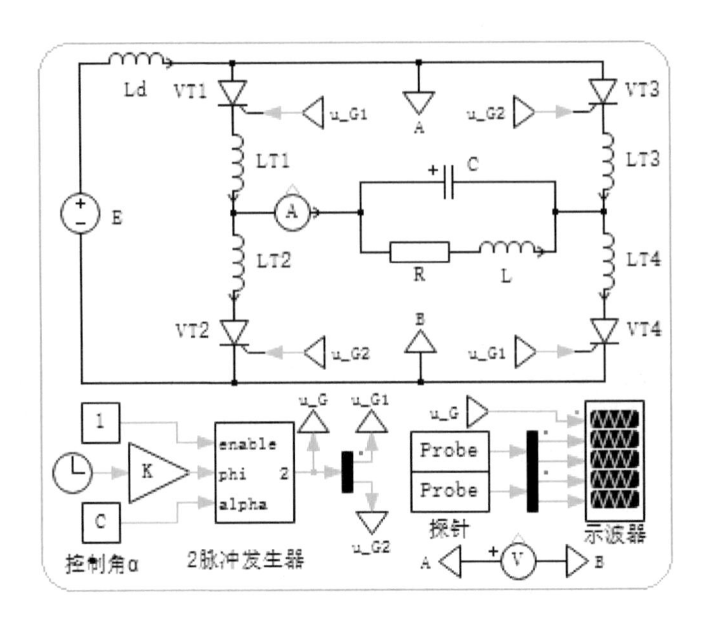

图 8.11　单相电流型逆变电路仿真模型

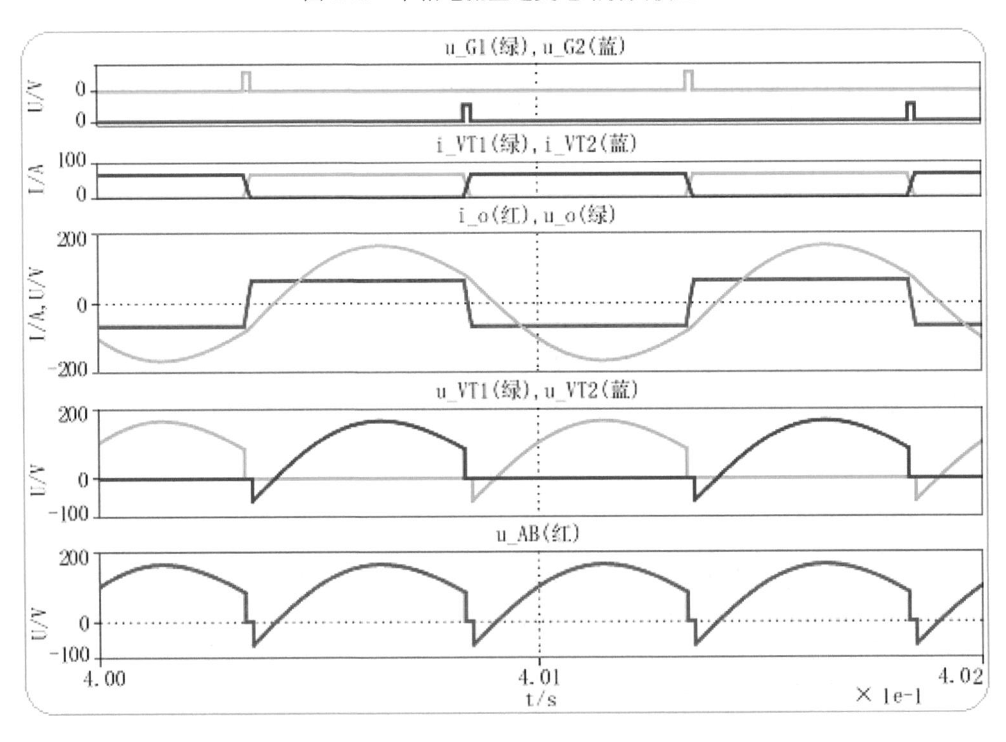

图 8.12　单相电流型逆变电路仿真波形图

（1）晶闸管 VT_1 和 VT_4 稳定导通阶段，输出电流 i_o 等于直流输入电流 I_d，晶闸管 VT_2 和 VT_3 触发脉冲到来之前，在电容 C 上建立了左正右负的电压。

（2）晶闸管 VT_2 和 VT_3 触发脉冲到来时刻，VT_2 和 VT_3 导通，进入换流阶段。电抗器使流过 VT_1、VT_4 的电流有一个减小过程而不能立刻关断，同时 VT_2、VT_3 中的电流有一个增大的过程，此时 4 个晶闸管全部导通，负载电容电压经两个并联的放电回路同时放电。

（3）当流过 VT_1、VT_4 的电流减至零而关断，流过 VT_2、VT_3 的电流增大到直流输入电流时换流阶段结束。

（4）当流过 VT_1、VT_4 的电流与流过 VT_2、VT_3 的电流相等时输出电流 i_o 过零。输出电流的波形是幅值为$\pm I_d$的梯形波，电压的波形近似正弦波。

实际工作过程中，感应线圈参数随时间变化，必须使工作频率适应负载的变化而自动调整，这种控制方式称为自励方式。固定工作频率的控制方式称为他励方式。自励方式存在启动问题，通常采取先用他励方式，系统开始工作后再转入自励方式或附加预充电启动电路的方法来解决。

8.2.2 三相电流型逆变电路

随着全控型电力电子器件的快速发展与应用，晶闸管逆变电路的应用越来越少，但在中大功率交流电动机调速系统中串联二极管式晶闸管逆变电路仍有较多的应用。

1. 仿真模型

图 8.13 所示为串联二极管式晶闸管逆变电路仿真模型。各桥臂的晶闸管和二极管串联使用。晶闸管采用强迫换流方式，电容 C_1～C_6 为换流电容。探针用于检测晶闸管 VT_1、VT_3 和 VT_5 的电流，三相负载电流，电容 C_1、C_3 和 C_5 的电压，以及输出 U、V 两相间线电压。

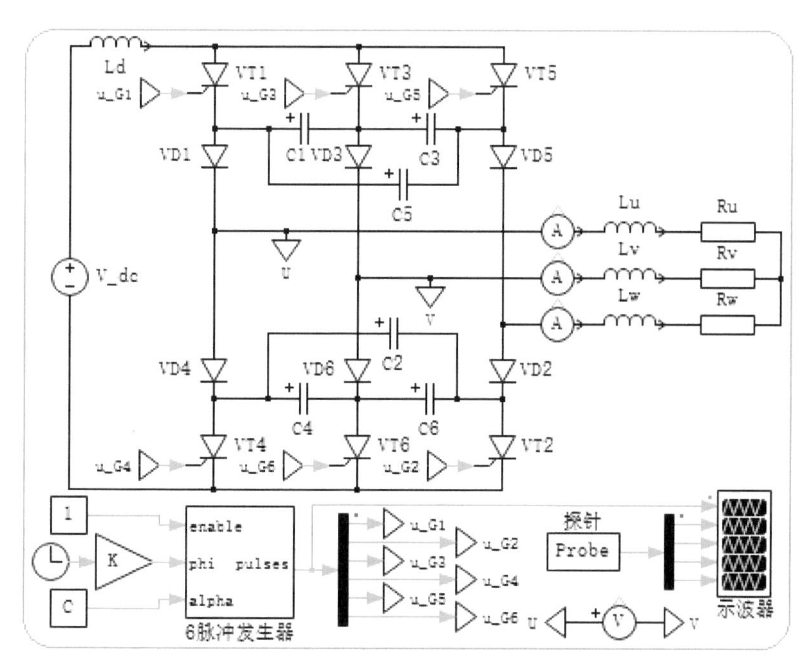

图 8.13　串联二极管式晶闸管逆变电路仿真模型

2. 参数设置

输入直流电源电压 E 为 500V，电感 L_d=0.2H，换相电容均为 260μF，负载电感为 20μH，负载电阻均为 0.1Ω。

脉冲发生器工作频率为 50Hz，控制角 α 取 π/6，单脉冲模式，脉宽为 2π/5。

仿真时间设为 10s，选取 8～8.05s 时间段仿真波形图如图 8.14 所示。

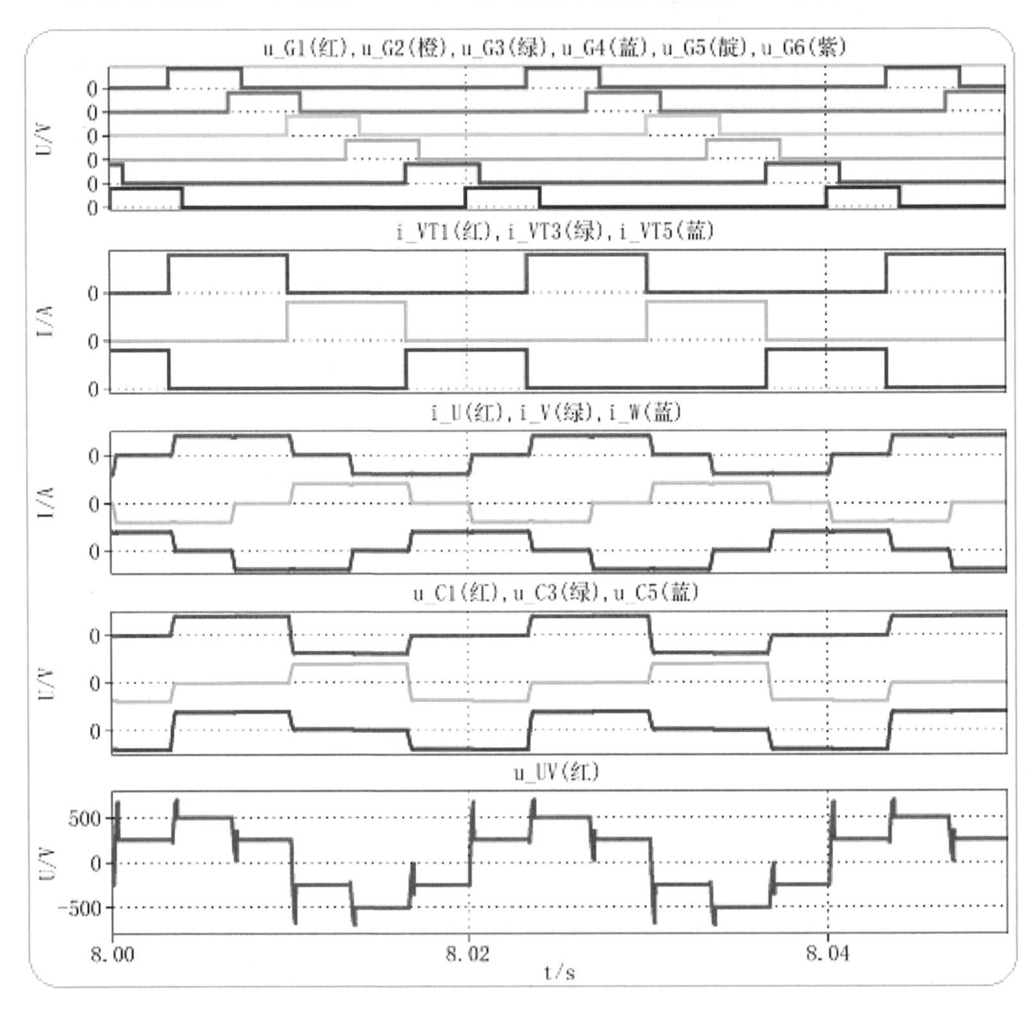

图 8.14 串联二极管式晶闸管逆变电路仿真波形图

3. 波形分析

由仿真波形图可知：

（1）电路的基本工作方式是 120°导电方式，即每个桥臂一周期内导电 120°，每时刻上下桥臂组各有一个桥臂导通，这种换流方式称为横向换流。

（2）输出电流波形与负载性质无关，为正负脉宽各 120°的矩形波。

（3）输出线电压波形与负载性质有关，大体为正弦波，但叠加了一些脉冲。

该电路中晶闸管采用强迫换流方式，图 8.15 所示仿真波形显示了从 VT_1 向 VT_3 换流时电容 C_1 与 U、V 两相负载电流的仿真波形图。

换流的过程分为恒流放电和二极管换流两个阶段。

（1）在 VT_3 触发导通时刻，VT_1 被施以反向电压而关断，电容 C_1 以恒定电流放电，电压线性下降，直到电压为零，此阶段为恒流放电阶段。

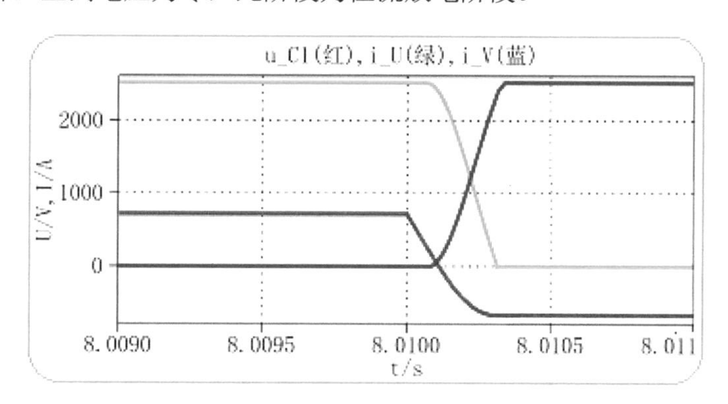

图 8.15 单相电流型逆变电路仿真波形图

（2）当电容 C_1 反向充电，U 相上的 VD_1 和 V 相上的二极管 VD_3 同时导通，U 相电流减小到零后，二极管 VD_1 关断，二极管 VD_3 流过负载电流，实现了负载电流从 U 相到 V 相的换流，这一阶段称为二极管换流。

要点回顾

（1）直流电变换成交流电称为逆变，输出接电网的称为有源逆变，接用电负载的称为无源逆变。

（2）逆变电路根据接入直流电源的类型可分为电压型逆变电路和电流型逆变电路，根据输出交流电压的性质可分正弦波逆变电路和方波逆变电路，根据结构分为半桥式逆变电路、全桥式逆变电路和推挽式逆变电路。

（3）逆变电路都采用全控型器件，小功率逆变电路多用 MOSFET，中功率逆变电路多用 IGBT，大功率逆变电路则用 GTO。

（4）逆变电路的负载可分为纯阻性负载和阻感性负载。

（5）电压型逆变电路直流侧并联大电容，输出电压为矩形波，阻感性负载时需要提供无功功率，逆变桥各桥臂必须并联反馈二极管。

（6）半桥逆变电路使用器件少；交流电压幅值为输入电压的一半，直流侧需要两电容器串联，要控制两者电压均衡。

（7）全桥逆变电路可看成两个半桥电路的组合，对角开关管组成一对，两对开关管组轮流导通。

（8）单相全桥逆变电路采用移相控制，可调节输出交流电压。

（9）全桥逆变电路和半桥逆变电路上下开关管驱动脉冲间要留有死区。

（10）三相桥式逆变电路可看成是由三个半桥逆变电路组合而成的，各相开始导通的角度依次相差 120°，同一相上下两个桥臂交替导通 180°，换流发生在同一相上，因此称为纵向换流。

（11）电流型逆变电路一般在直流侧串联大电感，交流输出电流为矩形波。

（12）电流型逆变电路中采用半控型器件的应用仍较多，换流方式有负载换流和强迫换流。

（13）并联谐振式逆变电路控制方式有自励和他励两种方式。

（14）中大功率交流电动机调速系统中串联二极管式晶闸管逆变电路仍有较多应用。

（15）三相电流型逆变电路的基本工作方式是 120°导电方式，即每个桥臂一个周期内导电 120°，每时刻上下桥臂组各有一个桥臂导通，这种换流方式称为横向换流。

（16）串联二极管式晶闸管三相逆变电路换流的过程分为恒流放电和二极管换流两个阶段。

9 PWM 控制建模与仿真

内容提要

电力电子技术的发展与控制技术是紧密联系的。由半控型的晶闸管构成的整流电路和交-交变换电路采用的是相控技术，即通过改变触发延迟角来调节输出。随着全控型电力电子器件的发展，脉宽调制（PWM）技术得到了广泛应用，如直流斩波电路、斩控式交流调压电路、矩阵式变频电路等。脉宽调制技术通过对一系列脉冲的宽度进行调制，来等效获得所需波形。PWM 控制技术在逆变电路中应用最广，绝大部分逆变电路是 PWM 型。PWM 控制技术正是因为在逆变电路中被广泛应用，才确定了它在电力电子技术中的重要地位。

9.1 PWM 调制器库元件模型

直流斩波电路采用 PWM 控制方式时，PWM 的驱动信号一般都是由锯齿波或三角波与脉宽控制信号 U_{ct} 相比较而产生的，其原理如图 9.1（a）所示。在锯齿波或三角波大于或小于 U_{ct} 时，产生输出脉冲信号，调节 U_{ct} 大小可以调节脉冲宽度。如图 9.16（b）所示，锯齿波或三角波称为载波，脉宽控制信号 U_{ct} 称为调制波或控制波。图 9.1 中载波（锯齿波）没有出现负值，是单极性的，称为单极性调制。如果锯齿波有正负值，那么控制信号 U_{ct} 可以是正负值，这称为双极性调制。

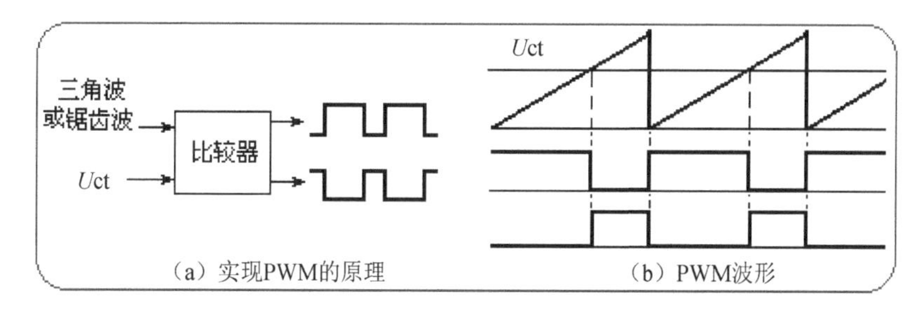

图 9.1　PWM 调制原理及波形

9.1.1 PWM 调制器库元件模型创建

根据 PWM 调制器原理，应用 PLECS 子系统模块创建一个 PWM 调制器，过程如下。

一、新建电路模型

1. 搭建模型

打开电路模型，按照原理图拖放相关元件并连接，如图 9.2 所示。

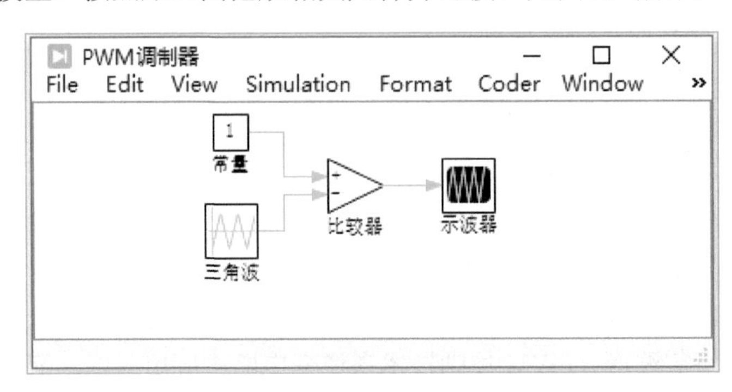

图 9.2 PWM 调制器电路模型

2. 参数设置与仿真

设置常量 C 为 0.6，三角波发生器参数设置如图 9.3 所示。

Block Parameters: PWM调制器/三角波

Triangular Wave Generator
Output a triangular or sawtooth waveform. The duty cycle specifies the ratio of the rise time to the period length. A duty cycle of 0 or 1 will produce a sawtooth waveform. If the phase is set to 0, the waveform begins at the rising edge.

Parameters　Assertions

Minimum signal value:
0

Maximum signal value:
1

Frequency [Hz]:
1000

Duty cycle [p.u.]:
0.5

Phase delay [s]:
0

OK　Cancel　Apply　Help

图 9.3 三角波发生器参数设置

仿真时间设置为 10ms，运行仿真，PWM 调制器输出波形如图 9.4 所示。

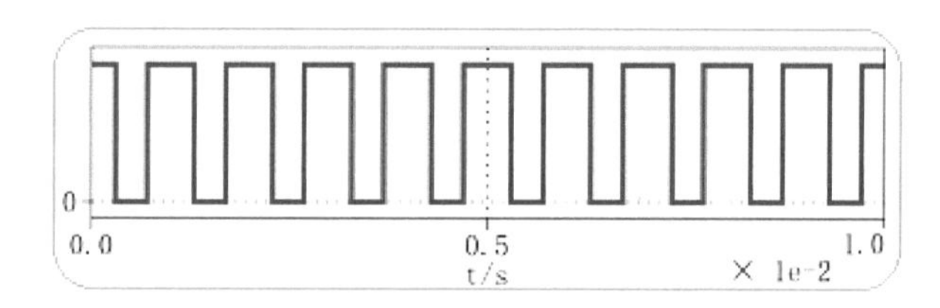

图 9.4 PWM 调制器输出波形

从图 9.4 可知，以上模型可以实现脉宽调制功能。

二、创建子系统

（1）从 System 元件库中拖动 Subsystem 模块到电路模型中，如图 9.5 所示，并将其名称修改为 My PWM。

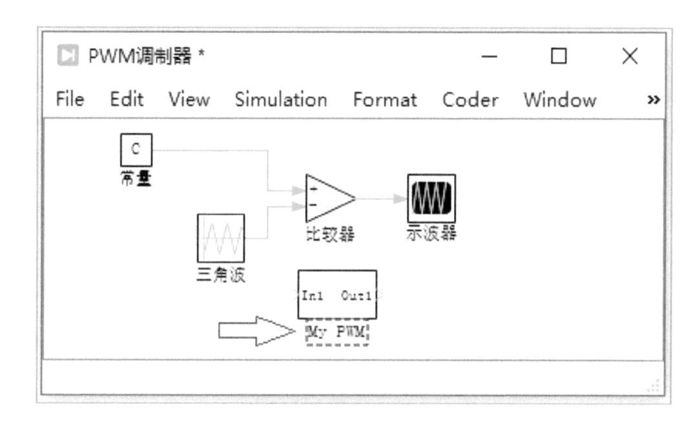

图 9.5 新建子系统

（2）双击打开子系统模型，如图 9.6 所示，并删除系统默认的输入到输出的信号线。

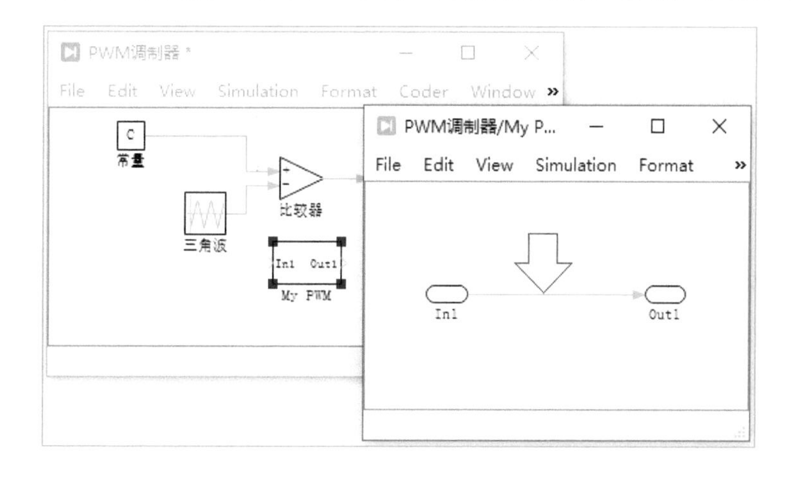

图 9.6 子系统模型电路编辑器窗口

（3）如图 9.7 所示，选中三角波和比较器模块，右击出现快捷菜单，选择“Cut”选项；回到子系统电路编辑器窗口，在空白处右击出现快捷菜单，并选择“Paste”选项。

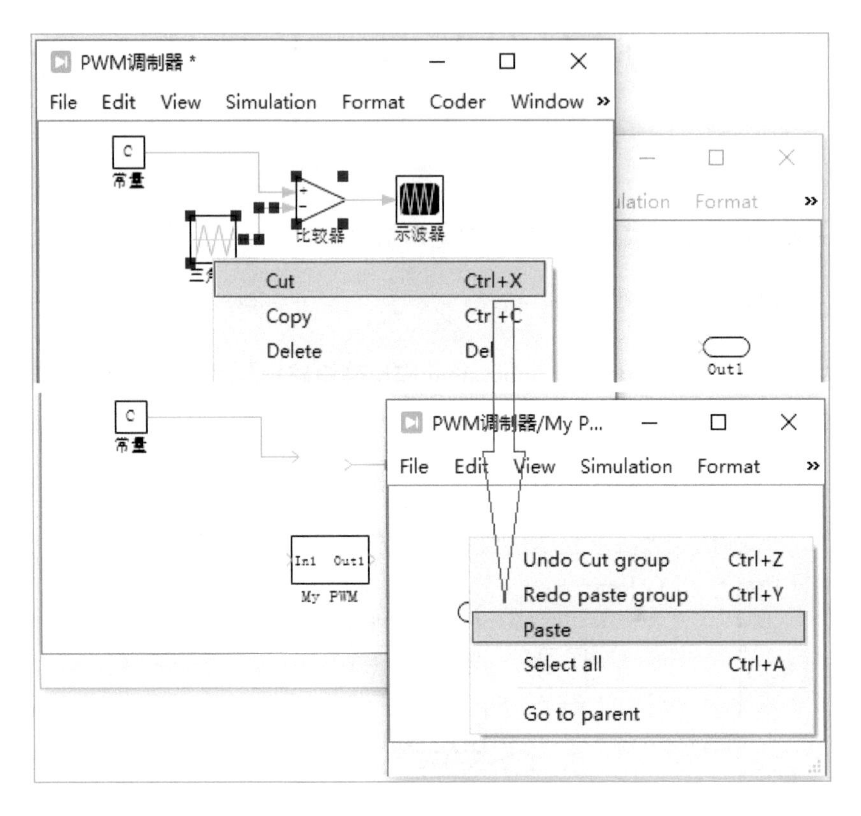

图 9.7　子系统电路编辑

（4）调整元件位置并连接信号线，如图 9.8 所示，将信号线标签“In1”修改为“m”，“Out1”修改为“s”，然后选择子系统电路编辑器 File 菜单中“Save”选项进行保存。

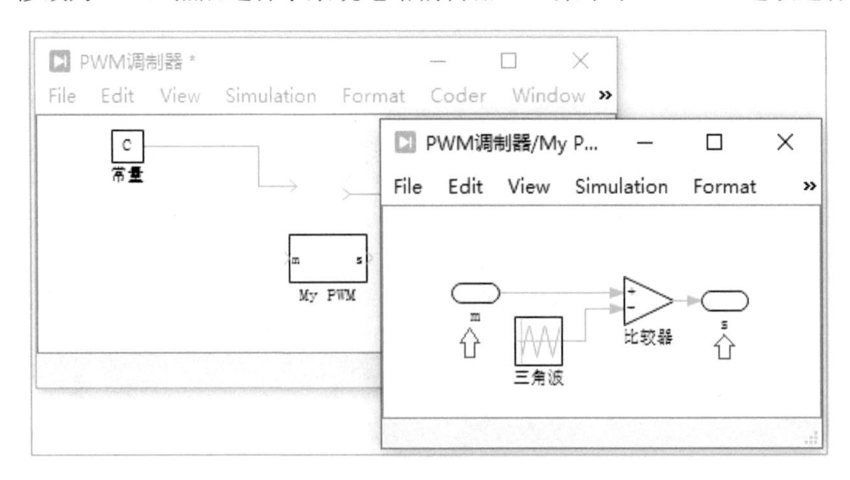

图 9.8　修改信号线标签并保存

（5）在 PWM 调制器模型电路编辑器窗口，重新连接好信号线，运行仿真，示波器显示波形如图 9.9 所示，说明子系统模型创建完成。

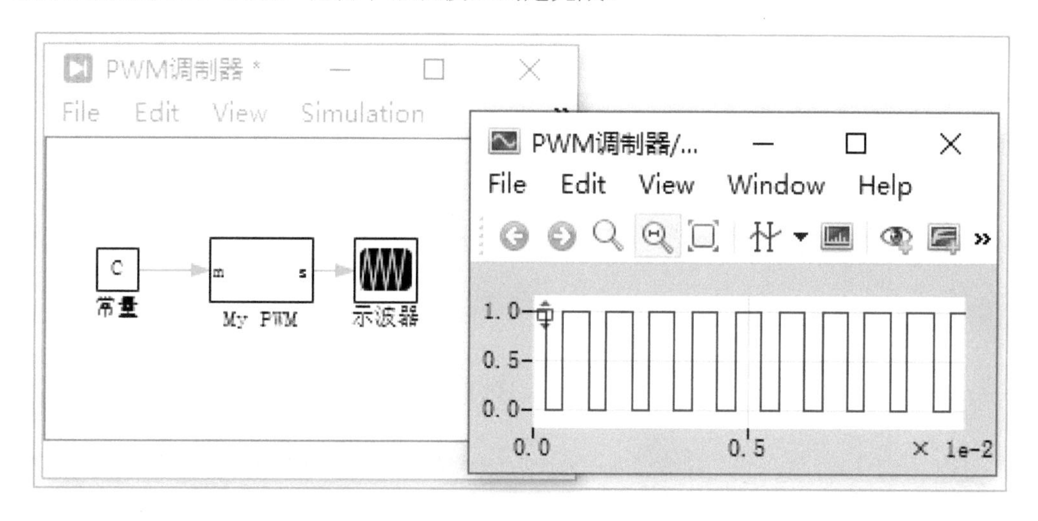

图 9.9 完成并验证子系统模块

三、封装子系统

（1）如图 9.10 所示，选中 My PWM 模块，右击出现快捷菜单，并选择“Subsystem”中的“Create mask”选项，弹出如图 9.11 所示子系统模型封装编辑器窗口。

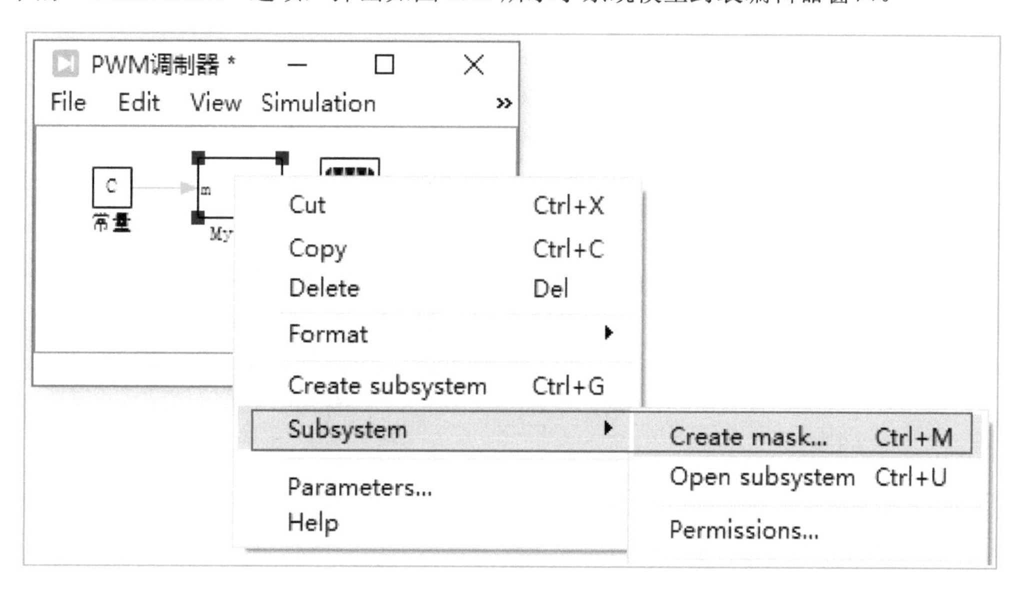

图 9.10 子系统模型封装菜单

（2）子系统封装编辑器窗口有四个选项卡，分别为 Icon（图标）、Parameters（参数）、Probes（探针）和 Documentation（文档说明）。Icon 选项卡采用系统默认设置。

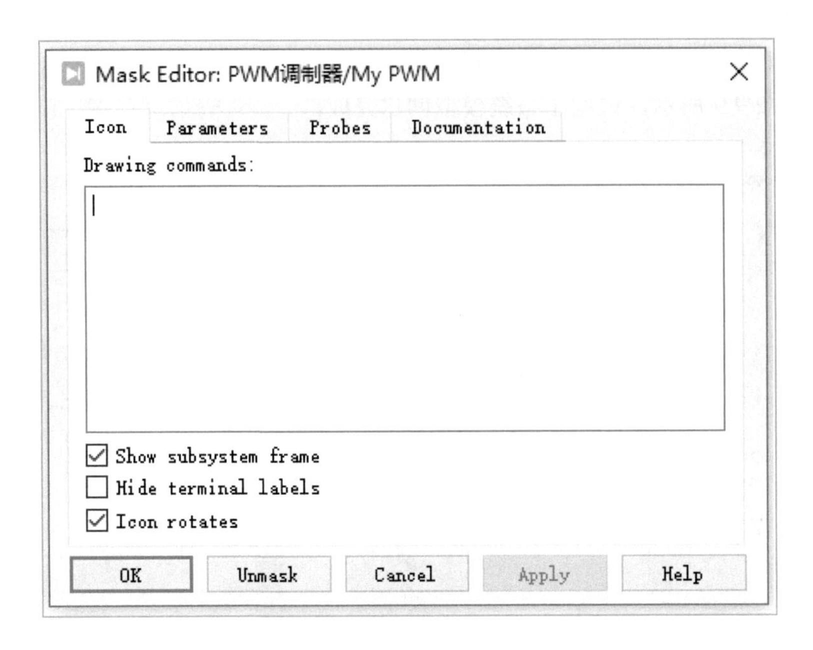

图 9.11　子系统模型封装编辑器窗口

（3）选择“Parameters”选项卡并对封装参数进行设置，如图 9.12 所示。封装参数由一个提示符、一个变量名和一个类型来区分。提示符提供用户识别参数用途的帮助信息。变量名指定被分配参数值的变量。

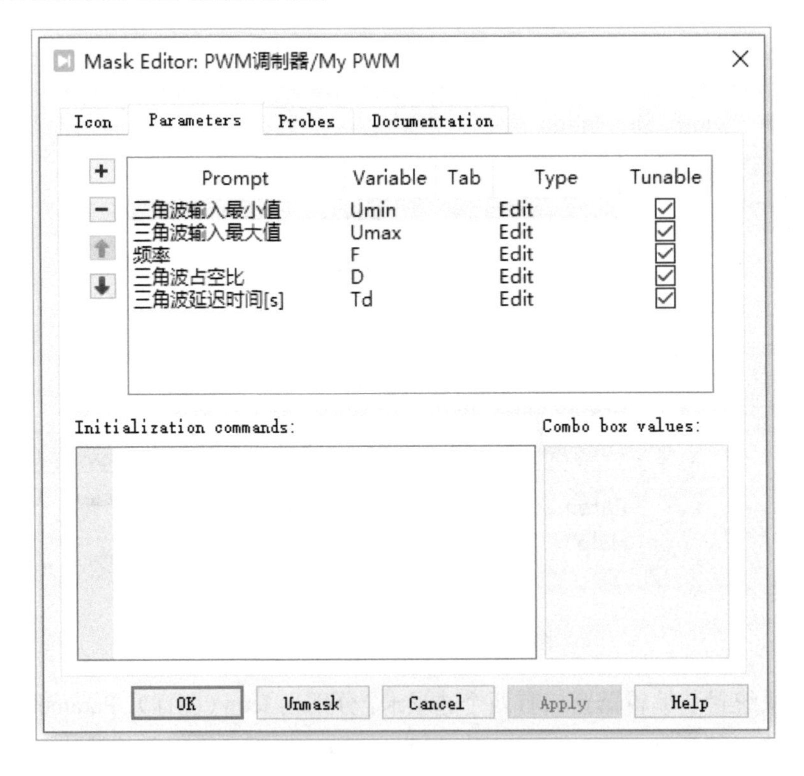

图 9.12　子系统模型参数编辑

（4）在子系统模型电路编辑器窗口双击 My PWM 模块，出现图 9.13 所示子系统模型编辑器窗口。

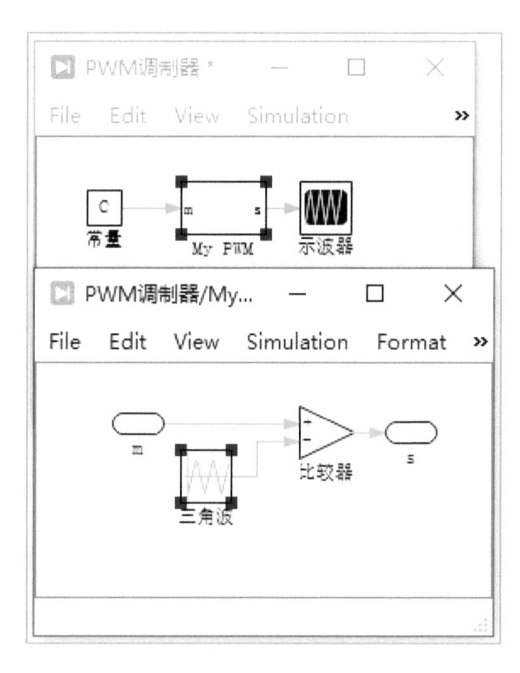

图 9.13　子系统模型电路编辑器窗口

（5）在图 9.13 中双击三角波模块，出现三角波参数设置窗口，按照图 9.14 所示内容进行设置。图 9.14 中的变量应与图 9.12 中的参数相对应。

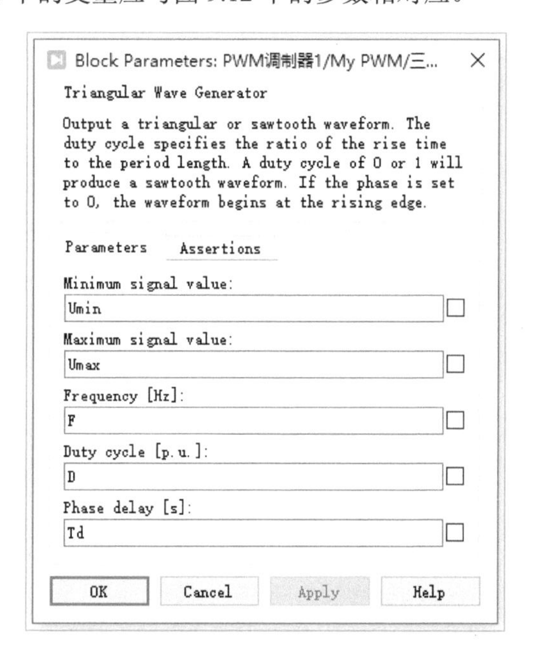

图 9.14　子系统模型中三角波模块参数设置

（6）子系统封装编辑器窗口的 Probes 选项卡保持默认值。在 Documentation 选项卡中输入该模块的简要说明，如图 9.15 所示。

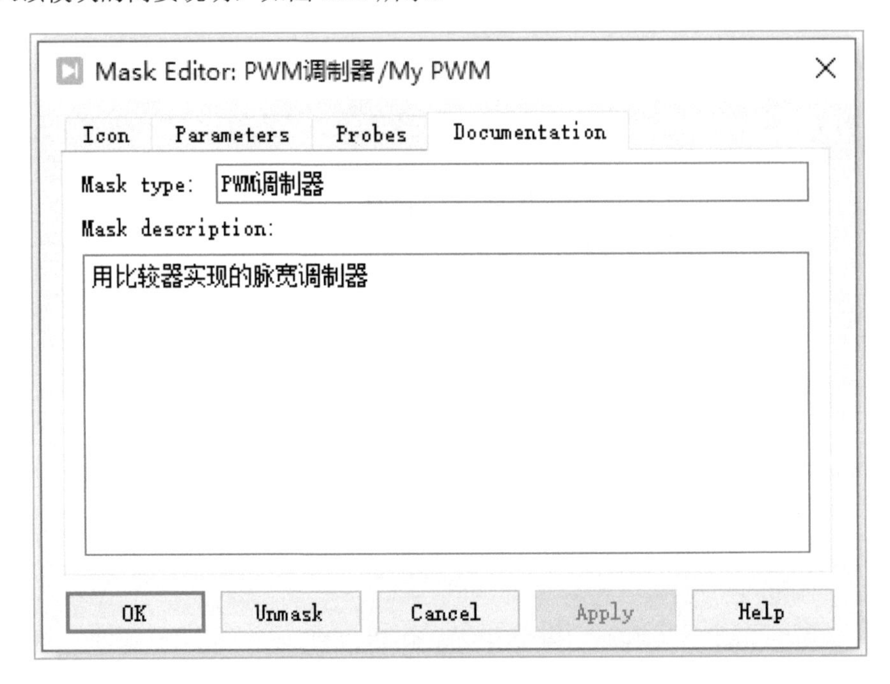

图 9.15　子系统模型帮助文档编辑

（7）删除输入常量模块和示波器，如图 9.16 所示。这样一个 PWM 调制器模块就封装好了，如果这个模块经常被使用，那么还需要将其添加到用户的元件库中。

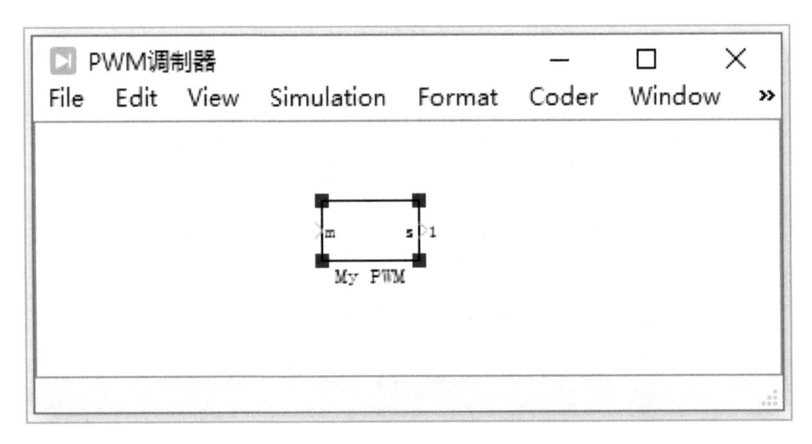

图 9.16　封装完成的 PWM 调制器

四、添至元件库

将 PWM 调制器添加到元件库后，就可以像 PLECS 元件库中的其他元件模块一样进行应用了。

（1）在安装 PLECS 程序的文件夹中新建一个文件夹，并命名为“Mylib”，将 My PWM 电路模型复制到“Mylib”文件夹中，如图 9.17 所示。

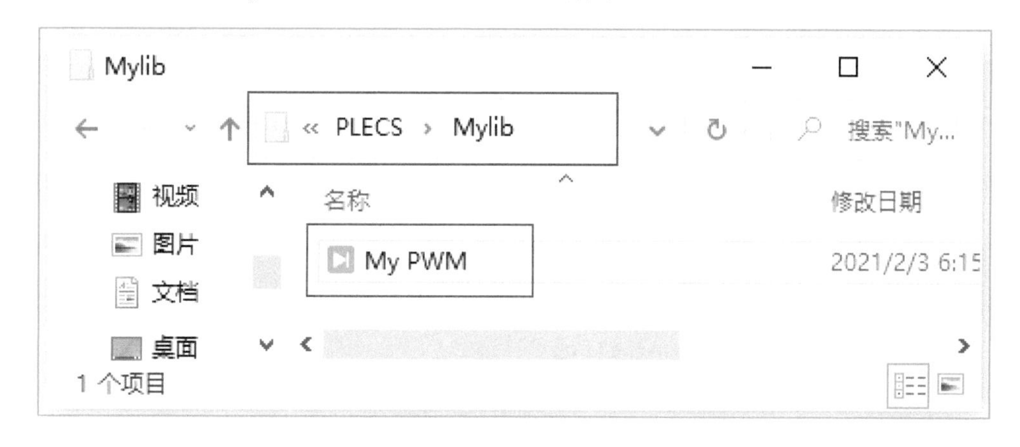

图 9.17 元件库文件夹创建和元件模型保存

（2）如图 9.18 所示，在“Library Browser”窗口的 File 菜单中选择“PLECS Preferences…”选项，弹出“PLECS Preferences”对话框，选中“Libraries”选项卡，通过③处的 + 号添加元件库搜索路径，通过④处的 + 号添加元件，完成后单击 OK 按钮。

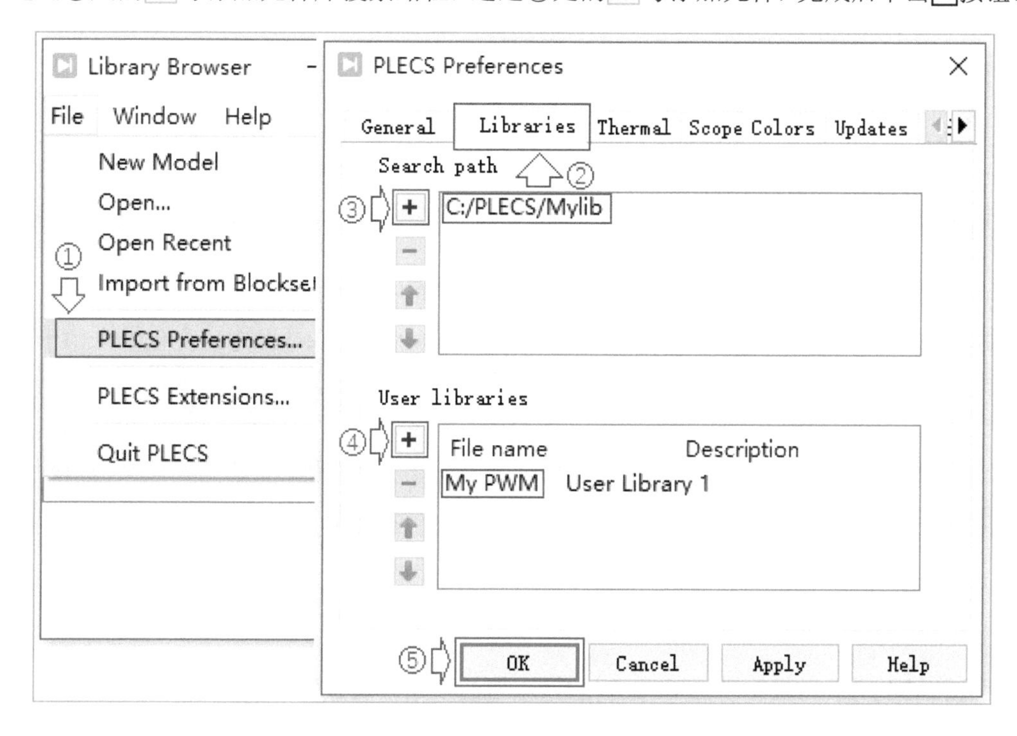

图 9.18 添加元件库搜索路径和元件模型

（3）如图 9.19 所示，在“Library Browser”窗口列表栏下方出现“User Library 1”选项，单击后出现 PWM 调制器模块，同时在元件预览处显示该模块的简单描述。

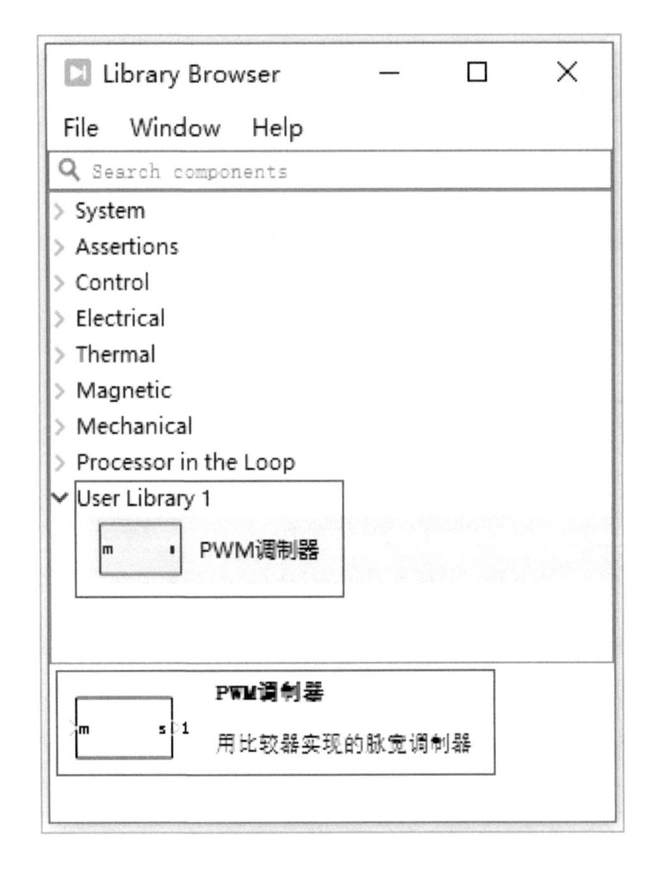

图 9.19 PWM 调制器库元件模型的显示

9.1.2 PWM 调制器库元件模型应用

在第 7 章中介绍直流斩波电路时，为叙述其工作原理的需要，常以某一固定的占空比进行仿真；2.3 节介绍的降压斩波电路仿真，列举了在输入电源电压变化时，由于占空比不能相应改变，输出电压随输入电源电压的变化而波动，对于要求恒定电压供电的负载显然不能满足要求。

实际应用中除电源电压会发生波动外，负载也会发生变化，负载的变化也会对输出电压产生影响。因而在实际应用中需要引入具有负反馈作用的控制器来实现对输出电压的控制。本节应用 PI 控制器和 9.1.1 节创建的 PWM 调制器来实现降压斩波电路控制。

1. 仿真模型

图 9.20 所示为基于模拟 PI 控制的降压斩波电路仿真模型。模型电路中通过 Step1 和可控电压源来模拟输入电源电压的变化，Step2 和可控理想开关用于接通负载电阻 R_2，反映负载的变化。探针用于检测电感电流。My PWM 为创建的 PWM 调制器，模拟 PI 控制器子系统模型如图 9.21 所示。

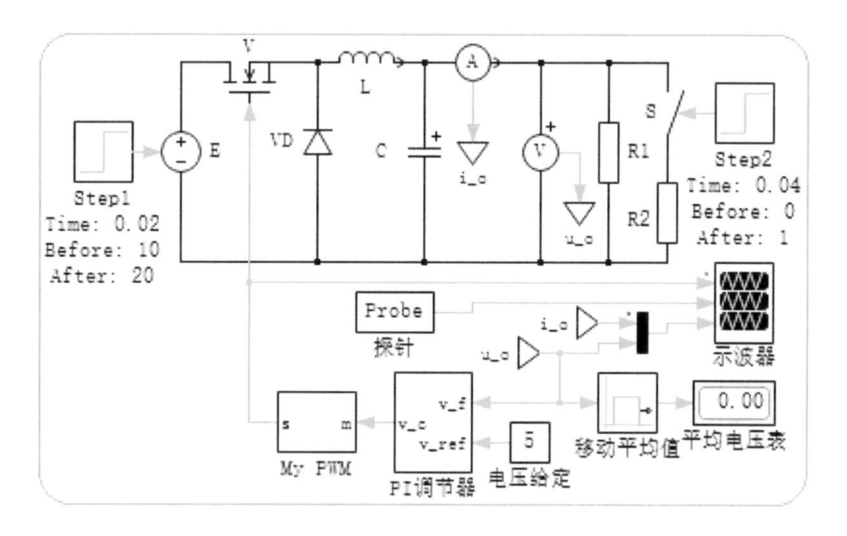

图 9.20 基于模拟 PI 控制的降压斩波电路仿真模型

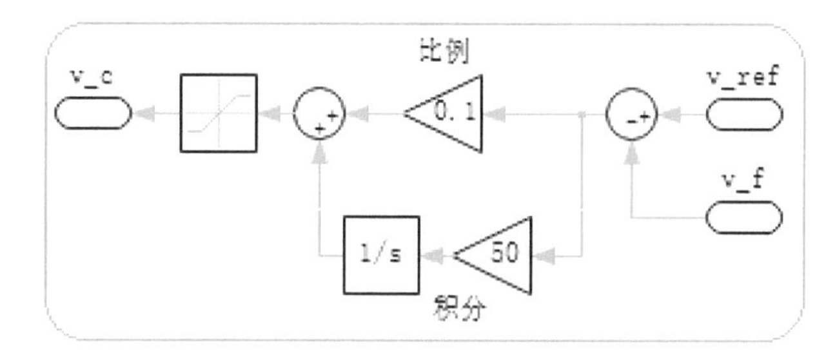

图 9.21 模拟 PI 控制器子系统模型

2. 参数设置

输入直流电源电压 E 在 0.02s 前为 10V，0.02s 时刻跃变为 20V；负载电阻 R_1=2.5Ω，0.04s 时将 R_2=1Ω 接入电路，电感 L=0.8mH，滤波电容 C=330μF。给定电压为 5V，即控制斩波电路的输出电压的目标值为 5V。

PWM 调制器的频率为 10kHz，占空比由 PI 控制器的输出 v_c 控制。

仿真时间设为 60ms，运行仿真，平均电压表显示的电压变化很快，但最终稳定在 5V，输出电压、电流仿真波形如图 9.22 所示，分别选取 0～5ms、20～25ms 和 40～45ms 的波形如图 9.23、9.24 和 9.25 所示。

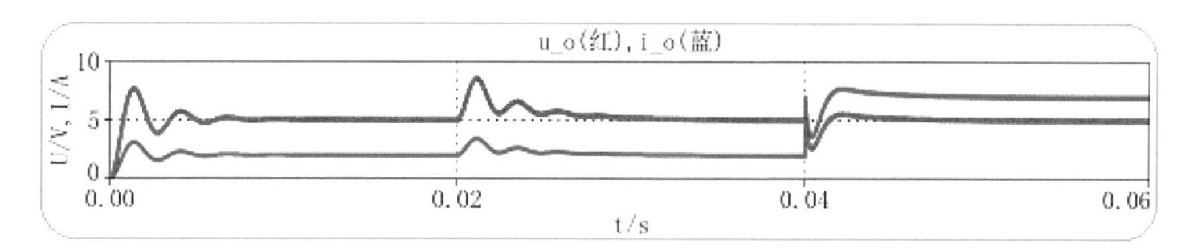

图 9.22 模拟 PI 控制的降压斩波电路输出电压、电流仿真波形

3．波形分析

（1）由图 9.22 所示的仿真波形可知，输出电压和电流在电路刚启动时，上升很快，均出现超调，约在 8ms 达到稳定；随后在 20ms 时刻，电源电压出现跃升，输出电压、电流也随之出现上升变化，但经过 10ms 左右的调整，又重新回到稳定状态；在 40ms 时刻，负载电阻 R_2 接入，负载变大，输出电流急速上升，但很快就回落，电压也随之下降，而后电压和电流又重新上升，经过调整又回到稳定状态。由此可知 PI 控制器发挥了快速调节作用。

（2）由图 9.23 可知，电路启动阶段，占空比较大，每个开关周期中电感充电时间比放电时间长，电感电流不断上升，同时输出电压、电流也随之上升；当输出电压达到目标值 5V 时电感电流达到最大值；随后占空比开始减小，电感电流开始下降，但输出电压依然在上升，从而出现超调，但输出电压上升的速度变慢，达到最大值后开始减小。当输出电压回落到 5V 时，电感电流下降到最小值，之后占空比又开始增大，电感电流上升，输出电压依然在下降，下降的幅度比最大超调量小很多，达到低点后又重新上升。之后的过程与上述相似，经过几次调节后，输出电压稳定在 5V，占空比也基本保持不变。

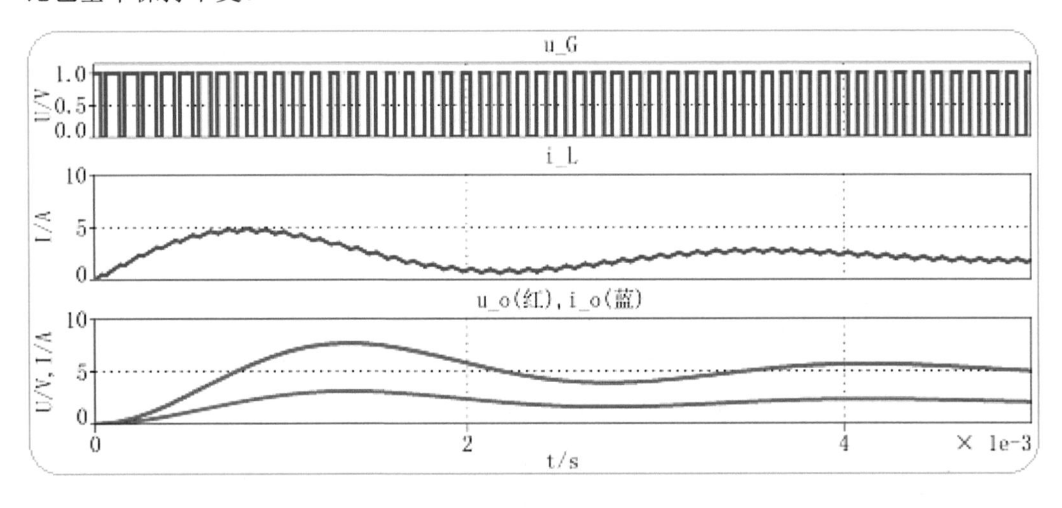

图 9.23　PI 控制的降压斩波电路启动阶段仿真波形图

（3）由图 9.24 可知，在 20s 时，输入电源电压由 10V 跃升为 20V，占空比并没有改变，按照计算，占空比应减小到原来的一半。由于电源电压的升高，电感电流开始增大，一个周期中输出到负载的能量增多，负载不变的情况下，输出电压开始上升，PI 控制器检测到输出电压的变化，输出控制信号使占空比减小，从而使一个工作周期中电感从电源获取的电能减小，但因之前电源电压升高和占空比未改变期间多存储的能量必须经过多个周期的释放才能回到平衡状态，这期间电感电流一直上升，但上升的速度变慢，输出电压也随之上升；当电感电流升到最大时，输出电压依然在上升，之后电感电流因占空比的减小开始回落，一个工作周期内传输给负载的电能减少，输出电压上升的速度变慢，达到最大超调量后开始回落，当回落到 5V 时，电感电流减小到最小值，然后开始上升，但输出电压依然在减小，减小幅度很小，之后又开始上升；如此经过几次调节后稳定在 5V。这期间占空比在不断变化，当电压稳定时占空比才为固定值。

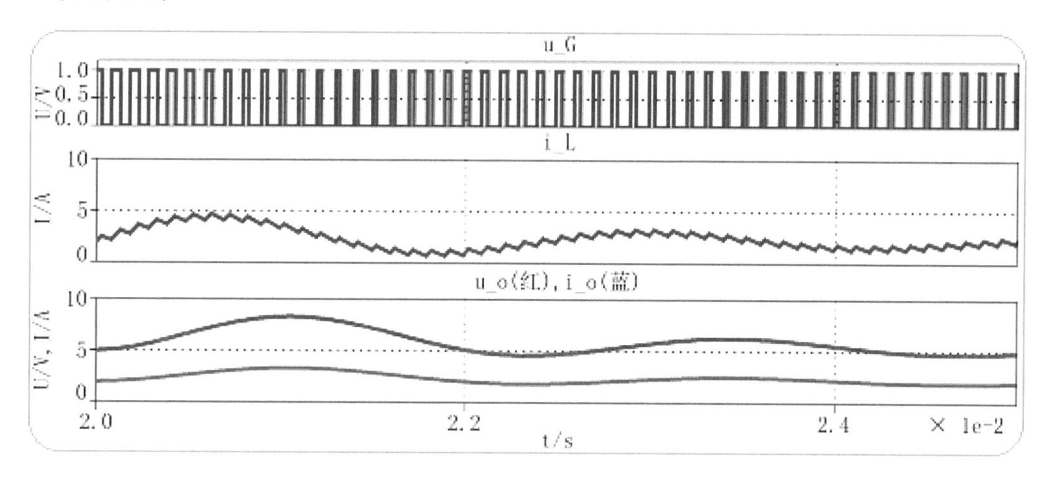

图 9.24 电源波动时的仿真波形图

（4）由图 9.25 可知，在 4s 时，负载增加，输出电流立即增大，之后随输出电压一起下降，其原因是负载电流的增加，使电容中存储的电荷量快速减少，电容电压下降而导致负载电压下降，负载电流也随之下降。PI 控制器检测到负载电压下降，输出控制信号使占空比增大，电感电流增加，输出给电容和负载的能量增加，但不能立即消除负载突然增加的影响，负载电压降继续下降，但下降的速度在变慢，电压下降到某一最小值后便开始上升，电感电流依然在增大，当电压回升到 5V 时，电感电流达到最大值，之后便开始下降，但输出电压已超过 5V，PI 控制器又使占空比开始减小，如此规律进行几次调节，使输出电压又稳定在 5V。

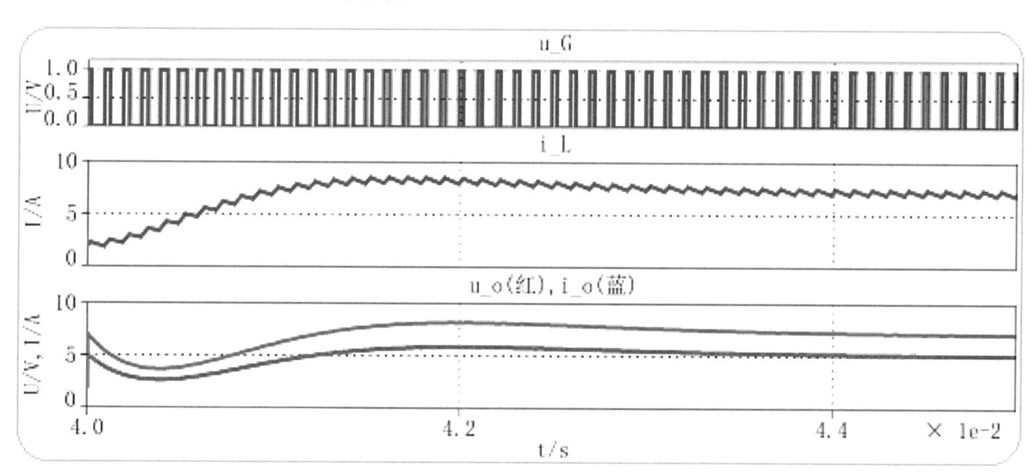

图 9.25 负载变化时的仿真波形图

总结以上，通过负反馈控制可以使被控量稳定，实际应用电路中占空比应根据控制要求进行不断调节。

9.2 逆变电路的 SPWM 控制

根据采样控制理论，冲量相等而形状不同的窄脉冲作用于惯性环节时，其输出的响应基本相同，且脉冲越窄，输出响应的差异越小。这个重要结论表明惯性环节的输出响应主要取决于激励脉冲的面积，而与窄脉冲的形状无关，称为面积等效原理，它是 PWM 控制技术的重要理论基础。

将一个正弦半波分成 N 等份，并把正弦曲线每一等份所包围的面积都用一个与其面积相等的等幅矩形脉冲来代替，且矩形脉冲的中点与相应正弦等份的中点重合，得到脉冲宽度按正弦规律变化的 PWM 波形，称为 SPWM 波形。

根据上述 SPWM 的基本原理，在知道正弦波的频率、幅值和半个周期内的脉冲数后，就可以准确计算出 SPWM 波形各脉冲的宽度和间隔，这种方法称为计算法。

按照 9.1 节的方法，把希望输出的正弦波作为调制信号，把接收调制的信号作为载波，通过对载波的调制得到所期望的 SPWM 波形称为调制法。通常采用等腰三角波作为载波，根据载波的极性，可分为单极性调制和双极性调制两种。

9.2.1 单相电压型逆变电路的 SPWM 控制

第 8 章介绍的是方波逆变电路，目前中小功率的逆变电路几乎都采用 SPWM 技术，其电路与方波逆变电路相同，但在控制方法上采用 SPWM 控制。以下主要介绍电压型逆变电路。

一、单极性 SPWM 控制

单相电压型逆变电路采用单极性控制方式，以两个开关管工作于低频，两个开关管采用 SPWM 控制为主。

1. 电路模型

单相电压型逆变电路单极性 SPWM 控制仿真模型如图 9.26 所示。

2. 参数设置

输入直流电源电压 E 为 311V，滤波电感 L_1=47mH，L_2=10mH，电容 C=33μF，负载电阻 R=50Ω。

正弦波发生器工作频率为 50Hz，幅值为 0.8；三角波发生器工作频率为 1000Hz，幅值为 1；脉冲发生器工作频率为 50Hz，占空比为 0.48，PG_1 延迟 0.2ms，PG_2 延迟 10.2ms。

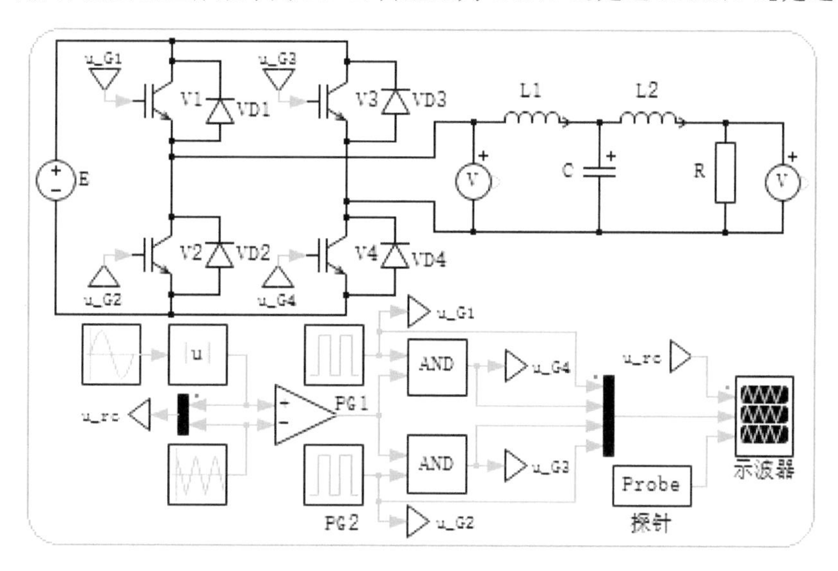

图 9.26 单相电压型逆变电路单极性 SPWM 控制仿真模型

仿真时间设为 40ms，单极性 SPWM 控制仿真波形如图 9.27 所示。

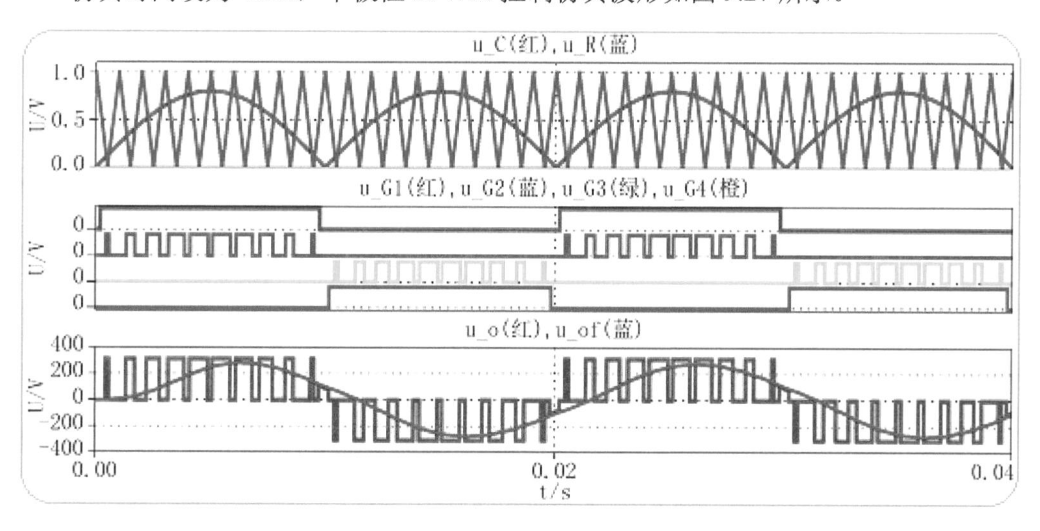

图 9.27 单极性 SPWM 控制仿真波形

3. 波形分析

由单极性 SPWM 控制仿真波形可知：

（1）单极性调制输出的 SPWM 信号仅有一种极性。三角波的频率与调制波的频率之比为载波比 N，计算可得本例的载波比为 20，即半个调制波周期中有 10 个宽度按正弦规律变化的脉冲；实际应用中的载波频率比本例高很多，以利于减小滤波元件参数和体积，同时使输出波形更接近正弦波。

（2）开关管 V_1 和 V_2 工作于低频，频率为调制波频率；开关管 V_3 和 V_4 工作于高频，频率为载波频率。这种控制方式可有效降低开关损耗。

（3）为防止开关管 V_1 和 V_2 同时导通，控制脉冲间留有死区；死区会使交流输出正负半周交界处产生波形畸变。

（4）输出电压波形为单极性的 SPWM 波形，经滤波后近似为正弦波，因滤波电路存在相移而导致输出电压相位滞后于调制波。

（5）输出交流电压的幅值可以通过调制比（调制波信号幅值与载波信号幅值之比）进行调节，输出频率可以通过调制信号的频率进行调节。

二、双极性 SPWM 控制

双极性控制方式的单相电压型逆变电路中的四个开关管均工作于高频状态。

1. 电路模型

单相电压型逆变电路双极性 SPWM 控制仿真模型如图 9.28 所示。

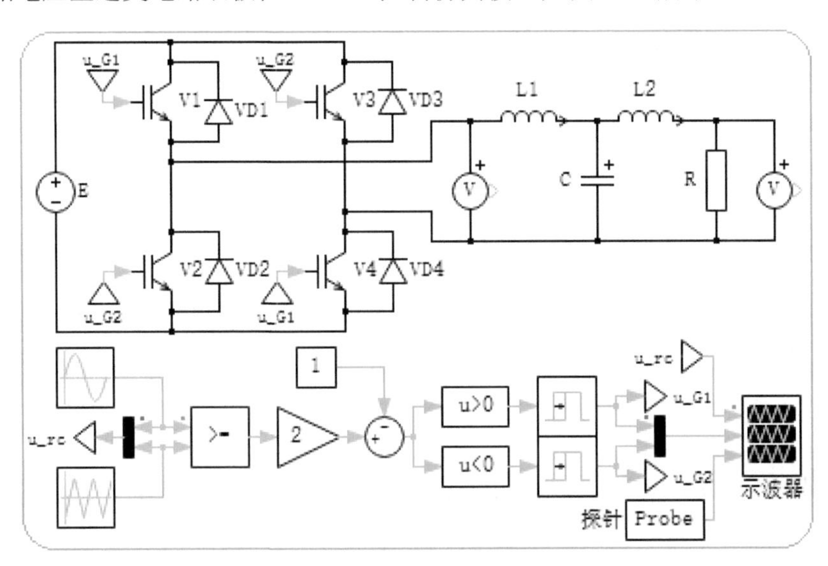

图 9.28　双极性 SPWM 控制仿真模型

2. 参数设置

输入直流电源电压 E 为 311V，滤波电感 L_1=47mH，L_2=10mH，电容 C=33μF，负载电阻 R=50Ω。

正弦波发生器工作频率为 50Hz，幅值为 0.8；三角波发生器工作频率为 1000Hz，幅值为-1～1；死区时间为 0.02ms，其他参数如图 9.28 所示。

仿真时间设为 40ms，仿真波形如图 9.29 所示。

3．波形分析

由双极性 PWM 控制仿真波形可知：

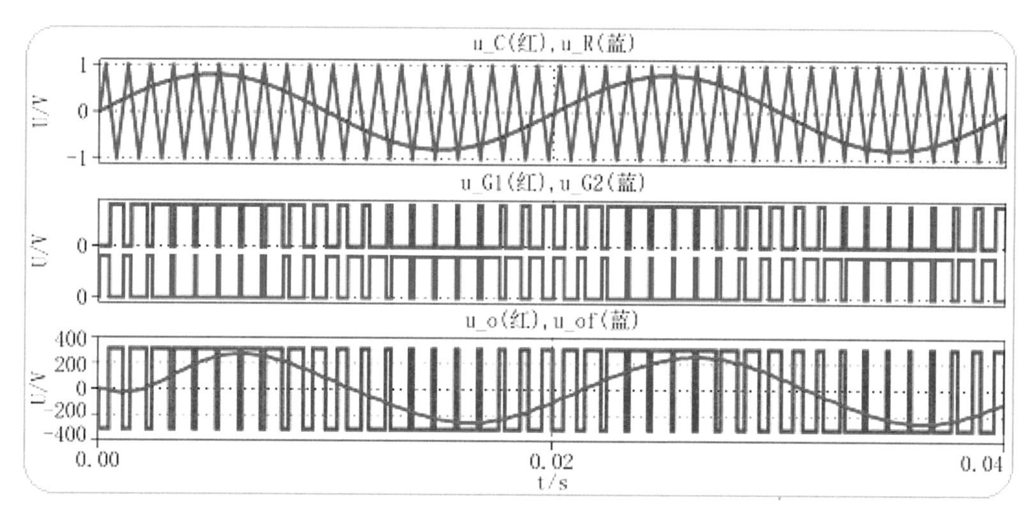

图 9.29　双极性 PWM 控制仿真波形

（1）双极性调制输出的 SPWM 信号有两种极性。

（2）四个开关管均工作于高频状态，频率为载波频率，互为对角的两个开关管的驱动信号波形相同。

（3）为防止上下桥臂开关管同时导通，驱动脉冲间应留有足够死区时间，但正负半周交界处产生波形畸变有所改善。

（4）输出电压波形为双极性的 SPWM 波形，经滤波后近似为正弦波，因滤波电路存在相移而导致输出电压相位滞后于调制波。

9.2.2　三相电压型逆变电路的 SPWM 控制

三相电压型 SPWM 逆变电路可以看成是由三个单相半桥逆变电路组合而成的。采用双极性控制方式，U、V、W 三相的 SPWM 控制共用一个三角波载波信号 u_c，三相调制信号 u_{rU}、u_{rV}、u_{rW} 分别为三相正弦信号，其幅值和频率均相等，相位依次相差 120º。U、V、W 三相 SPWM 控制规律相同。

1．仿真模型

图 9.30 所示为三相电压型 SPWM 逆变电路仿真模型，双极性 SPWM 调制器子系统模型与图 9.28 中相同，探针与电压表模块的应用不再赘述。

2．参数设置

输入直流电源电压 E_1 和 E_2 分别为 150V，滤波电感 L_U、L_V 和 L_W 均为 47mH，电

感 L_1、L_2 和 L_3 均为 10mH，每相上的滤波电容均为 33μF，负载电阻均为 50Ω。

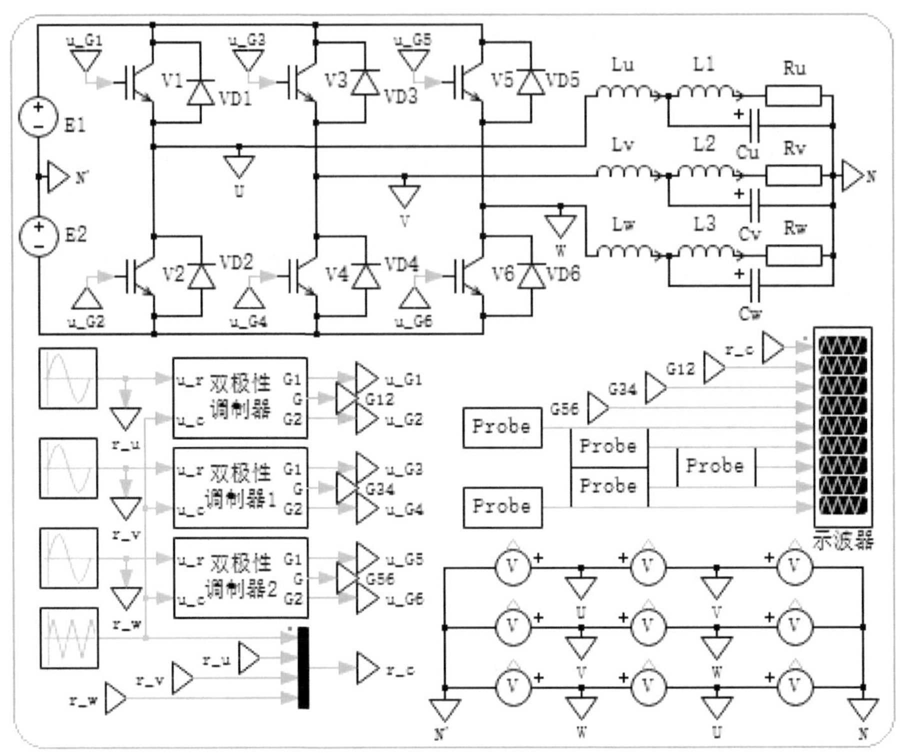

图 9.30　三相电压型 SPWM 逆变电路仿真模型

三相正弦波发生器工作频率为 50Hz，幅值为 0.8，相位依次相差 120º；三角波发生器工作频率为 1000Hz，幅值为-1～1；死区时间为 0.02ms。

仿真时间设为 40ms，三相电压型 SPWM 逆变电路仿真波形如图 9.31 所示。

3．波形分析

由仿真波形可知：

（1）以 U 相为例，其控制规律如下。

① 当 $u_{rU}>u_c$ 时，给 V_1 驱动信号，给 V_2 关断信号，$u_{UN'}=U_d/2$；

② 当 $u_{rU}<u_c$ 时，给 V_2 驱动信号，给 V_1 关断信号，$u_{UN'}=-U_d/2$。

当给 V_1（V_2）加驱动信号时，可能是 V_1（V_2）导通，也可能是 D_1（D_2）导通，这要由阻感负载中电流的方向来决定。

（2）$u_{UN'}$、$u_{VN'}$ 和 $u_{WN'}$ 的 PWM 波形只有 $\pm U_d/2$ 两种电平。

（3）u_{UV} 波形可由 $u_{UN'}-u_{VN'}$ 得出，当 V_1 和 V_4 导通时，$u_{UV}=U_d$，当 V_2 和 V_3 导通时，$u_{UV}=-U_d$，当 V_1 和 V_3 或 V_2 和 V_4 导通时，$u_{UV}=0$。

（4）输出线电压 PWM 波形由 $\pm U_d$ 和 0 三种电平构成。

（5）负载相电压 PWM 波形由 $(\pm 2/3)U_d$、$(\pm 1/3)U_d$ 和 0 共五种电平组成。

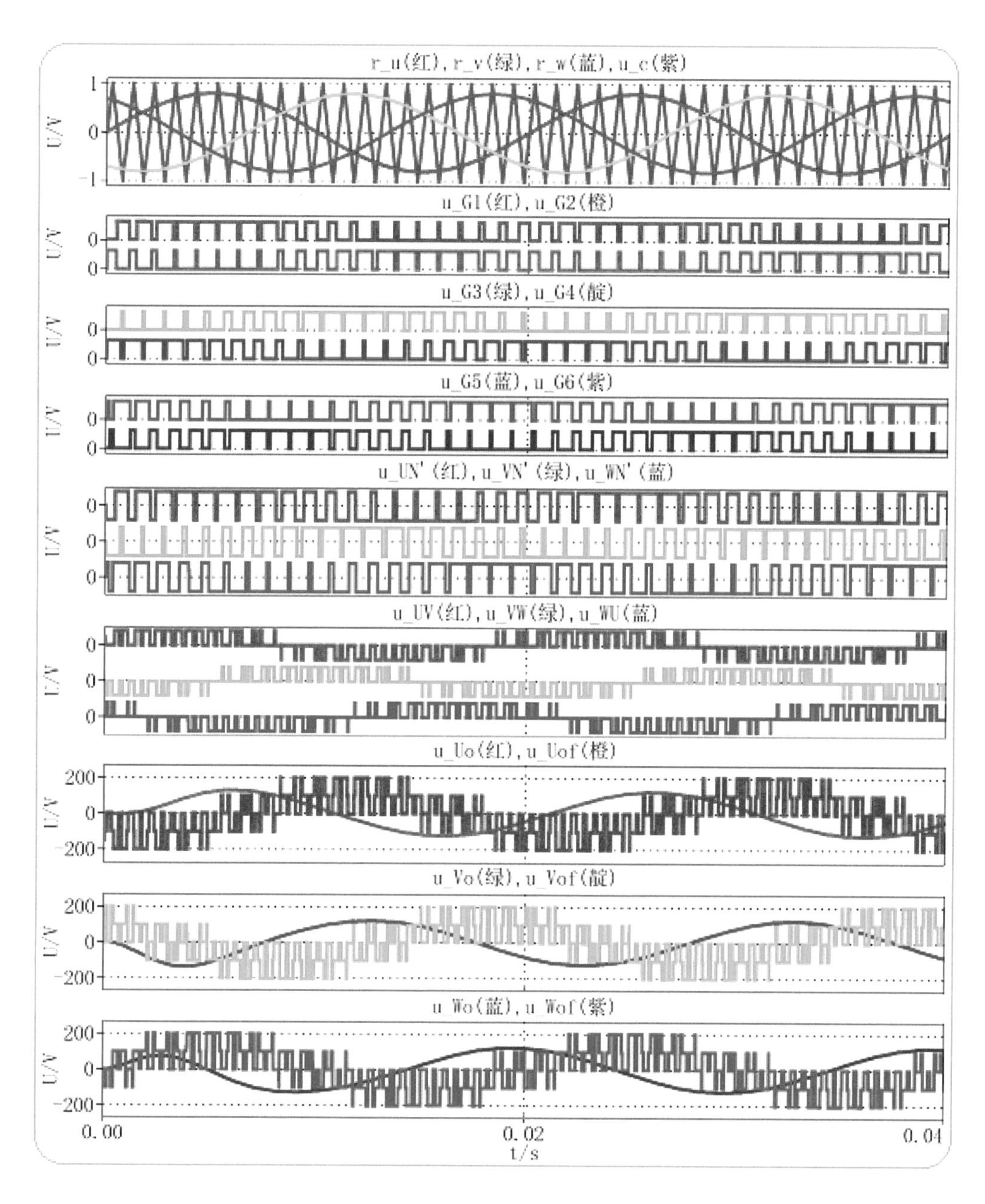

图 9.31 三相电压型 SPWM 逆变电路仿真波形

要点回顾

（1）PWM 的驱动信号一般都是由锯齿波或三角波与脉宽控制信号相比较而产生的，锯齿波或三角波称为载波，脉宽控制信号称为调制波。

（2）三角波发生器参数设置。

（3）子系统模型创建过程的五个步骤。

（4）子系统模型封装过程的七个步骤。

（5）添加到元件库的过程。

（6）模拟 PI 控制器系统的构建。

（7）冲量相等而形状不同的窄脉冲作用于惯性环节时，其输出的响应基本相同，该结论称为面积等效原理，是 PWM 控制技术的重要理论基础。

（8）将一个正弦半波分成 N 等份，每一等份的面积用与其面积相等的等幅矩形脉冲代替，且脉冲中点与等份中点重合，得到脉冲宽度按正弦规律变化的 PWM 波形，称为 SPWM 波形。

（9）SPWM 波形的实现可用计算法和调制法。

（10）根据载波的极性，可分为单极性调制和双极性调制两种。

（11）采用单极性控制方式的单相电压型逆变主电路中两个开关管工作于低频，两个开关管采用 SPWM 控制。

（12）三角波的频率与调制波的频率之比为载波比，这种控制方式可有效降低开关损耗。

（13）单相电压型逆变电路采用 SPWM 控制，输出交流电压的幅值可以通过调制比（调制波信号幅值与载波信号幅值之比）进行调节，输出频率可以通过调制信号的频率进行调节。

（14）双极性控制方式的单相电压型逆变主电路中的四个开关管均工作于高频状态，频率为载波频率；互为对角的两个开关管的驱动信号波形相同。

（15）三相电压型 SPWM 逆变电路采用双极性控制方式，U、V、W 三相的 SPWM 控制共用一个三角波载波信号 u_c，三相调制信号 u_{rU}、u_{rV}、u_{rW} 分别为三相正弦信号，其幅值和频率均相等，相位依次相差 120°。U、V、W 三相 SPWM 控制规律相同。

10 直流调速系统仿真与分析

内容提要

晶闸管—直流电机调速系统为现代工业提供了高效、高性能的动力。尽管目前交流调速技术日趋成熟，以及交流电机的经济性和易维护性，使交流调速广泛受到用户欢迎，但是直流电机调速系统以其优良的调速性能仍有广阔的市场，并且建立在反馈控制理论基础上的直流调速原理也是交流调速控制的基础。本章主要通过仿真研究直流调速的基本原理和调速性能。

10.1 开环系统仿真与分析

在 PLECS 元件库浏览器中的 Electrical/Machines 模型库中提供了十多种交、直流电机模型。

10.1.1 直流电机模型

1. 电机模型

直流电机模型及子系统如图 10.1 所示，右下角红色框内为其模型图标。该直流电机模型是工作在电动机状态的还是工作在发电机状态的，则是由电机的转矩和转速方向来决定的。如果转矩方向与转速方向相同，则其工作在电动机状态，否则工作在发电机状态。在元件图标中，电枢和励磁绕组的正极用点标记。表 10.1 给出了直流电机模型参数。

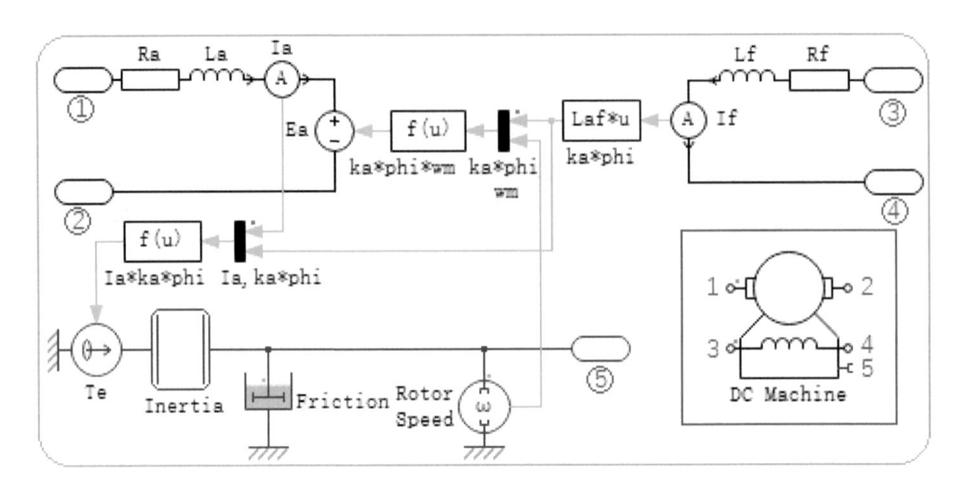

图 10.1　直流电机模型及子系统

表 10.1　直流电机模型参数

参数	参数名称（英文）	参数名称（中文）	单位
R_a	Armature resistance	电枢绕组电阻	欧姆（Ω）
L_a	Armature inductance	电枢绕组电感	亨利（H）
R_f	Field resistance	励磁绕组电阻	欧姆（Ω）
L_f	Field inductance	励磁绕组电感	亨利（H）
L_{af}	Field-armature mutual inductance	励磁和电枢互感	亨利（H）
J	Inertia	转动惯量	$kg \cdot m^2$
F	Friction coefftcient	粘滞摩擦系数	N·ms
ω_{m0}	Initial rotor speed	初始角速度	rad/s
θ_{m0}	Initial rotor position	初始角位置	rad
i_{a0}	Initial armature current	初始电枢电流	安培（A）
i_{f0}	Initial fteld current	初始励磁电流	安培（A）

由图 10.1 所示直流电机仿真模型子系统可知，励磁回路电压方程为

$$u_f = R_f \cdot i_f + L_f \frac{di_f}{dt} \tag{10-1}$$

式中，u_f、i_f为直流电机励磁电压和电流；R_f、L_f为励磁回路电阻和电感。

电枢回路电压方程为

$$u_a = R_a \cdot i_a + L_a \frac{di_a}{dt} + E_a \tag{10-2}$$

$$E_a = L_{af} \cdot i_f \cdot \omega_m = K_e \cdot \omega_m \tag{10-3}$$

$$\omega_m = \frac{2\pi}{60} n \tag{10-4}$$

式中，u_a、i_a为直流电机电枢电压和电流；R_a、L_a为电枢回路电阻和电感；E_a为电枢感应电动势；ω_m为电机转子机械角速度（rad/s）；n 为转子转速（r/min）；K_e为由电机结构决定的常数；L_{af} 为励磁和电枢绕组间互感。

电机转矩方程为

$$T_e - T_m = J\frac{d\omega_m}{dt} + F\omega_m \tag{10-5}$$

$$T_e = L_{af} \cdot i_f \cdot i_a \tag{10-6}$$

式中，T_m 为负载转矩；J 为转动惯量 $kg{\cdot}m^2$，此处以电机电枢及其他机械部件的飞轮转矩 GD^2 代替，其数值可以从相应的产品目录或有关手册中查得，F 为粘滞摩擦系数（N·ms），T_e 为电磁转矩。

当 $T_e > 0$ 时，电机工作在电动机模式；当 $T_e < 0$ 时，电机工作在发电机模式。

2. 应用实例

以皖南电机厂 Z4-132-1 型号直流电机为例，其主要参数如表 10.2 所示。

表 10.2 皖南电机厂 Z4-132-1 型号直流电机主要参数表

参　数	数　值	单　位
额定功率 P_N	18.5	kW
额定电压 U_N	400	V
额定转速 n_N	2610	r/min
电枢电流 I_a	52.2	A
励磁功率 P_f	650	W
电枢回路电阻 R_a	0.368	Ω
电枢回路电感 L_a	5.3	mH
励磁电感 L_f	6.5	H
惯量矩 GD^2	0.32	$kg{\cdot}m^2$

由以上公式和参数表提供的数据，可计算出模型中的其他参数：

$$i_f = \frac{P_f}{U_N} = \frac{650}{400} = 1.625\text{A}$$

$$R_f = \frac{U_N}{i_f} = \frac{400}{1.625} = 246.15\Omega$$

$$E_a = U_N - R_a \cdot i_a = 400 - 0.368 \times 52.2 = 380.79\text{V}$$

$$L_{af} = \frac{E_a}{i_f \cdot \omega_m} = \frac{380.79}{1.625 \cdot \left(n_N \cdot 2\pi/60\right)} = 0.85736\text{H}$$

$$T_e = L_{af} \cdot i_f \cdot i_a = 0.85736 \times 1.625 \times 52.2 = 72.7256\text{N} \cdot \text{m}$$

直流电机仿真模型如图 10.2 所示，转矩和转速传感器模块搜索路径为 Mechanical/Rota-tional/Sources 和/Senators，转速传感器输出单位为 rad/s，使用增益模块（Gain）将其转换为 r/min，用探针对电机模型中的电枢电流、励磁电流和电磁转矩进行检测。

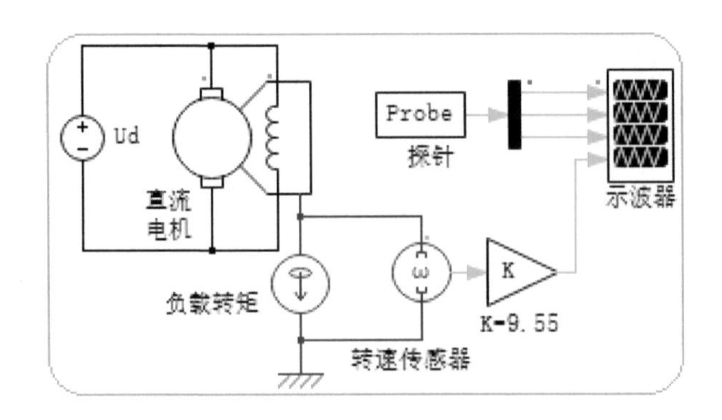

图 10.2　直流电机仿真模型

输入直流电源电压为 400V，按以上计算数值和参数表中的数据对直流电机模型参数进行设置，具体数据如图 10.3 所示，负载转矩设置为 72.7256N·m。

Block Parameters: 开环系统/DC Machine

DC Machine (mask) (link)

The input signal Tm represents the mechanical torque, in Nm. The vectorized output signal of width 2 contains
- the rotational speed wm, in rad/s, and
- the electrical torque Te, in Nm.

Parameters　Assertions

Armature resistance Ra:
0.368

Armature inductance La:
0.0053

Field resistance Rf:
246.15

Field inductance Lf:
6.5

Field-armature mutual inductance Laf:
0.85736

Inertia J:
0.32

Friction coefficient F:
0

Initial rotor speed wm0:
0

Initial rotor position thm0:
0

Initial armature current ia0:
0

Initial field current if0:
0

OK　Cancel　Apply　Help

图 10.3　直流电机参数设置

仿真时间设为 0.5s，直流电机模型仿真波形图如图 10.4 所示。

3．结果分析

由仿真波形可知：

（1）直流电机带额定负载全压启动时电枢电流很大，励磁电流近乎按指数规律上升到额定值。

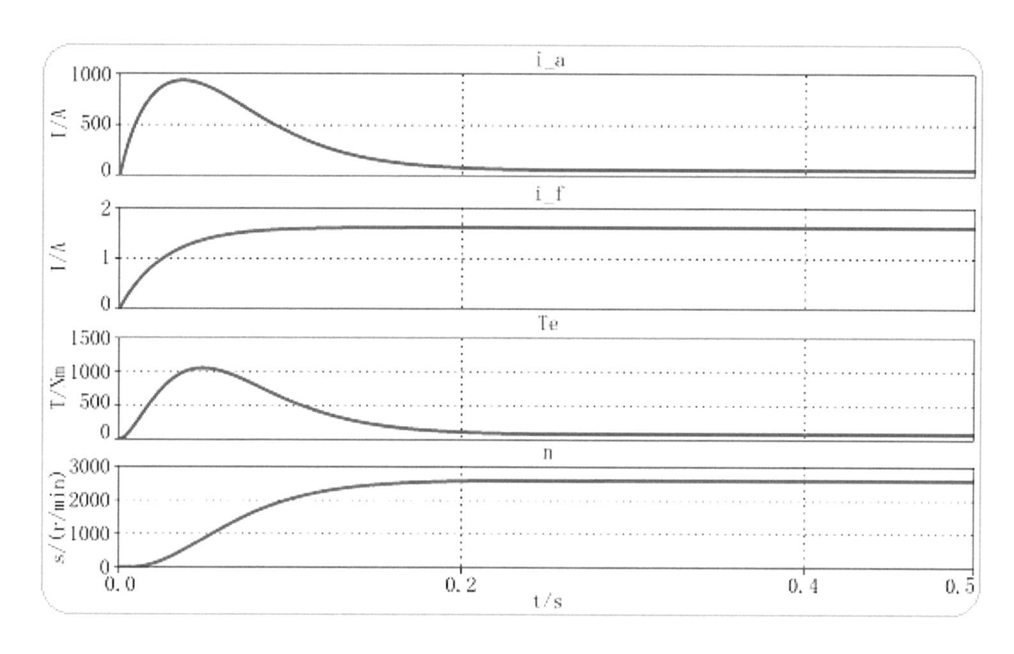

图 10.4　直流电机模型仿真波形图

（2）电枢电流上升至一定值时，电磁转矩才开始上升，其原因是电磁力是电枢电流与励磁磁场相互作用的结果，电枢电流和励磁电流均存在上升的过程。

（3）电枢电流波形曲线和电磁转矩波形曲线成比例。

（4）转速是在电磁转矩克服系统惯性和粘滞摩擦之后才开始上升的。

（5）转速在 0.2s 左右达到额定值，同时电枢电流和电磁转矩也回落至额定值，说明电机本身具有自调节的功能。

通过示波器缩放操作可以看出，电机稳定工作时电枢电流为 52.2A，转速为 2610r/min，输出的电磁转矩为 72.726N·m。这些数据与厂家所给的数据吻合。

10.1.2　开环系统仿真

开环系统是指被控量不参与控制的系统，前面所述的各种电能变换电路基本为开环系统。图 10.5 所示为晶闸管—直流电机调速的开环系统。

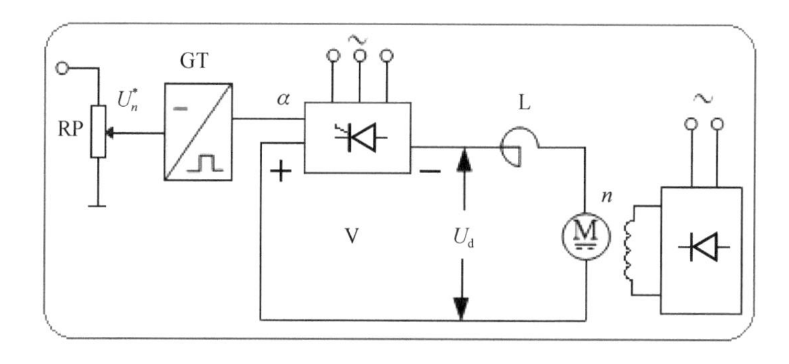

图 10.5　晶闸管—直流电机调速的开环系统

直流电机电枢由三相桥式可控整流电路经平波电抗器 L 供电，通过电位器 RP 改变触发器移相控制信号 U_n^*调节晶闸管的控制角，从而改变整流器的输出电压，即电机电枢两端电压实现直流电机调速。这是应用中使用最为广泛的调压调速。

1. 仿真模型

晶闸管—直流电机开环调速系统仿真模型如图 10.6 所示。采用三相桥式可控整流电路，移相控制通过常数模块实现，本例以固定控制角进行仿真。采用 10.1.1 节所述电机模型，负载转矩通过阶跃信号进行加载，探针对直流电机电枢两端电压、电枢电流、电磁转矩和转速进行检测。

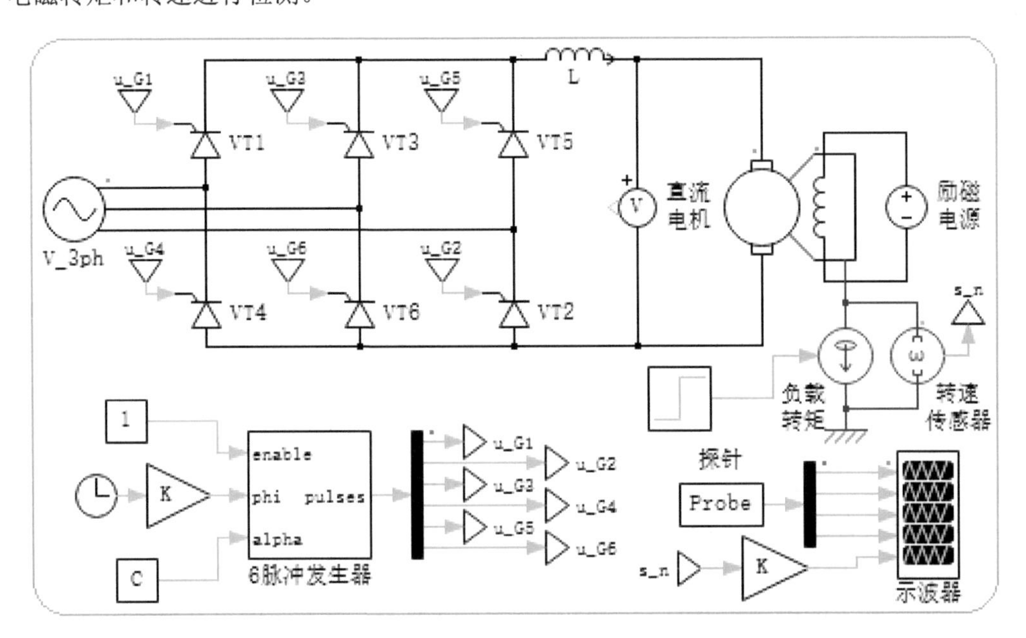

图 10.6　晶闸管—直流电机开环调速系统仿真模型

2. 参数设置

三相交流电源电压幅值根据计算设置为 280V，电抗器电感量为 100mH，励磁电源电压为 400V，电机模型参数与 10.1.1 节中电机模型参数相同，在 0.6s 时刻加载额定负载转矩。

仿真时间设为 3s，晶闸管—直流电机开环调速系统仿真波形图如图 10.7 所示。

3. 波形分析

由仿真波形可知：

（1）在 0 到 t_1 时刻期间，整流电路输出电压即电枢两端电压快速上升，电枢电流和电磁转矩也随之上升，电机转速滞后一段时间后开始上升，在 t_1 时刻电压达到电机额定电压 400V，电枢电流和电磁转矩达到最大值。

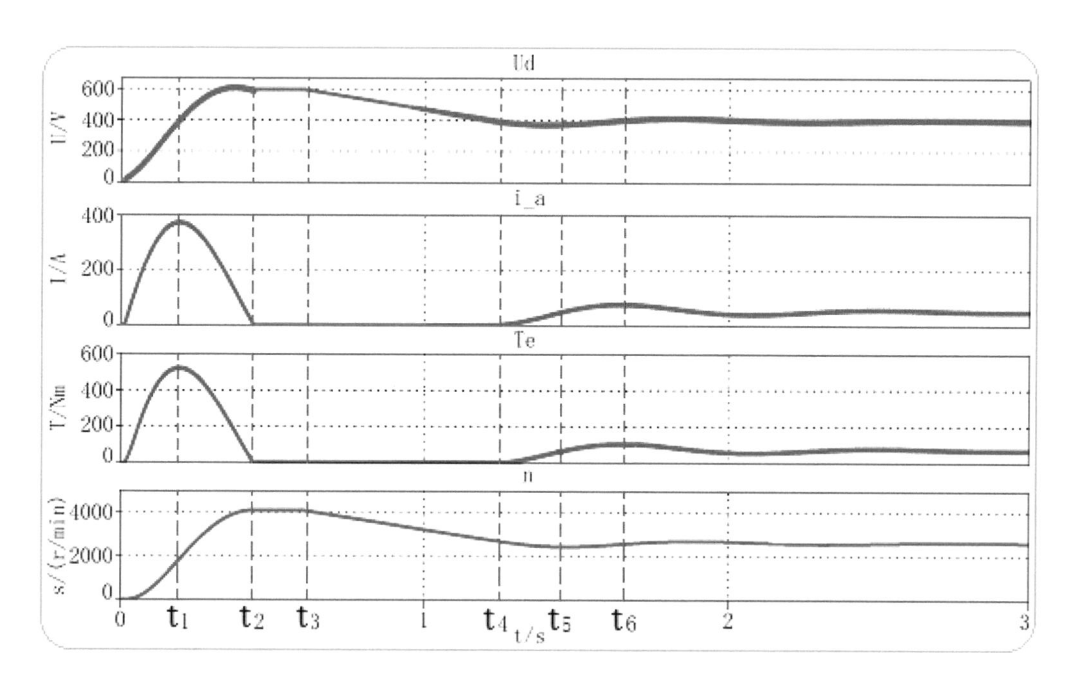

图 10.7 晶闸管—直流电机开环调速系统仿真波形图

（2）t_1～t_2 时刻，整流电路输出电压继续上升，电枢电流和电磁转矩开始下降，电源传递给电机的能量减少，转速上升速度变慢，当 t_2 时刻电枢电流和电磁转矩下降至零时，转速达到最大值 4000r/min。

（3）t_2～t_3 时刻，电机转速稳定在最大值，电枢两端电压为电机反电动势，保持不变，此时系统在机械惯性下维持运行，所需能量很少，反电动势比整流电路输出的电压高，因无续流二极管，电流无法反向，因而电枢电流和电磁转矩均为零。

（4）t_3 时刻即 0.6s 时，加载额定转矩，负载转矩比电磁转矩大，产生反向加速度，转速开始下降，电枢两端电压即电机反电动势因为转速的下降而下降，到 t_4 时刻，电枢两端电压等于额定电压，转速也下降到额定转速。

（5）t_4～t_5 时刻，电机转速小于额定转速，电机反电动势也小于供电电压，电枢电流和电磁转矩开始上升，但转速依然在下降；转速下降的加速度在减小，t_5 时刻，电磁转矩与负载转矩平衡，转速下降的加速度等于零转速达到最低点。

（6）t_5～t_6 时刻，供电电压大于电机反电动势，电枢电流和电磁转矩依然在上升，转速也从最低点回升，t_6 时刻转速回到额定转速，供电电压与反电动势平衡，电磁转矩达到最大值，但比负载转矩大，正向加速度使转速上升。

（7）t_6 时刻之后，转速进入调节阶段，经过几次调节稳定在额定转速。

由以上分析可知，开环系统的转速依靠电机自身的电磁和机械系统间的相互作用进行调节，实际应用中负载和供电电压的波动会给转速带来诸多影响，不稳定的转速不能够满足生产工艺的要求，需要对转速进行闭环控制。

10.2 转速单闭环系统

根据自动控制原理，若要稳定某个物理量则必须引入该量的负反馈，对于电机转速的稳定也是如此。

转速单闭环系统按照稳态时转速与控制目标值的偏差分为有静差系统和无静差系统。

10.2.1 转速单闭环有静差系统

转速单闭环有静差系统采用比例调节器，其结构如图 10.8 所示。系统由转速给定环节 U_n^*，比例放大倍数为 K_p 的放大器、移相触发器 CF、晶闸管整流电路、直流电机 M 和测速发电机 TG 等组成。

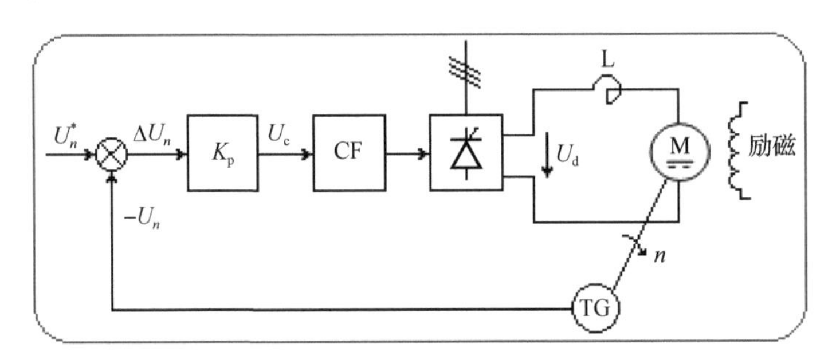

图 10.8 转速单闭环有静差系统

转速单闭环有静差系统在电机负载增加时，转速将下降，转速反馈 U_n 减小，而转速的偏差ΔU_n将增大（$\Delta U_n=U_n^*-U_n$），同时放大器输出 U_c 增加，并经移相触发器使整流器输出电压 U_d 增加，电枢电流 I_d 增加，从而使电机电磁转矩增加，转速也随之升高，补偿了负载增加造成的转速降。带转速负反馈的直流调速系统的稳态特性方程为

$$n=\frac{K_p \cdot K_s \cdot U_n^*}{C_e(1+K)}-\frac{RI_d}{C_e(1+K)} \tag{10-7}$$

电机转速降为

$$\Delta n=\frac{RI_d}{C_e(1+K)} \tag{10-8}$$

式中，$K=K_pK_s\alpha/C_e$，K_p 为比例放大倍数；K_s 为晶闸管整流器放大倍数；C_e 为电机电动势常数；α 为转速反馈系数；R 为电枢回路总电阻。

从稳态特性方程可以看到，如果适当增加比例放大倍数 K_p，则电机的转速降Δn 将减小，电机将有更硬的机械特性，也就是说在负载变化时，电机的转速变化将减小，电机有更好的保持速度稳定的性能。如果比例放大倍数过大，则也可能造成系统运行不稳定。

1. 仿真模型

转速单闭环有静差系统仿真模型如图 10.9 所示。模型在图 10.7 所示的开环调速系统的基础上增加了转速给定 U_n^*、转速反馈、比较、比例放大、限幅和移相模块，其中转速反馈直接取自电机的转速输出，没有另加测速发电机，取转速反馈系数 $\alpha=U_n^*/n_N$。

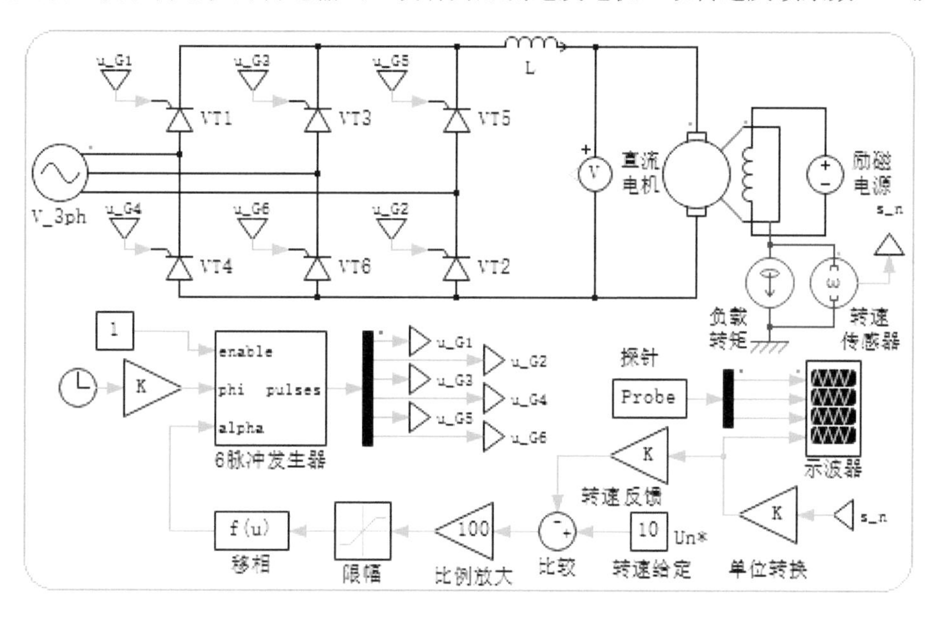

图 10.9 转速单闭环有静差系统仿真模型

2. 参数设置

输入三相交流电源电压幅值设为 300V，电抗器 L 的电感量为 50mH，励磁电源电压为 400V，电机模型和负载转矩与 10.1 节相同，转速给定 U_n^*=10V，比例放大倍数 K_p=100。

仿真时间设为 2s，转速单闭环有静差系统仿真波形如图 10.10 所示。

3. 波形分析

由仿真波形可知，采用比例调节器的转速单闭环有静差系统在带额定负载启动时，响应速度很快，系统稳定时依然存在转速降落现象。

在额定转速 U_n^*=10V，比例放大倍数 K_p=10、50、200 时转速响应曲线如图 10.11 所示。

由图 10.11 可知，随比例放大倍数的增加，稳态转速降减小，即稳态误差在变小。无论如何增大比例放大倍数，都不可能消除稳态误差。要消除稳态误差必须采用比例积分调节器。

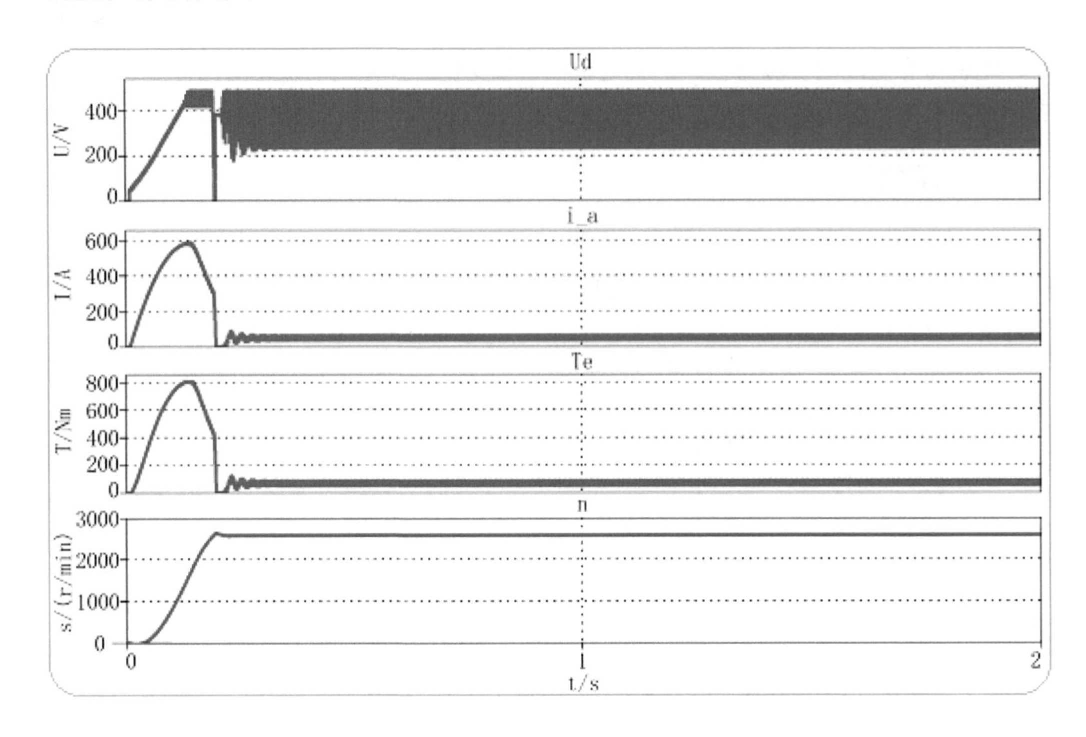

图 10.10　转速单闭环有静差系统仿真波形

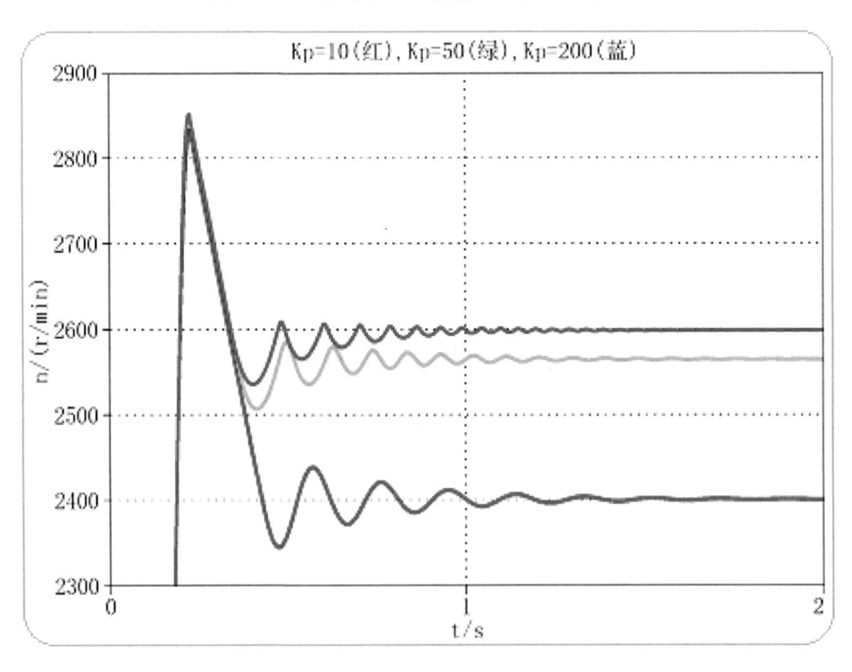

图 10.11　不同比例放大倍数时转速响应曲线

10.2.2　转速单闭环无静差系统

将转速单闭环有静差调速系统中的比例调节器用比例积分调节器代替，一方面比例调节器提高系统响应的快速性，另一方面积分调节器可以消除稳态误差。

1．仿真模型

转速单闭环无静差系统仿真模型如图 10.12 所示。模型在图 10.9 所示的有静差调速系统的基础上增加了积分模块。

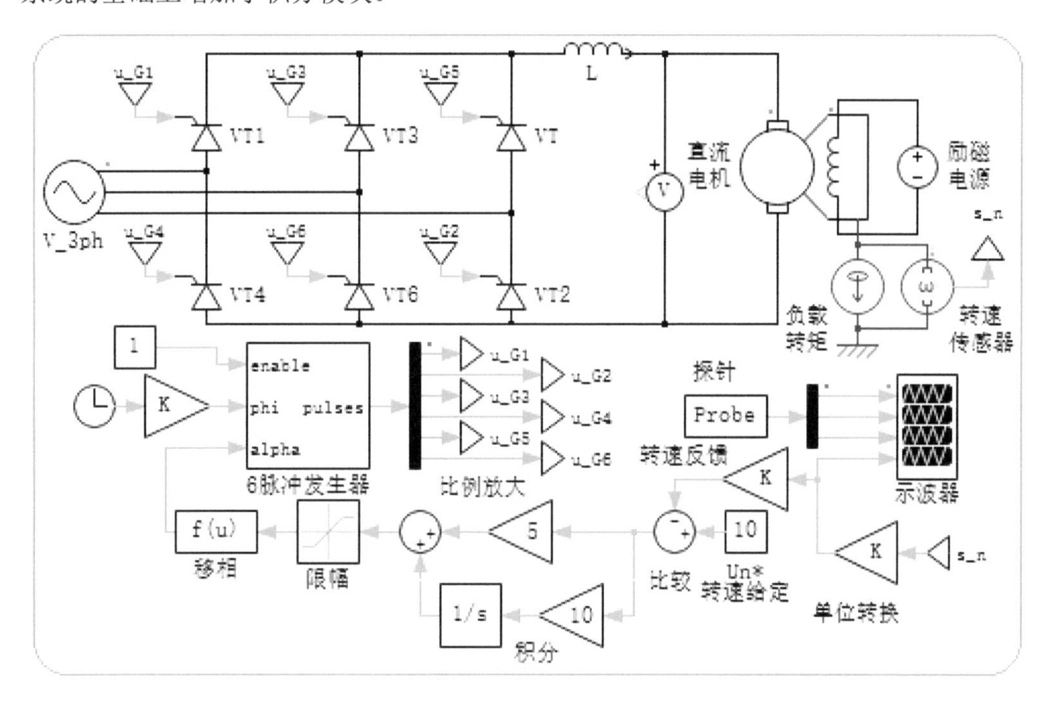

图 10.12　转速单闭环无静差系统仿真模型

2．参数设置

输入三相交流电源电压幅值设为 300V，电抗器电感量为 50mH，励磁电源电压为 400V，电机模型和负载转矩与 10.1 节相同，转速给定 U_n^*=10V，比例放大倍数 K_P=5，K_I=10。

仿真时间设为 5s，转速单闭环无静差系统仿真波形如图 10.13 所示。

3．波形分析

由仿真波形可知，采用比例积分调节器的转速单闭环无静差系统兼具转速响应快，并能消除稳态误差的特点，但启动电流依然较大。

在额定转速 U_n^*=10V 和比例放大倍数 K_P=20 情况下，K_I =10、20、50 时转速响应曲线如图 10.14 所示。

由图 10.14 可知，当积分系数越大时，调节时间越短，但都可以消除稳态误差。

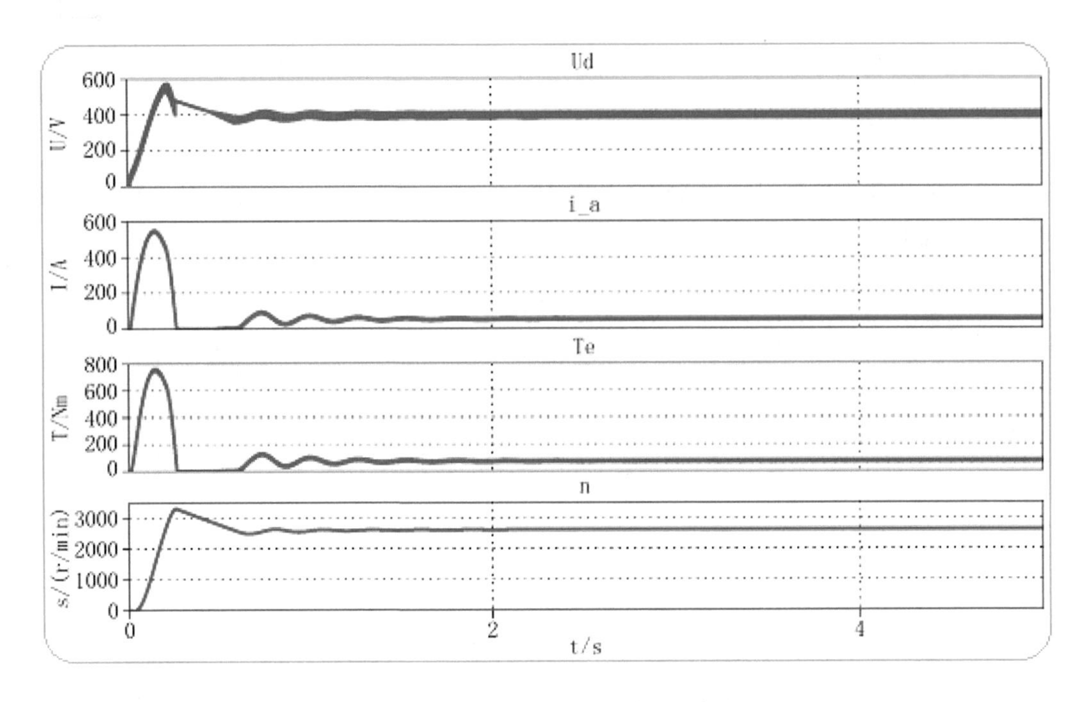

图 10.13　转速单闭环无静差系统仿真波形

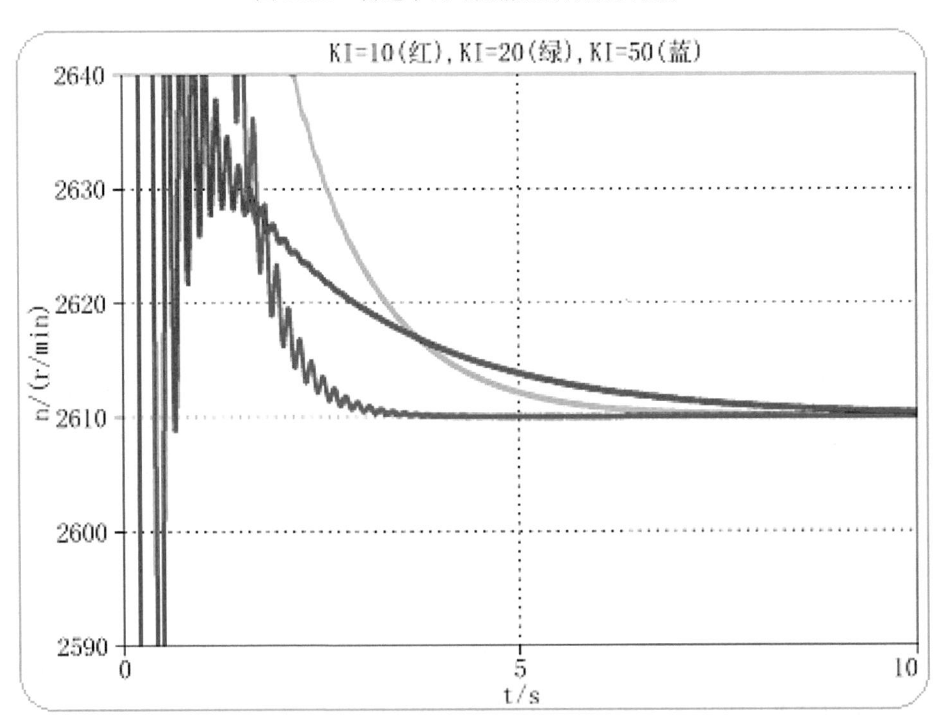

图 10.14　不同积分系数时转速响应曲线

要点回顾

（1）直流电机模型工作状态的判断。

（2）直流电机模型主要参数及单位。

（3）直流电机建模所依据的励磁回路电压方程、电枢回路电压方程和转矩方程。

（4）直流电机带额定负载全压启动过程中电枢电流、电磁转矩和转速等波形分析。

（5）直流电机调压调速的原理。

（6）晶闸管—直流电机开环调速系统的缺点及改进措施。

（7）采用比例调节器的转速单闭环有静差系统稳态特性与比例放大倍数间的关系。

（8）采用比例积分调节器的转速单闭环无静差系统的特点。

附录

附录 A　电力电子器件

以开关方式工作的电力电子器件是电力电子技术的基础，包括功率二极管、晶闸管及其派生器件、可关断晶闸管（GTO）、功率晶体管（GTR）、功率场效应管（P-MOSFET）、绝缘栅双极型晶体管（IGBT）和功率集成电路等。

电力电子器件主要指采用硅半导体材料的电力半导体器件，在电压等级和功率要求上都远大于普通半导体器件，因而制造工艺与普通半导体器件有所不同。

图 A.1 所示为电力电子器件的理想开关模型，它有三个电极，其中 A 和 B 代表器件的两个主电极，K 是控制开关通断的控制极，通过控制极来控制器件的导通和关断。因处理的电压、电流较大，功率损耗和散热问题变得更为突出，一般需要驱动、隔离和保护。

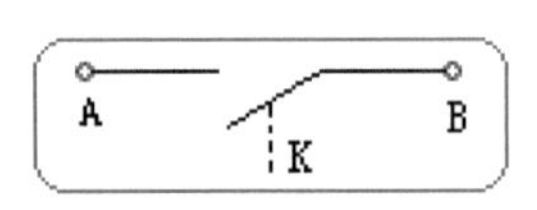

图 A.1　电力电子器件的理想开关模型

1957 年晶闸管的问世奠定了电力电子学科基础，之后的几十年，电力电子器件发展非常迅猛，种类越来越多，功能越来越齐全。

根据电力电子器件的可控程度分为不可控器件（功率二极管）、半控型器件（晶闸管）和全控型器件（GTO、GTR 等）；根据电力电子器件参与导电的载流子不同分为双极型器件（GTO、GTR）、单极型器件（P-MOSFET）和混合型器件（IGBT）；根据驱动信号的不同分为电流驱动型器件（GTO、GTR）和电压驱动型器件（P-MOSFET、IGBT）。

一、功率二极管

功率二极管（Power Diode）是不可控器件，在许多电力电子电路中有着广泛的应用。可作为整流元件，也可作为续流元件，还可以在各种电力电子电路中作为电压隔离、钳位或保护元件。需要根据不同场合的应用要求，选择不同类型的功率二极管。

1．功率二极管的结构和工作原理

功率二极管与普通二极管的工作原理和特性相似，具有单向导电性。实质上，功率二极管是在面积较大的 PN 结上加装引线及封装形成的，主要有螺栓式和平板式，其外

形、内部结构和电气图形符号如图 A.2 所示，A 为阳极，K 为阴极。

（1）当 PN 结外加正向电压（正向偏置）时，在外电路上则形成自 P 区流入而从 N 区流出的电流，称为正向电流 I_F，这就是 PN 结的正向导通状态。

（2）当 PN 结外加反向电压（反向偏置）时，反向偏置的 PN 结表现为高阻态，几乎没有电流流过，被称为反向截止状态。

2．功率二极管的伏安特性

功率二极管的伏安特性是其两端所加电压和流过电流的关系曲线，如图 A.3 所示。

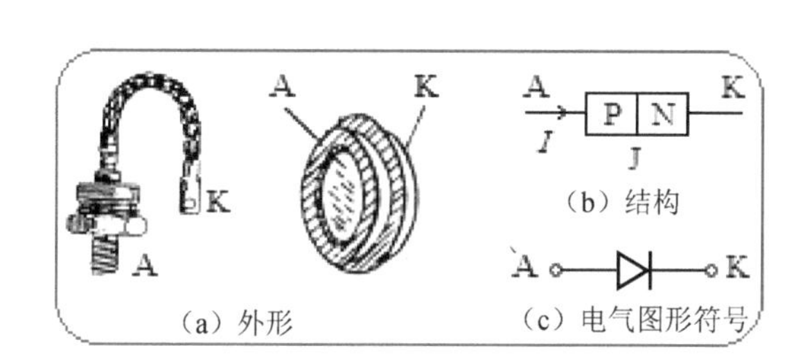

图 A.2　功率二极管外形、内部结构和电气图形符号

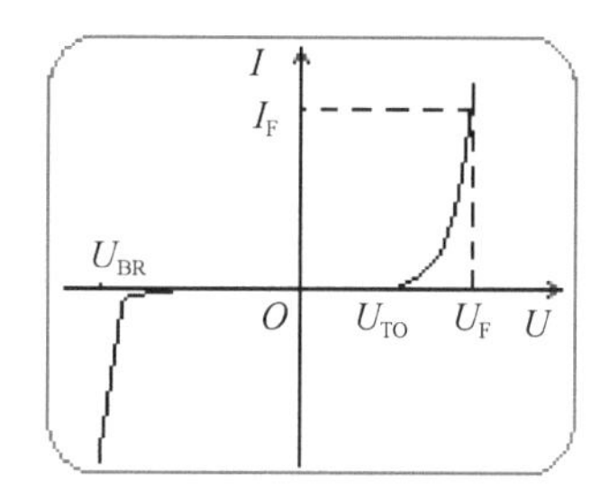

图 A.3　功率二极管的伏安特性

（1）二极管外加正向电压必须大于门槛电压 U_{TO}，正向电流才开始明显增加。二极管导通后，正向电流 I_F 由外部电路参数决定，与 I_F 相对应的二极管两端电压 U_F 为正向压降。

（2）二极管外加反向电压时，反向漏电流很小且随反向电压增大变化不大。当反向电压增大到某一数值后，反向电流突然急剧增大，称为二极管反向击穿，对应的电压 U_{BR} 称为反向击穿电压。反向击穿可分为雪崩击穿和齐纳击穿。

发生反向击穿后，只要外电路采取措施能将反向电流限制在一定范围内，反向电压降低后，二极管仍可恢复原来状态。如果反向电流过大，功耗增大导致 PN 结温度升高，二极管过热而烧毁，则造成热击穿。一般半导体器件的损坏都是热击穿损坏。

二极管正向压降和反向漏电流与温度有关，随温度升高，反向漏电流增大，正向压降减小。正向特性向左移，反向特性向下移。

3．功率二极管的主要参数

（1）额定正向平均电流 I_F：在规定的管壳温度和散热条件下，功率二极管长期运行时允许流过的最大工频正弦半波电流的平均值。此电流下由于二极管正向压降引起的损耗使结温升高但不超过最高允许结温。该值是按电流的发热效应定义的，因此在计算时按有效值相等条件来选取二极管的电流定额，并留有 1.5～2 倍的裕量。

（2）反向重复峰值电压 U_{RRM}：指二极管反向所能施加最高峰值电压。通常是反向击穿电压的 2/3。计算时按二极管可能承受的最高反向峰值电压的 2～3 倍来选取二极管的定额。

（3）正向通态压降 U_F：功率二极管在规定的壳温和正向电流下工作所对应的正向导通压降。使用时，选择 U_F 较低的二极管可有效降低损耗。

（4）最高允许结温 T_{jM}：PN 结正常工作时所能承受的最高平均温度。根据二极管材料的不同，最高允许结温一般为 125℃～175℃。

4．功率二极管的主要类型

按二极管开关频率不同分为普通二极管、快恢复二极管和肖特基二极管。

1）普通二极管

普通二极管（General Purpose Diode，GPD）工作频率较低，常用于 1kHz 以下的整流装置中，因此又称为整流二极管。其反向恢复时间较大，一般高于 5μs，但电压、电流额定值较高，可达几千伏/几千安。例如，国产 ZP 系列二极管，主要用于各种设备的整流电源部分。

2）快恢复二极管

快恢复二极管（Fast Recovery Diode，FRD）也称为开关二极管，关断时反向恢复时间很短，一般在 5μs 以下，制造工艺采用扩散法，通过掺金或铂来控制反向恢复时间。另外一种采用外延法制造的二极管开关速度更快，反向恢复时间可低于 50ns，称为超快恢复二极管。国产的 ZK 系列、MOTOROLA 公司的 MR 系列均为快恢复二极管，MUR 系列为超快恢复二极管。快恢复二极管的电压、电流定额最大值不如普通二极管，一般用于高频下的斩波器和逆变器。

3）肖特基二极管

肖特基二极管（Schottky Barrier Diode，SBD）是由金属和 N 型半导体接触形成的势垒二极管，也称为面垒二极管。其主要优点是不存在扩散电容，反向恢复时间很短（10～40ns），正向压降较低。但存在的一些缺点是漏电流较大，电压定额较低，温度特性较差。例如，MBR 系列，主要用于低电压、低功耗、高频、低电流的开关电源输出整流电路和仪表设备中。

二、晶闸管

普通晶闸管也称为硅可控整流器（Silicon Controlled Rectifier，SCR），简称为可控硅，它是一种半控型开关器件，工作频率较低，是目前电压、电流定额最大的电力电子开关器件，广泛应用于各种工频变流装置中。

1．晶闸管的结构和工作原理

晶闸管是三端半导体器件，如图 A.4（a）所示，外形上有螺栓式和平板式，平板式结构散热效果较好，一般用于 200A 以上的场合。晶闸管内部的基本结构如图 A.4（b）所示，是一个四层三端半导体材料结构，即（P_1、N_1、P_2 和 N_2）四层半导体材料形成三个 PN 结（J_1、J_2 和 J_3），引出阳极 A、阴极 K 和门极（控制端）G 三端。其电气符号如图 A.4（c）所示。

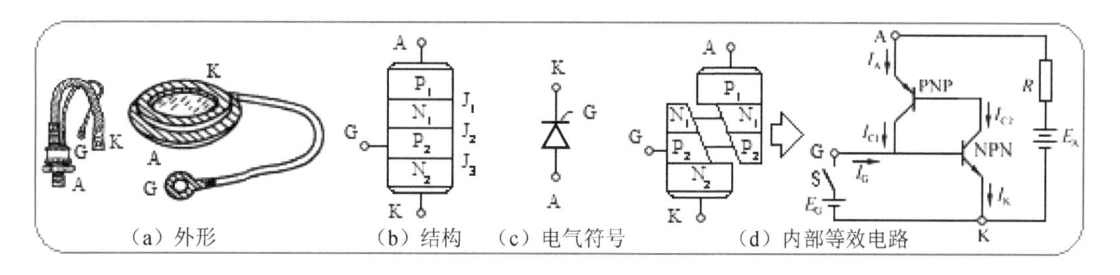

图 A.4 晶闸管的外形、结构、电气符号和内部等效电路

当晶闸管阳极与阴极之间外加正向电压时，J_2结反偏，流过很小的漏电流，称为晶闸管正向阻断状态；当晶闸管阳极与阴极之间外加反向电压时，J_1结和J_3结反偏，流过的漏电流同样很小，称为晶闸管反向阻断状态。以上两种是只在晶闸管阳极与阴极上加电压的接法，使晶闸管均处于阻断状态。

如图 A.4（d）所示，晶闸管内部四层 PNPN 结构可以等效为 PNP 型和 NPN 型两个晶体管互联的正反馈结构。当晶闸管外加正向电压时，如果门极也加上足够的正向电压，则有门极电流 I_G 流入 NPN 管基极，使其导通，产生的集电极电流 I_{C2} 流入 PNP 管基极，它导通后的集电极电流 I_{C1} 又流入 NPN 管基极，形成强烈的正反馈过程，两个晶体管迅速进入饱和导通状态，晶闸管由阻断状态转为导通状态。

由以上分析可知，晶闸管导通必须同时具备两个条件：晶闸管阳极和阴极承受正向电压；晶闸管控制极和阴极承受正向电压。

导通后，即使去掉门极控制信号 $I_G = 0$，晶闸管仍然维持原来的阳极电流继续导通，门极不再起控制作用，可见，晶闸管是一种只能控制导通而不能控制关断的半控型器件。

关断晶闸管，必须使阳极电压减小或反向，阳极电流减小到维持电流以下，晶闸管才能重新恢复阻断状态。

2．晶闸管的基本特性

1）阳极伏安特性

阳极伏安特性是指晶闸管阳极电压 U_{AK} 与阳极电流 I_A 之间的关系，如图 A.5（a）所示。

晶闸管的正向特性又有阻断状态和导通状态之分。

在正向阻断状态时，晶闸管的伏安特性是一组随门极电流 I_G 不同而不同的曲线簇。当晶闸管 I_G=0 时，器件两端施加正向电压，处于正向阻断状态。逐渐增大阳极电压 U_{AK}，只有很小的正向漏电流流过，随着阳极电压的增大，当正向电压超过临界极限即正向转折电压 U_{bo} 时，漏电流急剧增大，器件导通，晶闸管由正向阻断状态突变为正向导通状态。这种在 I_G=0 时，依靠增大阳极电压而强迫晶闸管导通的方式称为硬导通，多次硬导通会使晶闸管损坏，一般不允许硬导通。随着门极电流 I_G 的增大，晶闸管的正向转折电压 U_{bo} 迅速下降，当 I_G 足够大时，晶闸管的正向转折电压很小，但是不超过转折电压，都为正向阻断状态。

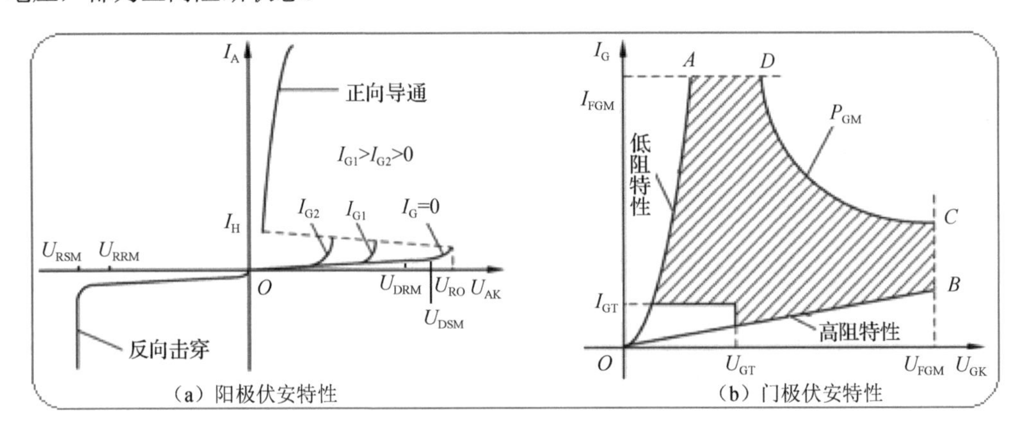

图 A.5　晶闸管的基本特性

一旦导通，晶闸管正向导通的伏安特性与二极管的正向特性相似，即当流过较大的阳极电流时，晶闸管的压降很小，在 1V 左右。晶闸管正向导通后，要使晶闸管恢复阻断，只有逐步减小阳极电流 I_A，使 I_A 下降到小于维持电流 I_H 以下，则晶闸管又由正向导通状态变为正向阻断状态。

晶闸管的反向特性与一般二极管的反向特性相似。在正常情况下，当承受反向阳极电压时，晶闸管总是处于阻断状态，只有很小的反向漏电流流过。当反向电压增加到一定值时，反向漏电流增加较快，再继续增大反向阳极电压会导致晶闸管反向雪崩击穿，造成晶闸管永久性损坏，这时对应的电压为反向击穿电压 U_{RO}。图 A.5（a）中 U_{RRM} 为反向断态重复峰值电压；U_{RSM} 为反向断态不重复峰值电压。

2）门极伏安特性

晶闸管门极伏安特性是指门极电压 U_{GK} 与门极电流 I_G 的关系，其特性与二极管伏安特性基本一致。门极正向电压与电流主要表现为电阻特性，由于制造工艺，即使同一型号的晶闸管，门极特性的分散性也很大，有的是高阻特性，有的是低阻特性，常用上述两种特性曲线所夹的区域来表示其门极伏安特性，如图 A.5（b）所示，由门极触发电流 I_{GT}、门极触发电压 U_{GT} 和坐标轴围成的区域称不可靠触发区。受门极正向峰值电流 I_{FGM}、门极正向峰值电压 U_{FGM} 和门极最大耗散功率 P_{GM} 限制，所包围的阴影部分是晶闸管门极触发电压、电流的正常工作区域。

3）晶闸管动态特性

晶闸管动态特性包括晶闸管的导通和关断特性。晶闸管的导通特性由导通时间包括延迟时间与上升时间决定，普通晶闸管延迟时间为 0.5～1.5μs，上升时间为 0.5～3μs；晶闸管的关断特性由关断时间包括反向阻断恢复时间与正向阻断恢复时间决定，普通晶闸管的关断时间为几百微秒。在正向阻断恢复时间内如果重新对晶闸管施加正向电压，晶闸管会重新正向导通。因而实际应用中，应对晶闸管施加足够长时间的反向电压，使晶闸管充分恢复其对正向电压的阻断能力，电路才能可靠工作。

3．晶闸管的主要参数

1）电压参数

① 断态重复峰值电压 U_{DRM}：在额定结温，门极开路时，晶闸管允许的 50 次/秒，每次时间不大于 10ms，重复施加在管子上的正向断态最大脉冲电压。

② 反向重复峰值电压 U_{RRM}：在额定结温，门极开路时，晶闸管允许的 50 次/秒，每次时间不大于 10ms，重复施加在管子上的反向最大脉冲电压。

③ 通态（峰值）电压 U_{TM}：晶闸管通以某一规定倍数的额定通态平均电流时的瞬态峰值电压。通常取晶闸管的 U_{DRM} 和 U_{RRM} 中较小的标值作为该器件的额定电压，然后根据标准电压等级标定器件的额定电压。考虑外在环境，选用时，额定电压要留有一定裕量，一般取额定电压为正常工作时晶闸管所承受峰值电压的 2～3 倍。

④ 通态平均电压（管压降）$U_{T(AV)}$：当流过正弦半波电流并达到稳定的额定结温时，晶闸管阳极和阴极之间电压降的平均值称为通态平均电压。通态平均电压标准值组别分为 A～I9 个等级。

2）电流参数

① 通态平均电流 $I_{T(AV)}$（额定电流）：晶闸管在环境温度为 40°C 和规定的冷却状态下，稳定结温不超过额定结温时所允许流过的最大工频正弦半波电流的平均值。使用时应按实际电流与通态平均电流有效值相等的原则来选取晶闸管，不论流过晶闸管的电流波形如何，只要流过元件的实际电流最大有效值小于或等于管子的额定有效值，且散热冷却在规定的条件下，管芯的发热就能限制在允许范围内。由于晶闸管的电流过载能力比一般器件要小得多，因此在选用晶闸管额定电流时，应根据实际留有一定的裕量，一般取实际电流最大有效值 1.5～2 倍的裕量。

② 维持电流 I_H：使晶闸管维持导通所必需的最小电流。一般为几十到几百毫安。维持电流大的晶闸管容易关断。维持电流与元件容量、结温等因素有关，同一型号的元件其维持电流也不相同。

③ 擎住电流 I_L：晶闸管刚从断态转入通态并移除触发信号后，能维持导通所需的最小电流。对同一晶闸管来说，通常 I_L 为 I_H 的 2～4 倍。

3）门极参数

① 门极触发电压 U_{GT}：在规定的环境温度下，阳极和阴极加一定正向电压，使晶闸管从断态转入通态所需要的最小门极直流电压，一般为 1～5V。

② 门极触发电流 I_{GT}：在规定的环境温度下，阳极和阴极加一定正向电压，使晶闸管从断态转入通态所需要的最小门极直流电流，一般为几十到几百毫安。

③ 门极反向峰值电压 U_{RGM}：门极反向所加的最大峰值电压，一般不超过 10V。

4）动态参数

① 断态电压临界上升率 du/dt：指在额定结温和门极开路的情况下，不导致晶闸管从断态到通态转换的外加电压最大上升率。在阻断的晶闸管两端施加的电压具有正向的

上升率时，相当于有充电电流流过。此电流流经 J_3 结时，起到类似门极触发电流的作用。如果电压上升率过大，使充电电流足够大，就会使晶闸管误导通。

② 通态电流临界上升率 di/dt：指在规定条件下，晶闸管在门极触发信号导通的情况下，能承受而不会损坏的最大通态电流上升率。如果电流上升太快，晶闸管刚一导通，则会有很大的电流集中在门极附近的小区域内，从而造成局部过热使晶闸管损坏。

晶闸管的电压、电流等级目前是电力电子开关器件中最高的，但其开关时间较长，允许的电压、电流上升率较小，工作频率受到很大限制。

随着变流技术的快速发展，对晶闸管的使用提出了一些特殊的要求，基于相关学科与器件制作工艺水平的不断提高，在普通晶闸管基础上又研制出了很多不同性能的特殊晶闸管。它们基本上都是 PNPN 四层半导体结构的派生器件，主要类型有快速晶闸管（Fast Switching Thyristor，FST）、双向晶闸管（Triode AC Switch，TRIAC）、光控晶闸管（Light Triggtred Thyristor，LTT）和逆导型晶闸管等。

三、全控型电力电子器件

全控型电力电子器件包括门极可关断晶闸管、功率晶体管、功率场效应晶体管和绝缘栅双极型晶体管。

1．门极可关断晶闸管

门极可关断晶闸管（Gate-Turn-Off-Thyristor，GTO），它具有普通晶闸管的全部特性，是晶闸管的一种派生器件。GTO 耐压高（工作电压可高达 6000V）、电流大（电流可达 6000A）及造价便宜等，在兆瓦级以上的大功率场合有较多的应用。同时 GTO 又具有门极正脉冲信号触发导通、门极负脉冲信号触发关断的特性，而在它的内部有电子和空穴两种载流子参与导电，所以它属于全控型双极型器件。

1）GTO 的结构和工作原理

如图 A.6（b）所示，GTO 的结构与普通晶闸管相同，也为 $P_1N_1P_2N_2$ 四层半导体结构，外部引出阳极 A、阴极 K 和门极 G。与普通晶闸管不同的是，GTO 是一种多元的功率集成器件，内部包含数十个甚至数百个共阳极的小 GTO 元，这些 GTO 元的阴极和门极则在器件内部并联在一起，共用一个阳极。电气符号如图 A.6（c）所示。

GTO 的工作原理与普通晶闸管一样，可以用图 A.6（d）所示的双晶体管模型来分析。两个等效晶体管 PNP 和 NPN 的电流放大倍数分别为 α_1 和 α_2。GTO 和普通晶闸管触发导通的条件是，当它的阳极与阴极之间承受正向电压，门极加正脉冲信号（门极为正，阴极为负）时，可使 $\alpha_1+\alpha_2>1$，从而在其内部形成电流正反馈，使两个等效晶体管饱和导通。但 GTO 兼顾关断特性，晶体管饱和导通接近临界状态，导通后的管压降比较大，一般为 2～3V。当 GTO 的门极加负脉冲信号（门极为负，阴极为正）时，门极出现反向电流，此反向电流将 GTO 的门极电流抽出，使其电流减小，α_1 和 α_2

也同时下降，以致无法维持正反馈，从而使 GTO 关断。所以只要在 GTO 的门极加负脉冲信号，即可将其关断。多元集成结构还使 GTO 比普通晶闸管导通过程快，承受 di/dt 能力强。

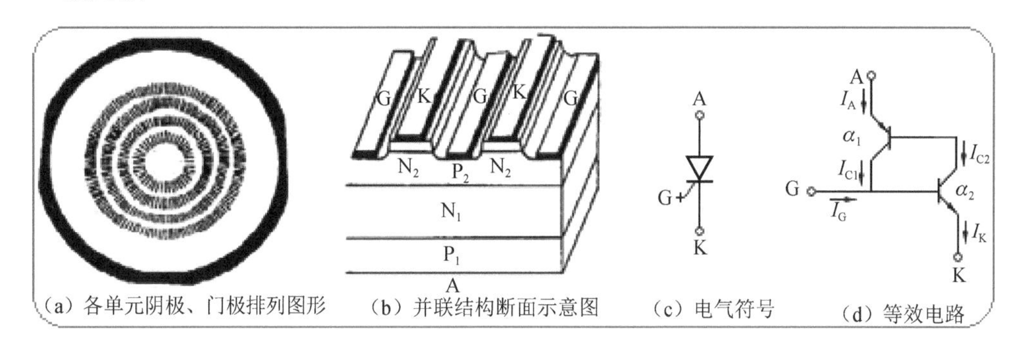

图 A.6　GTO 的内部结构和电气符号

GTO 与普通晶闸管有如下区别：

① 在制造工艺上设计 α_2 较大，使晶体管 V_2 控制灵敏，易于 GTO 关断；

② 导通时饱和不深，接近临界饱和，有利于门极控制关断，但导通时管压降增大；

③ 多元集成结构使 GTO 元阴极面积很小，门极、阴极间距大为缩短，使得 P_2 基区横向电阻很小，能从门极抽出较大电流。

④ 由于 GTO 门极关断时，可在阳极电流下降的同时再施加逐步上升的电压，不像普通晶闸管关断时是在阳极电流等于零后才能施加电压的。因此，GTO 关断期间功耗较大。

2）GTO 的主要参数

GTO 的基本参数与普通晶闸管大多相同，不同的主要参数如下。

① 最大可关断阳极电流 I_{ATO}：由门极可靠关断为决定条件的最大阳极电流为最大可关断阳极电流。GTO 的最大阳极电流除了受发热温升限制，还会由于其阳极电流 I_A 过大，使 $\alpha_1+\alpha_2$ 稍大于 1 的临界导通条件被破坏，管子饱和加深，导致门极关断失败。因此，GTO 必须规定一个最大可关断阳极电流，也就是 GTO 的额定电流。该值与 GTO 的电压上升率、工作频率、反向门极电流峰值和缓冲电路参数有关，在使用中应予以注意。

② 电流关断增益 β_{off}：最大可关断阳极电流与门极负脉冲电流最大值 I_{GM} 之比称为电流关断增益。关断增益这个参数是用来描述 GTO 关断能力的。目前大功率 GTO 的关断增益为 3～5，一般很小，这是 GTO 的一个主要缺点。采用适当的门极电路，很容易获得上升率较快、幅值足够大的门极负电流，因此在实际应用中不必追求过高的关断增益。

③ 擎住电流 I_L：与普通晶闸管定义一样，I_L 是指门极加触发信号后，阳极大面积饱和导通时的临界电流。GTO 由于工艺结构特殊，其 I_L 要比普通晶闸管大得多，因而

在加电感性负载时必须有足够的触发脉冲宽度。GTO 有能承受反压和不能承受反压两种类型，在使用时要特别注意。

3）GTO 的应用

GTO 主要用于高电压、大功率的直流变换电路（斩波电路）和逆变器电路中，如恒压恒频电源（CVCF）、常用的不停电电源（UPS）等。GTO 的典型应用是调频调压电源，此电源较多用于风机、水泵、轧机、牵引等交流变频调速系统中。此外，由于 GTO 具有耐压高、电流大、开关速度快、控制电路简单方便等特点，因此还特别适用于汽油机点火系统。

2. 功率场效应晶体管

功率场效应晶体管（Power MOS Field Effect Transistor，P-MOSFET），又叫绝缘栅功率场效应晶体管。功率场效应晶体管是一种单极型电压控制器件，通过栅极电压来控制漏极电流。该器件不但有自关断能力，而且有驱动功率小、工作速度高、无二次击穿问题、安全工作区宽等优点。

1）P-MOSFET 的结构和工作原理

如图 A.7（b）所示，P-MOSFET 的种类按导电沟道可分为 N 沟道和 P 沟道。三个引脚，S 为源极，G 为栅极，D 为漏极。每种类型又分耗尽型和增强型两种，当栅极电压为零时漏极和源极之间就存在导电沟道，此时为耗尽型；对于 N 沟道器件，栅极电压大于零时才存在导电沟道，此时为增强型。功率场效应晶体管主要是增强型，图 A.7 所示为 P-MOSFET 的结构和电气符号。

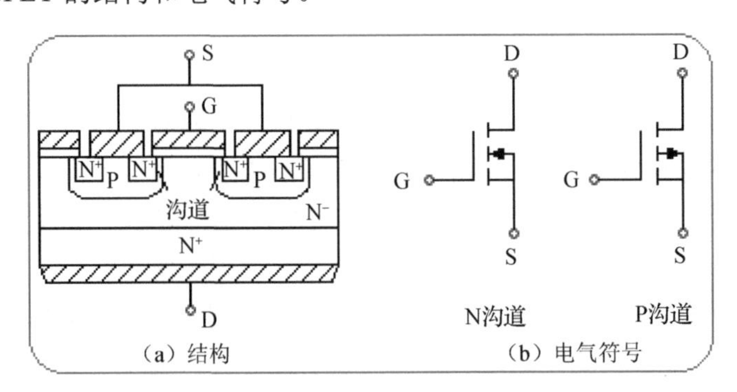

图 A.7 P-MOSFET 的结构和电气符号

图 A.7（a）所示 P-MOSFET 的工作原理：栅极和源极间电压为零时，漏极和源极间加正电源，P-MOSFET 截止，P 基区与 N 漂移区之间形成的 PN 结反偏，漏极和源极之间无电流流过。只有在栅极和源极间加正电压 U_{GS}，P-MOSFET 才导电。这是因为栅极是绝缘的，所以不会有栅极电流流过。但栅极的正电压会将其下面 P 区中的空穴推开，而将 P 区中的少子——电子吸引到栅极下面的 P 区表面，当 U_{GS} 大于 U_T（开启电压或阈值电压）时，栅极下 P 区表面的电子浓度将超过空穴浓度，使 P 型半导体反型成 N 型而成为反型层，该反型层形成 N 沟道使 PN 结消失，漏极和源极在电源作用下形成漏极电流。

2）P-MOSFET 的特性

图 A.8（a）所示为 P-MOSFET 的转移特性，当 I_D 较大时，I_D 与 U_{GS} 的关系近似线性，曲线的斜率定义为跨导 G_{fs}。图 A.8（b）所示为 P-MOSFET 的输出特性，包括截止区、饱和区、非饱和区。截止区对应于 GTR 的截止区；饱和区对应于 GTR 的放大区；非饱和区对应于 GTR 的饱和区。P-MOSFET 工作在开关状态，即在截止区和非饱和区之间来回转换。

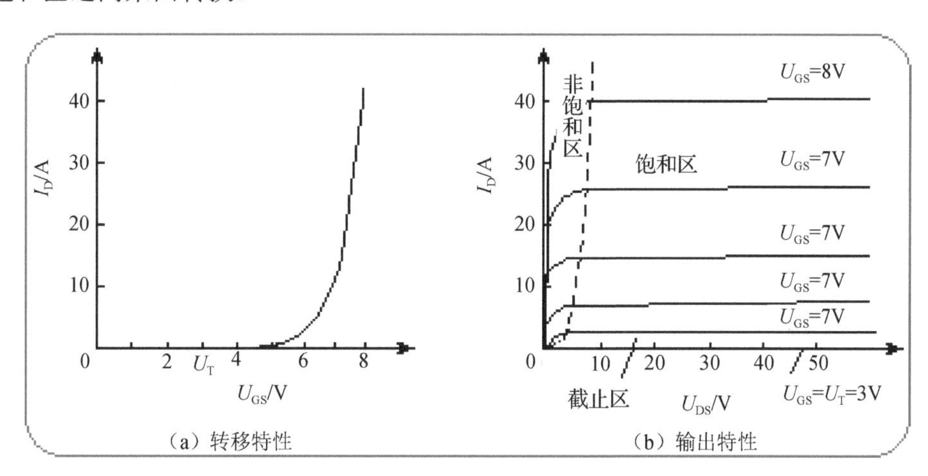

图 A.8　P-MOSFET 的转移特性和输出特性

P-MOSFET 漏极和源极之间有寄生二极管，漏极和源极间加反向电压时器件导通会形成电流，电流很大时会损坏器件，所以要采取保护。P-MOSFET 内寄生了电容，而 P-MOSFET 的开关速度与电容充放电有很大关系，只要降低驱动电路内阻，减小时间常数，可加快开关速度。P-MOSFET 只靠多子导电，不存在少子储存效应，因而关断过程非常迅速，开关时间为 10～100ns，工作频率可达 100kHz 以上，是目前电力电子器件中工作频率最高的。P-MOSFET 属于场控器件，静态时几乎不需要输入电流。但在开关过程中需要对输入电容充放电，仍需要一定的驱动功率。开关频率越高，所需要的驱动功率越大。

3）P-MOSFET 的主要参数

① 漏源击穿电压 U_{BDS}：决定 P-MOSFET 的最高工作电压，是为了避免器件进入雪崩击穿区而设的极限参数，该值随温度的升高而增大。

② 通态电阻 R_{on}：通常规定在确定的栅极电压 U_{GS} 下，P-MOSFET 由可调电阻区进入饱和区时的直流电阻为通态电阻。R_{on} 是影响最大输出功率的重要参数，在开关电路中，它决定了信号输出幅度和自身损耗，还直接影响器件的通态压降，器件的电压越高其值越大。

③ 最大漏极电流 I_{DM}：P-MOSFET 电流的定额参数，它表征了 P-MOSFET 的电流容量，其大小主要受器件沟道宽度的限制。

④ 栅源击穿电压 U_{BGS}：栅源之间的绝缘层很薄，超过 20V 将导致绝缘层击穿。规定了最大栅源击穿电压 U_{BGS} 极限值为 20V。

漏极和源极之间的耐压、漏极最大允许电流和最大耗散功率决定了 P-MOSFET 的安全工作区。P-MOSFET 一般不存在二次击穿问题，但仍留有一定裕量。

4）P-MOSFET 的应用

P-MOSFET 是单极型电压控制器件，驱动电路简单，驱动功率小，开关速度快，但电流容量小，耐压低，通态压降大。适合于开关电源、高频感应加热等高频场合，但不适合大功率装置。

3. 绝缘栅双极型晶体管

GTR 和 GTO 是双极型电流驱动器件，由于具有电导调制效应，其通流能力很强，但开关速度较低，所需驱动功率大，驱动电路复杂。而 P-MOSFET 是单极型电压驱动器件，开关速度快，输入阻抗高，热稳定性好，所需驱动功率小而且驱动电路简单。绝缘栅双极型晶体管（Insulated-gate Bipolar Transistor，IGBT 或 IGT）综合了 GTR 和 P-MOSFET 的优点，因而具有良好的特性。

1）IGBT 的结构和工作原理

IGBT 相当于一个由 P-MOSFET 驱动着的 GTR，其简化等效电路如图 A.9（b）所示，电气符号如图 A.9（c）所示。IGBT 有三个电极，分别是集电极 C、发射极 E 和栅极 G。在应用电路中，IGBT 的集电极 C 接电源正极，发射极 E 接电源负极。它的导通和关断由栅极电压 U_{GE} 来控制。栅极和发射极之间施以正向电压且大于开启电压时，P-MOSFET 内形成沟道，为 PNP 型的晶体管提供基极电流，从而使 IGBT 导通。此时电导调制效应，使电阻减小，结果高耐压的 IGBT 也具有低的通态压降。在栅极和发射极之间施以负电压或不加信号时，P-MOSFET 内的沟道消失，PNP 晶体管的基极电流被切断，IGBT 关断。由此可知，IGBT 的导通原理与 P-MOSFET 相同。

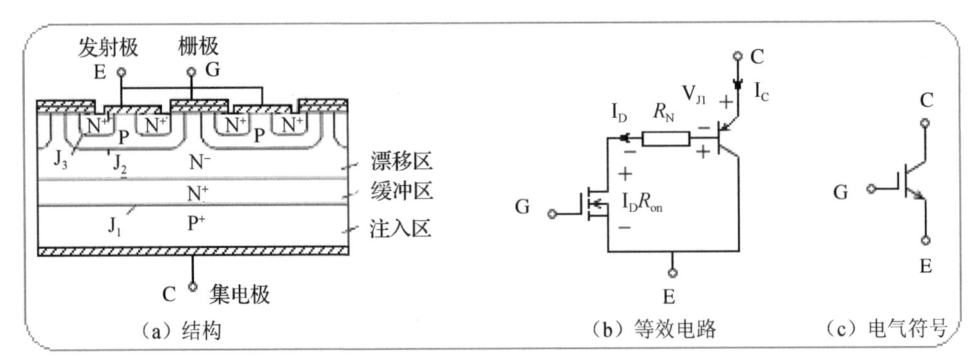

图 A.9　IGBT 的结构、等效电路和电气符号

2）IGBT 的基本特性

IGBT 的转移特性与 P-MOSFET 的转移特性类似，如图 A.10（a）所示表示 I_C 与

U_{GE} 间的关系，U_{GE} 越高，I_C 越大，与普通晶体管的伏安特性一样。IGBT 的输出特性以 U_{GE} 为参考变量时，I_C 与 U_{CE} 之间的关系，如图 A.10（b）所示，并分为三个区域：正向阻断区、有源区和饱和区，分别与 GTR 的截止区、放大区和饱和区相对应。当 $U_{GE}>U_{GE(th)}$（开启电压：一般为 3～6V）时，IGBT 导通，其输出电流 I_C 与驱动电压 U_{GE} 基本呈线性关系。当 $U_{GE}<U_{GE(th)}$ 时，IGBT 关断。值得注意的是，IGBT 的反向电压承受能力很差，其反向阻断电压 U_{BM} 只有几十伏，因此限制了它在需要承受高反压场合的应用。

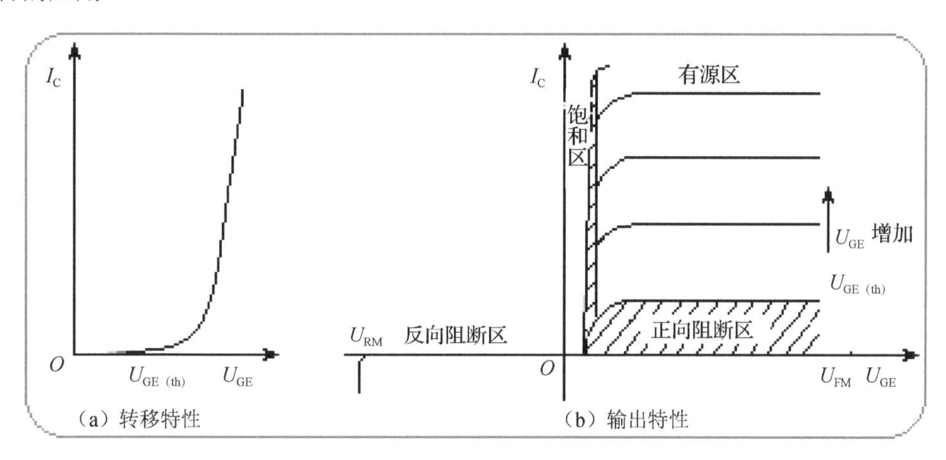

图 A.10　IGBT 的转移特性和输出特性

IGBT 中双极型 PNP 晶体管的存在，虽然带来了电导调制效应的好处，但也引入了少子储存现象，因而 IGBT 的开关速度低于 P-MOSFET。

3）IGBT 的主要参数

① 最大集射极间电压 U_{CES}：决定了器件的最高工作电压，它由内部 PNP 晶体管的击穿电压确定，具有正温度系数。

② 最大集电极电流：包括集电极连续电流 I_C 和峰值电流 I_{CM}。为 IGBT 的额定电流，表征其电流容量。I_C 受结温的限制，I_{CM} 是为避免擎住效应的发生。

③ 最大集电极功耗 P_{CM}：正常工作温度下允许的最大功耗。

④ 最大栅射极电压 U_{GES}：栅极电压是由栅氧化层和特性所限制的，为了确保长期使用的可靠性，应将栅极电压限制在 20V 之内。

4）IGBT 的特点

① 开关速度高，开关损耗小。在电压 1000V 以上时，开关损耗只有 GTR 的 1/10，与 P-MOSFET 相当。

② 相同电压和电流定额时，安全工作区比 GTR 大，且具有耐脉冲电流冲击能力。

③ 通态压降比 P-MOSFET 低，特别是在电流较大的区域。

④ 输入阻抗高，输入特性与 P-MOSFET 类似。

⑤ 与 P-MOSFET 和 GTR 相比，耐压和通流能力还可以进一步提高，同时保持开关频率高的特点。

要点回顾

（1）以开关方式工作的电力电子器件是电力电子技术的基础，包括功率二极管、晶闸管及其派生器件、功率晶体管、功率场效应管、绝缘栅双极型晶体管和功率集成电路等。

（2）电力电子器件理想开关模型有 A、B 两个主电极和一个控制极 K，需要驱动、隔离和保护。

（3）电力电子器件可按可控程度、导电载流子和驱动信号性质进行分类。

（4）功率二极管是不可控器件，在电力电子电路中可用作整流、续流、隔离、箝位和保护。

（5）功率二极管封装主要有螺栓式和平板式。

（6）常用的功率二极管按开关频率不同分为普通二极管、快恢复二极管和肖特基二极管。

（7）普通晶闸管也称为可控硅（SCR），是半控型器件，外形有螺栓式和平板式，内部为四层半导体（$P_1N_1P_2N_2$）形成三个 PN 结（$J_1J_2J_3$），引出阳极 A、阴极 K 和门极（控制端）G 三端。

（8）晶闸管导通机理可用其内部 4 层 PNPN 等效为两个互联的晶体管，形成正反馈结构来解析。

（9）晶闸管的基本特性包括阳极伏安特性、门极伏安特性和导通与关断的动态特性。

（10）晶闸管主要有参数通态（峰值）电压 U_{TM}、通态平均电压 $U_{T(AV)}$ 和通态平均电流 $I_{T(AV)}$。

（11）晶闸管的派生器件主要有快速晶闸管、双向晶闸管、光控晶闸管和逆导型晶闸管等。

（12）全控型电力电子器件包括 GTO、GTR、P-MOSFET 和 IGBT。

（13）GTO 的结构与普通晶闸管相同，不同点为它是一种多元的功率集成器件，内部数百个小 GTO 元的阴极和门极并联在一起，共用一个阳极。

（14）GTO 的主要参数有最大可关断阳极电流 I_{ATO}、电流关断增益 β_{off} 和掣住电流 I_L。

（15）P-MOSFET 是一种单极型电压控制器件，具有驱动功率小、工作速度高、无二次击穿问题和安全工作区宽等优点，三个电极是源极 S、漏极 D 和栅极 G。

（16）P-MOSFET 的输出特性包括截止区、饱和区、非饱和区，工作在开关状态，即在截止区和非饱和区之间来回转换。

（17）P-MOSFET 的主要参数有漏源击穿电压 U_{BDS}、通态电阻 R_{on}、最大漏极电流 I_{DM} 和栅源击穿电压 U_{BGS}。

（18）IGBT 是 P-MOSFET 和 GTR 的复合器件，三个电极是集电极 C、发射极 E 和栅极 G。

（19）IGBT 的输出特性包括正向阻断区、有源区和饱和区。

（20）IGBT 的主要参数有最大集射极间电压 U_{CES}、最大集电极电流、最大集电极功耗 P_{CM} 和最大栅射极电压 U_{GES}。

附录 B　代码生成与半实物仿真

电力电子系统仿真软件 PLECS 不仅能够实现电力电子变换电路及其控制的仿真，还具有嵌入式代码生成（Coder）和半实物仿真（HIL）等功能，应用这些功能可以缩短电力电子设备的开发周期，节省成本，提高产品的可靠性。限于水平和条件，在此仅进行简要介绍。

一、嵌入式代码生成

PLECS 代码生成器目前支持直接代码生成，并上载至 PLECS RT Box 半实物仿真器，以及烧写 TI 公司的 C2000 系列微处理器。在安装好 TI 公司 C2000 支持软件 CGT 并进行相关设置后，在元件库浏览器中出现 PLECS RT Box 和 TI C2000 Target 模型库，如图 B.1 所示。

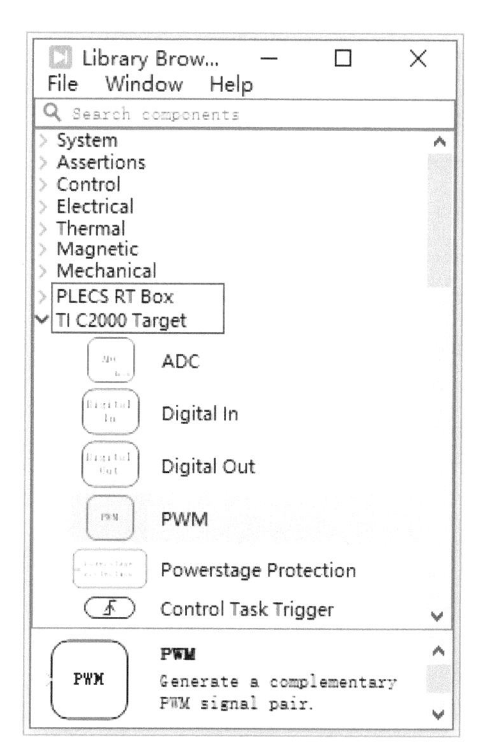

图 B.1　PLECS 所支持的微控制器系列

以 TI C2000 系列微控制器 TMS32 F280049C 为例介绍 PWM 代码生成步骤。

（1）建立如图 B.2 所示的 PWM Out 仿真模型，其中 Digital Out 取自 TI C2000 Target 元件库，双击进入模块参数设置对话框，将其设置为 34，代表 F280049c 控制芯片 GPIO34，该引脚用以驱动启动板上 LED5。

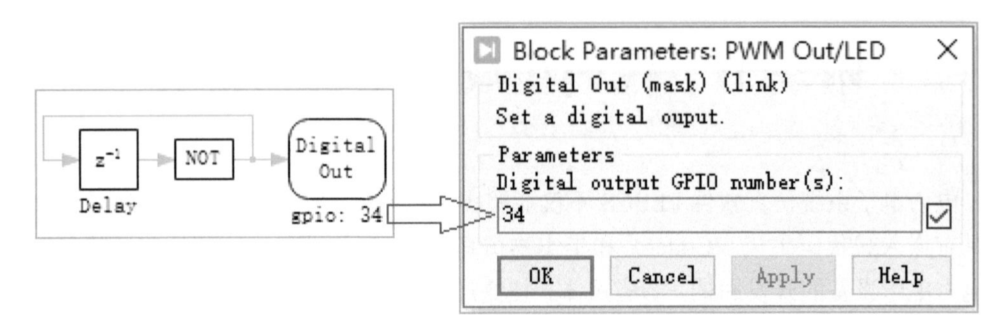

图 B.2　仿真模型和模块参数设置

（2）选择模型编辑器窗口“Coder”菜单中的“Coder Options...”选项，弹出 Coder Options：PWM Out 对话框，如图 B.3 所示，在 General 选项卡中设置离散步长、离散模式和浮点数格式等参数。

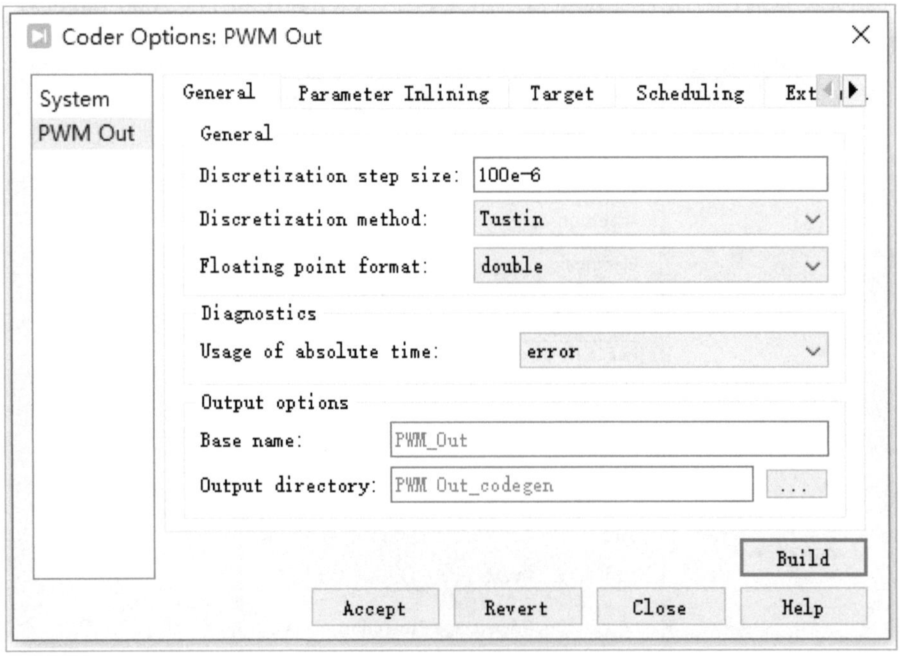

图 B.3　代码生成操作通用选项设置

（3）连接好 TMS32 F280049 启动板后，选择“Coder Options：PWM Out”对话框中“Target”选项卡进行目标板的通用参数和代码生成配置，具体如图 B.4 所示，设置好后单击红色框内“Accept”按钮。

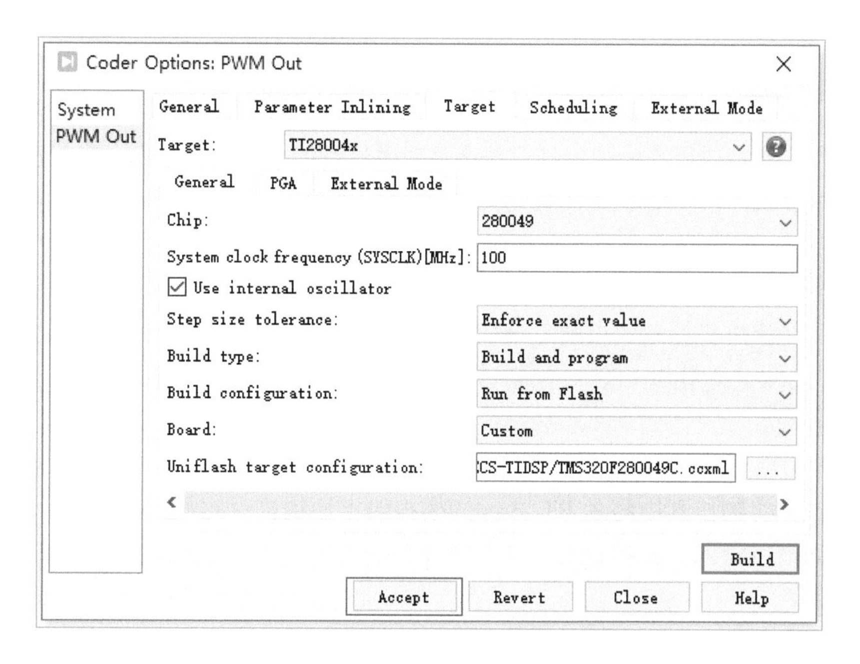

图 B.4 代码生成目标板通用选项设置

（4）返回到图 B.3 所示界面，单击“Build”按钮后，在代码生成窗口下方将会出现代码生成各阶段信息，当完成 Flash MCU 步骤后，启动板上的 LED 灯将按照仿真模型中设置的频率闪烁，同时在项目指定位置生成“PWM Out_codegen”文件夹，文件夹中有关该项目的代码文件如图 B.5 所示。

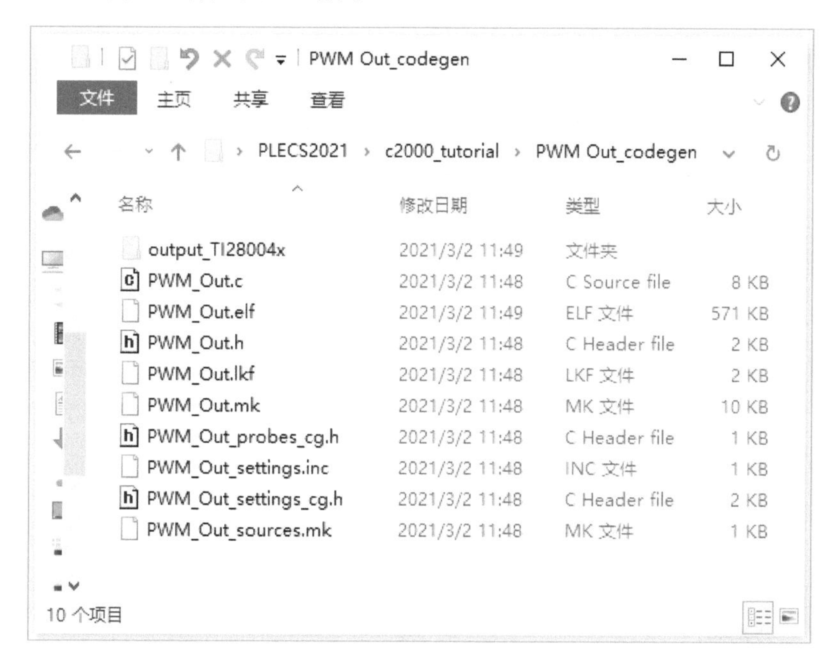

图 B.5 由仿真模型生成的代码文件

二、半实物仿真

半实物仿真是应用于电力电子系统产品研发过程的仿真技术手段，通过配备的丰富数字和模拟接口，以及集成 FPGA 的运算模块，硬件在环和快速控制原型测试中快速处理实时模型，半实物仿真具有如下特点。

（1）半实物仿真中，通过 RT Box 模拟电力电子系统的功率回路，包括简单的直流斩波器、交流电机拖动，以及复杂的多电平高功率转换，作为待测设备的控制器被连接到 RT Box 上，由此可以对控制器的功能进行完善的测试，而不存在损坏功率硬件的风险。

（2）电力电子系统最常见的控制器输入是功率回路中电流和电压传感器产生的模拟信号。在半实物仿真中将由 RT Box 的模拟输出通道提供这些模拟信号；某些应用中也会用到数字输入（如电机拖动中的正交解码器）信号，也可由 RT Box 的数字输出通道提供。

（3）电力电子应用中控制器产生驱动功率半导体开关的 PWM 信号从 RT Box 的数字输入通道以小于 10ns 的分辨率进行采集，并用采集到的 PWM 信号驱动内部功率回路模型的运行，并在几个微秒后将当前时间点的仿真结果（电流，电压值）传送到模拟输出通道。因 RT Box 的 IO 延迟非常小，就如同控制器真正在操控一台功率变流器。

（4）RT Box 还可以作为功率回路的控制器使用。在这种情况下，RT Box 的模拟输入通道接收来自电流和电压传感器的模拟信号；而数字输出通道用于生成驱动功率半导体的 PWM 波。相比于大多数 DSP 和单片机，RT Box 拥有更多的模拟和数字通道，以及更高的采样速率和更快的 CPU，由此可以高效执行各种集成控制策略。

附录 C　元件模型分类列表

PLECS 软件元件库浏览器提供了八大类元件模型，分别是 System/系统类、Assertions/断言类、Control/控制类、Electrical/电气类、Thermal/热模型类、Magnetic/磁模型类、Mechanical/机械模型类和 Processor in the Loop/处理器在环等，共计近 400 个模型。简要信息分类列表如下。

PLECS 元件模型分类列表

一、System/系统类

Scope：
示波器

XY Plot：
XY 曲线

0. 0000

Display：
显示器

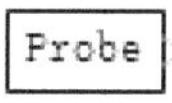

Probe：
探针

Signal Multiplexer：
信号混合器

Signal Demultiplexer：
信号分配器

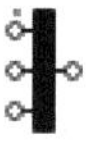

Wire Multiplexer：
线路混合器

Signal Selector：
信号选择器

Dynamic Signal Selector：
动态信号选择器

Wire Selector：
线路选择器

Electrical Ground：
电气接地

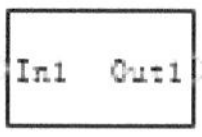

Subsystem：
子系统

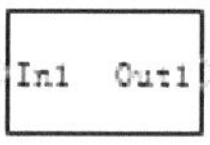

Subsystem（Configurable）：
可配置子系统

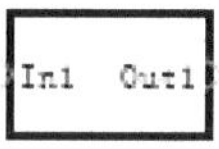

Atomic Subsystem：
单元子系统

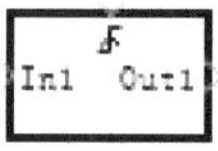

Triggered Subsystem：
触发子系统

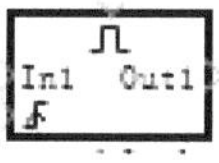

Enabled Subsystem：
使能子系统

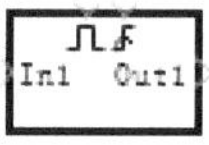

Enabled and Triggered Subsystem：
使能并触发子系统

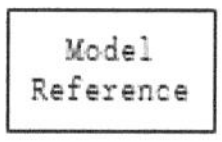

Model Reference：
模型参考

Signal Inport：
信号输入端口

Signal Outport：
信号输出端口

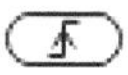

Trigger：
触发

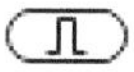

Enable：
使能

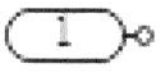

Electrical Port：
电气端口

Signal From：
信号源自

Signal Goto：
信号去往

Electrical Label：
电气标签

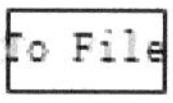

To File：
输出到文件

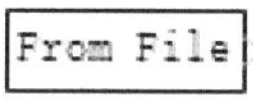

From File：
来自文件

Pause/Stop：
暂停/停止

二、Assertions/断言类

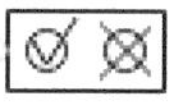

Assertion：
断言

Assert Range：
断言范围

Assert Upper Limit：
断言上限

Assert Lower Limit：
断言下限

Assert Dynamic Range：
断言动态范围

Assert Dynamic Upper Range：
断言动态上限

Assert Dynamic Lower Range：
断言动态下限

三、Control/控制类

3.1 Sources/信号源模块

Constant：
常量

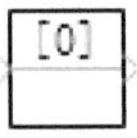

Initial Condition：
初始条件

Clock：
时钟

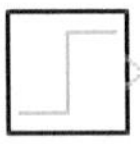

Step：
阶跃信号

Pulse Generator：
脉冲发生器

Ramp：
斜坡信号

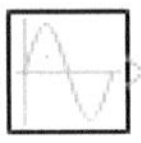

Sine Wave Generator：
正弦波发生器

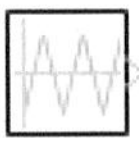

Triangular Wave Generator：
三角波发生器

White Noise：
白噪声发生器

Random Numbers：
随机数产生器

3.2 Math/数学函数模块

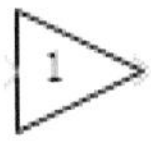

Gain：
增益

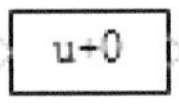

Offset：
偏移量

Sum（round）：
代数和（圆形）

Sum（rectangular）：
代数和（方形）

Subtract：
减

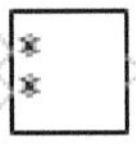

Product：
乘积

Divide：
除

Abs：
绝对值

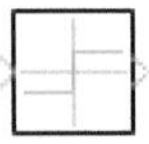

Signum：
符号函数

Trigonometric Function：
三角函数

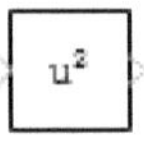

Math Function：
数学函数

Rounding：
浮点数取整

Minimum / Maximum：
最小值/最大值

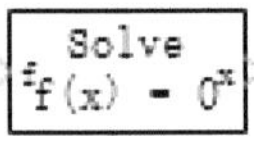

Algebraic Constraint：
代数方程

3.3 Continuous/连续信号模块

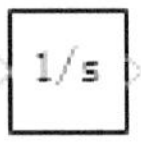

Integrator：
积分

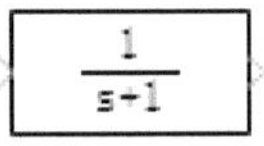

Transfer Function：
传递函数

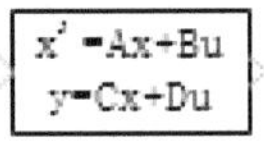

State Space：
状态空间

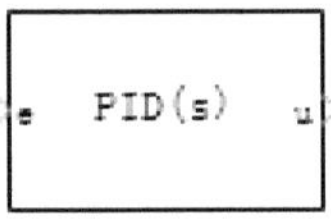

Continuous PID Controller：
连续 PID 控制器

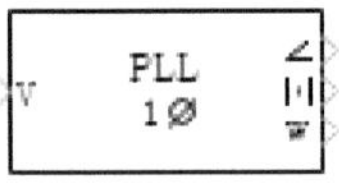

Single-Phase PLL：
单相锁相环

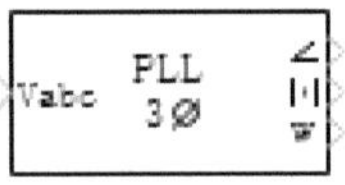

Three-Phase PLL：
三相锁相环

3.4 Delays/延迟信号模块

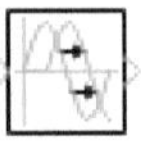

Transport Delay：
传输延迟

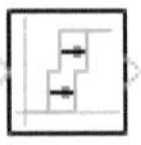

Pulse Delay：
脉冲延迟

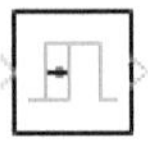

Turn-on Delay：
导通延迟

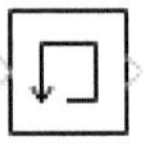

Memory：
储存器

3.5 Discontinuous/非连续信号模块

Saturation：
饱和

Dead Zone：
死区

Quantizer：
量化器

Relay：
滞环

Signal Switch：
信号开关

Manual Signal Switch：
手动信号开关

Multiport Signal Switch：
多路信号开关

Hit Crossing：
交叉

Comparator：
比较器

Rate Limiter：
变化率限制

3.6 Discrete/离散信号模块

Delay：
延迟

Discrete Integrator：
离散积分器

Discrete Transfer Function：
离散传递函数

Discrete State Space：
离散状态空间

Zero-Order Hold：
零阶保持

Discrete Mean Value：
离散平均值

Discrete PID Controller：
离散 PID 控制器

3.7 Filters/滤波器模块

Moving Average：
移动平均值

Periodic Average：
周期平均值

Periodic Impulse Average：
周期脉冲平均值

Total Harmonic Distortion：
总谐波失真

Fourier Transform：
傅里叶变换

RMS Value：
有效值

3.8 Functions & Tables/函数与表格模块

Function：
函数

C-Script：
C 语言脚本

DLL：
动态链接库

1D Look-Up Table：
一维查找表

2D Look-Up Table：
二维查找表

3D Look-Up Table：
三维查找表

Fourier Series：
傅里叶级数

3.9 Logical/逻辑信号模块

Relational Operator：
关系运算符

Compare to Constant：
与常量比较

Logical Operator：
逻辑运算符

Combinatorial Logic：
组合逻辑

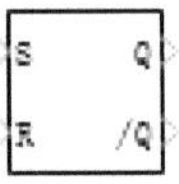

SR Flip-flop：
RS 触发器

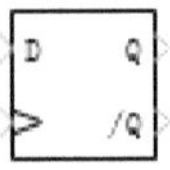

D Flip-flop：
D 触发器

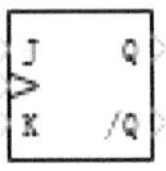

JK Flip-flop：
JK 触发器

Monoflop：
单次触发器

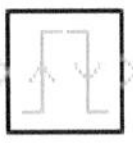

Edge Detection：
边沿检测

3.10 Modulators/调制器

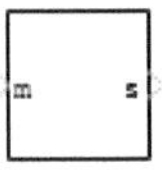

Symmetrical PWM：
对称 PWM

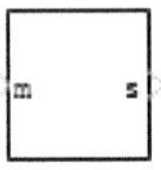

Sawtooth PWM：
锯齿波 PWM

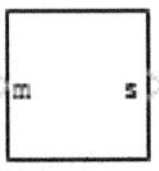

Symmetrical PWM（3-Level）：
对称 PWM（3 电平）

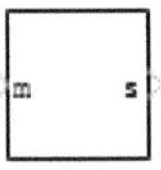

Sawtooth PWM（3-Level）：
锯齿波 PWM（3 电平）

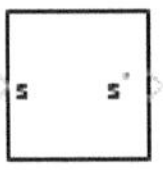

Blanking Time：
死区时间

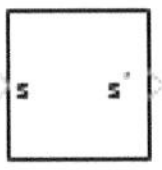

Blanking Time（3-Level）：
死区时间（3 电平）

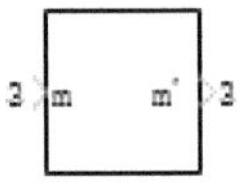

3-Phase Overmodulation：
三相过调制器

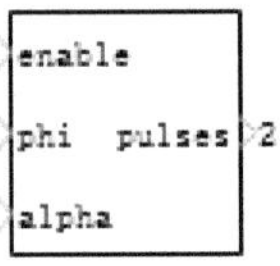

2-Pulse Generator：
单相双脉冲发生器

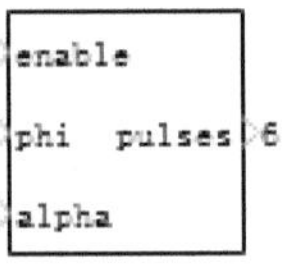

6-Pulse Generator：
三相六脉冲发生器

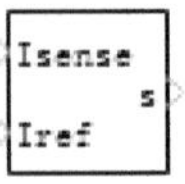

Peak Current Controller：
峰值电流控制器

Space Vector PWM：
空间矢量 PWM

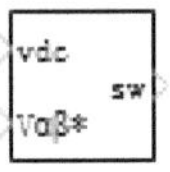

Space Vector PWM（3-Level）：
空间矢量 PWM（3 电平）

3.11 Transformations/信号转换模块

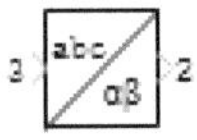

Transformation 3ph->SRF：
三相信号到静止坐标变换

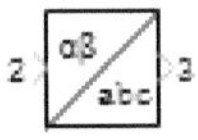

Transformation SRF->3ph：
静止坐标到三相信号变换

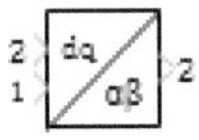

Transformation RRF->SRF：
旋转指标到静止坐标变换

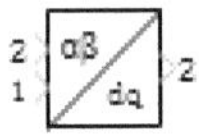

Transformation SRF->RRF：
静止指标到旋转坐标变换

Transformation 3ph->RRF：
三相信号到旋转坐标变换

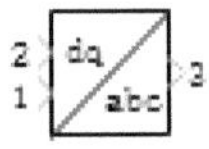

Transformation RRF->3ph：
旋转坐标到三相信号变换

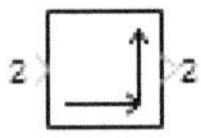

Polar to rectangular：
极坐标到直角坐标变换

Rectangular to polar：
直角坐标到极坐标变换

3.12 State Machine/状态机模块

State Machine：
状态机

3.13 Small Signal Analysis/小信号分析模块

Small Signal Perturbation：
小信号扰动

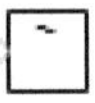

Small Signal Response：
小信号响应

Small Signal Gain：
小信号增益

四、Electrical/电气类

4.1 Sources/电源模块

Voltage Source （Controlled）：
直流电压源（可控）

Voltage Source DC：
直流电压源

Voltage Source AC：
交流电压源

Voltage Source AC （3-Phase）：
交流电压源（3 相）

Current Source （Controlled）：
直流电流源（可控）

Current Source DC：
直流电流源

Current Source AC：
交流电流源

4.2 Meters/仪表模块

Voltmeter：
电压表

Ammeter：
电流表

Meter （3-Phase）：
交流电压电流表（3 相）

4.3 Passive Components/无源元件模块

Resistor：
电阻

Inductor：
电感

Capacitor：
电容

Mutual Inductance （2 Windings）：
互感线圈（2 绕组）

Mutual Inductance （3 Windings）：
互感线圈（3 绕组）

Pi-Section Line：
pi 传输线

Transmission Line （3ph）：
传输线（3 相）

Piece-wise Linear Resistor：
分段线性电阻

Saturable Inductor：
饱和电感

Saturable Capacitor：
饱和电容

Variable Resisto：
可变电阻

Variable Inductor：
可变电感

Variable Capacitor：
可变电容

Variable Resistor with Variable Inductor：
可变电阻串联可变电感

Variable Resistor with Constant Inductor：
可变电阻串联固定电感

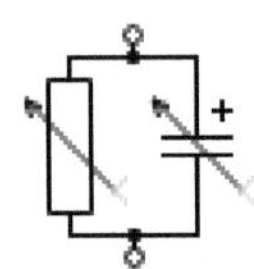

Variable Resistor with Variable Capacitor：

可变电阻并联可变电容

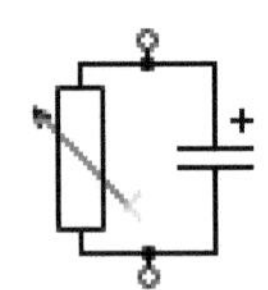

Variable Resistor with Constant Capacitor：

可变电阻并联固定电容

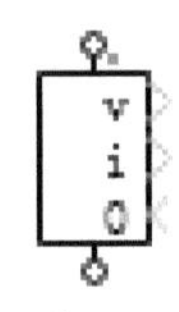

Electrical Algebraic Component：

电气代数环元件

4.4 Power Semiconductors/功率半导体模块

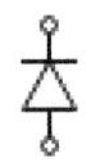

Diode：

二极管

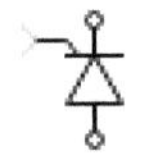

Thyristor：

晶闸管

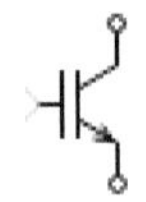

IGBT：

绝缘栅双极型晶体管

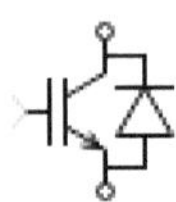

IGBT with Diode：

带二极管的绝缘栅双极型晶体管

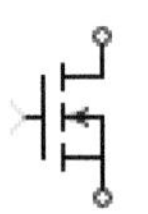

MOSFET：

金属-氧化物半导体场效应晶体管

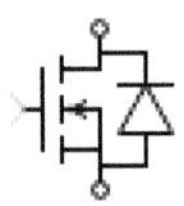

MOSFET with Diode：

带二极管的电力场效应晶体管

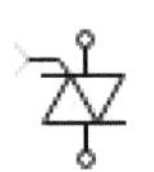

TRIAC：

双向晶闸管

Zener Diode：

齐纳二极管

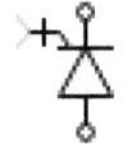

GTO：

门极可关断晶闸管

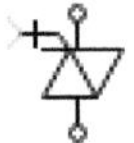

GTO（Reverse Conducting）：

反向导电门极可关断晶闸管

IGCT（Reverse Blocking）：

反向堵塞集成门极换流晶闸管

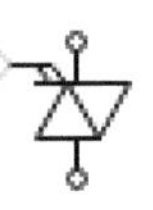

IGCT（Reverse Conducting）：

反向导电集成门极换流晶闸管

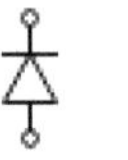

Diode with Reverse Recovery：

反向恢复二极管

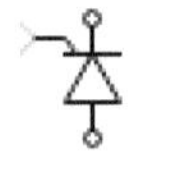

Thyristor with Reverse Recovery：

反向恢复晶闸管

IGBT：

具有电流变化率限制的 IGBT

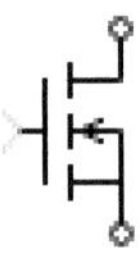

MOSFET with Limited di/dt：

具有电流变化率限制的 MOSFET

4.5 Power Modules/功率模块

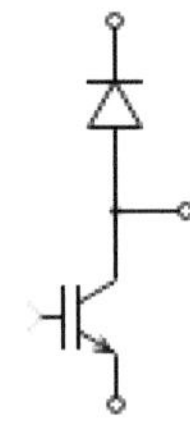

Chopper（Low-Side Switch）：

斩波器（低压侧开关）

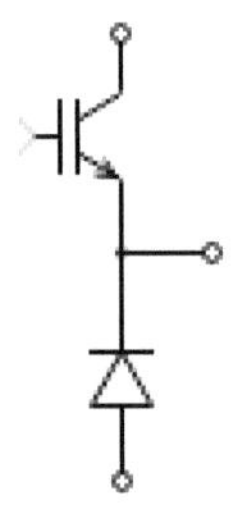

Chopper（High-Side Switch）：

斩波器（高压侧开关）

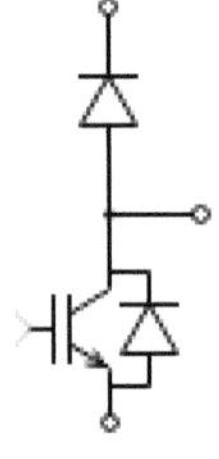

Chopper（Low-Side Switch with Reverse Diode）：

带续流二极管的斩波器（低压侧开关）

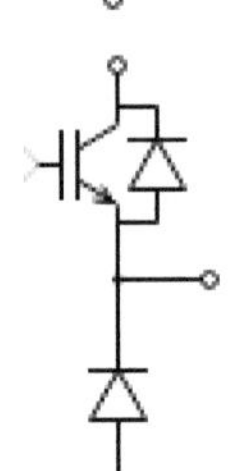

Chopper（High-Side Switch with Reverse Diode）：

带续流二极管的斩波器（高压侧开关）

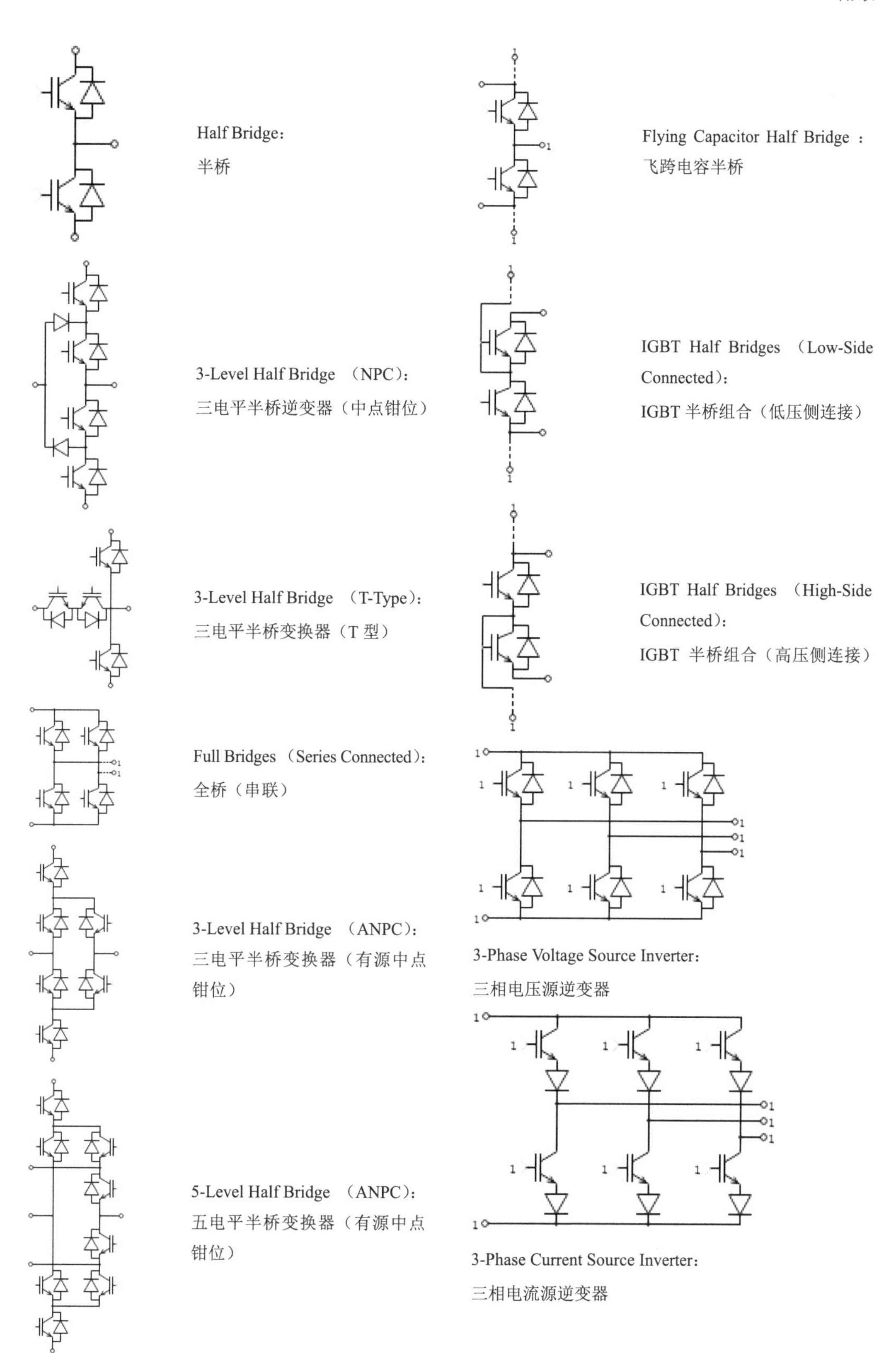

Half Bridge：
半桥

3-Level Half Bridge （NPC）：
三电平半桥逆变器（中点钳位）

3-Level Half Bridge （T-Type）：
三电平半桥变换器（T 型）

Full Bridges（Series Connected）：
全桥（串联）

3-Level Half Bridge （ANPC）：
三电平半桥变换器（有源中点钳位）

5-Level Half Bridge （ANPC）：
五电平半桥变换器（有源中点钳位）

Flying Capacitor Half Bridge ：
飞跨电容半桥

IGBT Half Bridges （Low-Side Connected）：
IGBT 半桥组合（低压侧连接）

IGBT Half Bridges （High-Side Connected）：
IGBT 半桥组合（高压侧连接）

3-Phase Voltage Source Inverter：
三相电压源逆变器

3-Phase Current Source Inverter：
三相电流源逆变器

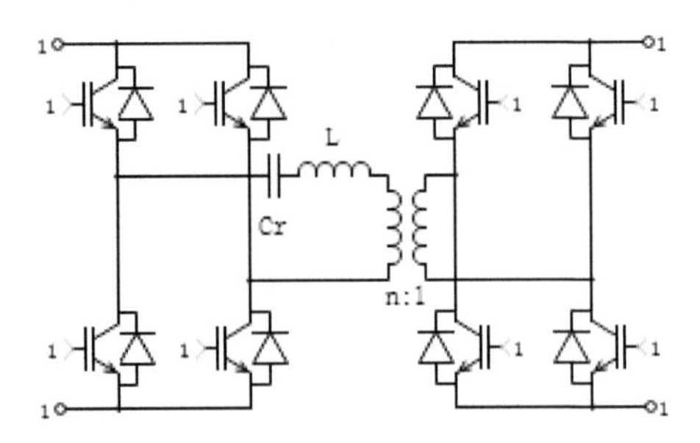

Dual Active Bridge Converter：

双向有源桥式变换器

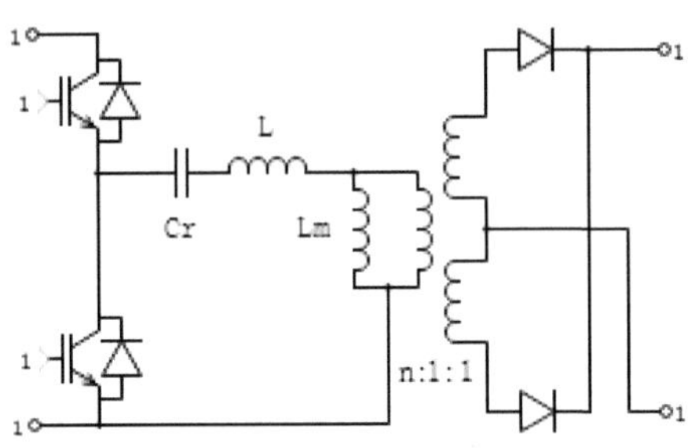

Half-Bridge LLC Resonant Converter：

半桥 LLC 谐振变换器

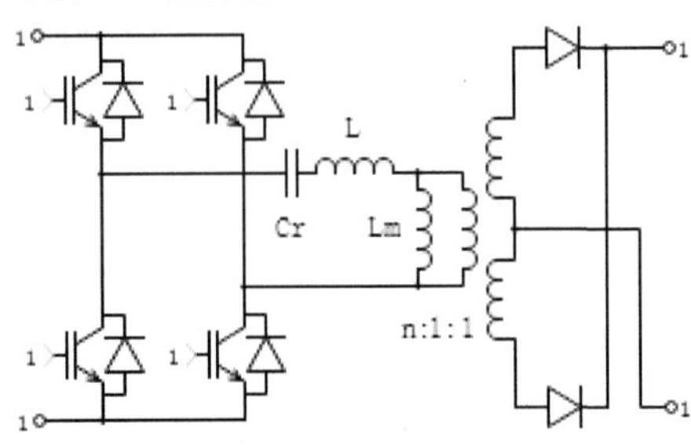

Full-Bridge LLC Resonant Converter：

全桥 LLC 谐振变换器

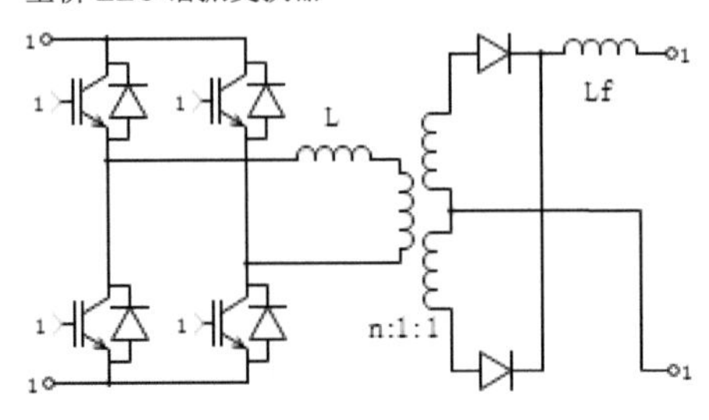

Phase-Shifted Full-Bridge Converter：

移相全桥变换器

4.6 Switches/开关模块

Set/Reset Switch：

置位/复位开关

Switch：

开关

Double Switch：

两极开关

Triple Switch：

三极开关

Manual Switch：

手动开关

Manual Double Switch：

手动双极开关

Manual Triple Switch：

手动三极开关

Breaker：

断路器

4.7 Transformers/变压器模块

Ideal Transformer（2 Windings）：

理想变压器（2 绕组）

Ideal Transformer（3 Windings）：

理想变压器（3 绕组）

Linear Transformer（2 Windings）：线性变压器（2 绕组）

Linear Transformer（3 Windings）：

线性变压器（3 绕组）

Saturable transformer：

饱和变压器（2 绕组）

Saturable Transformers：

饱和变压器（3 绕组）

Mutual Inductance（2Windings）：
互感（2 绕组）

Mutual Inductance（3Windings）：
互感（3 绕组）

Yy Transformers（3ph, 2 Windings）：
Yy 变压器（3 相，2 绕组）

Yd Transformers（3ph, 2 Windings）：
Yd 变压器（3 相，2 绕组）

Dy Transformers（3ph, 2 Windings）：
Dy 变压器（3 相，2 绕组）

Dd Transformers（3ph, 2 Windings）：
Dd 变压器（3 相，2 绕组）

Yz Transformers（3ph, 2 Windings）：
Yz 变压器（3 相，2 绕组）

Dz Transformers（3ph, 2 Windings）：
Dz 变压器（3 相，2 绕组）

Ydy Transformers（3ph, 3 Windings）：
Ydy 变压器（3 相，3 绕组）

Ydz Transformers（3ph, 3 Windings）：
Ydz 变压器（3 相，3 绕组）

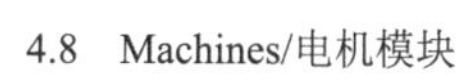

4.8 Machines/电机模块

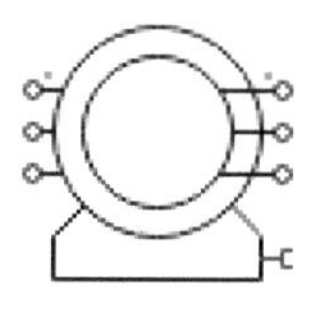

Induction Machine（Slip Ring）：
感应电动机（滑环）

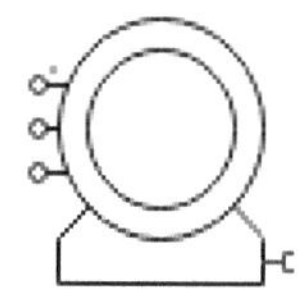

Induction Machine（Squirrel Cage）：
感应电动机（鼠笼型）

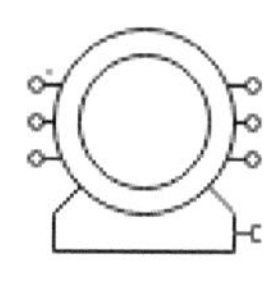

Induction Machine（Open Stator Windings）：
感应电动机（定子绕组开路）

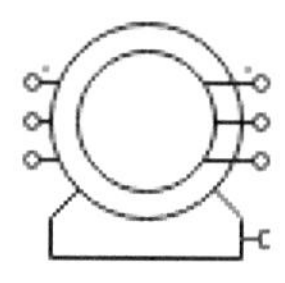

Induction Machine with Saturation：
饱和感应电动机

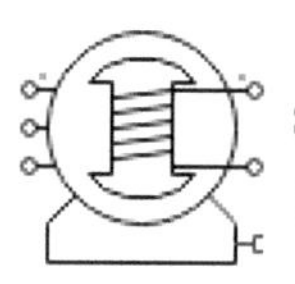

Synchronous Machine（Salient Pole）：
同步电动机（凸极）

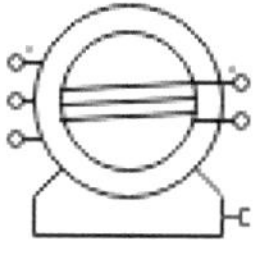

Synchronous Machine（Round Rotor）：
同步电动机（圆转子）

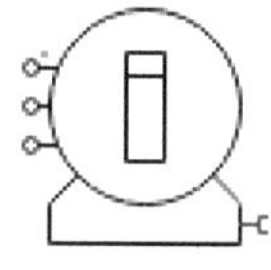

Permanent Magnet Synchronous Machine：
永磁同步电动机

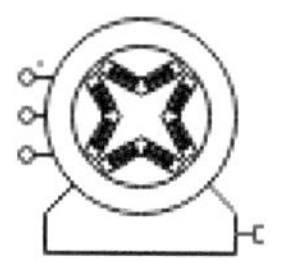

Non-Excited Synchronous Machine：
无励磁同步电动机

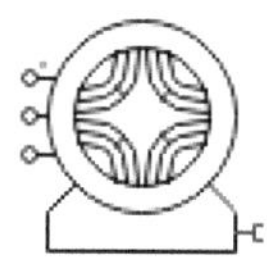

Synchronous Reluctance Machine：
同步磁阻电动机

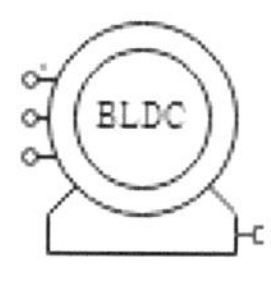

Brushless DC Machine：
无刷直流电动机

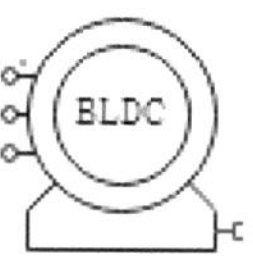

Brushless DC Machine（Simple）：
无刷直流电动机（简易）

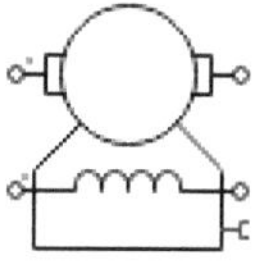

DC Machine：
直流电动机

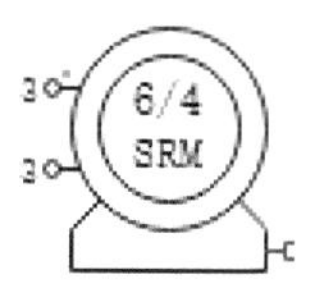

Switched Reluctance Machine：
开关磁阻电动机（三相）

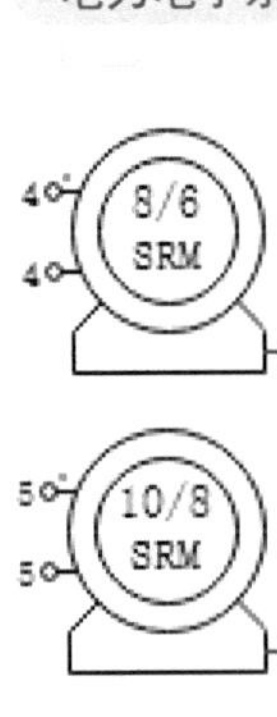

Switched Reluctance Machine：
开关磁阻电动机（四相）

Switched Reluctance Machine：
开关磁阻电动机（五相）

4.9 Converters/变换器模块

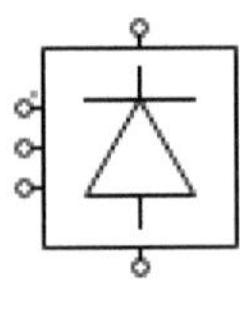

Diode Rectifier （3ph）：
二极管整流器（3 相）

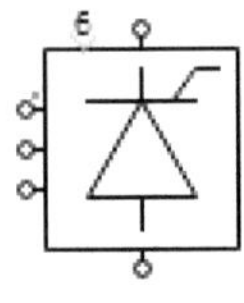

Thyristor Rectifier（3ph）：
晶闸管整流器（3 相）

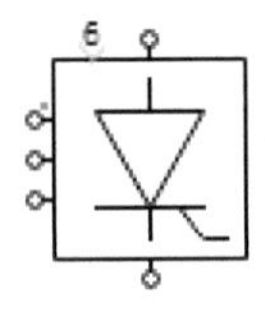

thyristor Inverter（3ph）：
晶闸管逆变器（3 相）

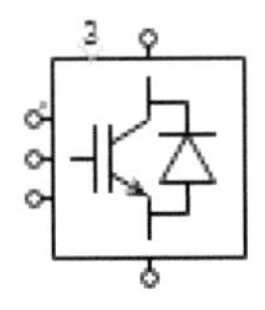

IGBT Convter（3ph）：
IGBT 变换器（3 相）

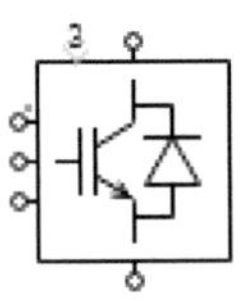

IGBT Converter with Parasitics （3ph）：含寄生参数的 IGBT 变换器（3 相）

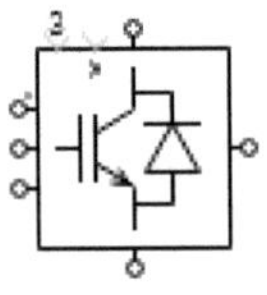

IGBT 3-Level Converter（3ph）：
3 电平 IGBT 变换器（3 相）

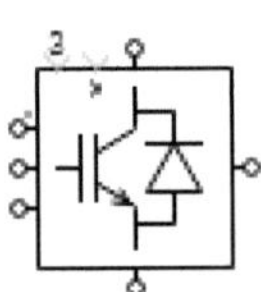

IGBT 3-Level Converter with Parasitics （3ph）：含寄生参数的 3 电平 IGBT 变换器（3 相）

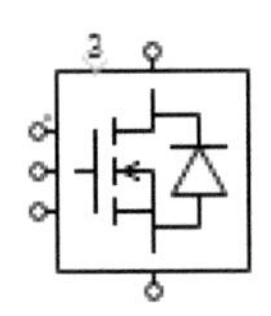

MOSFET Converter（3ph）：
MOSFET 变换器（3 相）

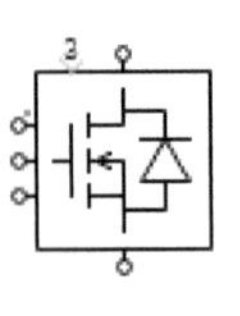

MOSFET Converter with Parasitics （3ph）：含寄生参数的 MOSFET 变换器（3 相）

Ideal Converter （3ph）：
理想的变换器（3 相）

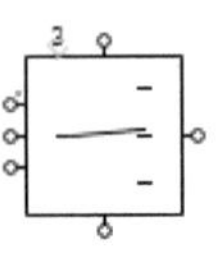

Ideal 3-Level Converter （3ph）：
理想的 3 电平变换器（3 相）

4.10 Electronics/电子器件模块

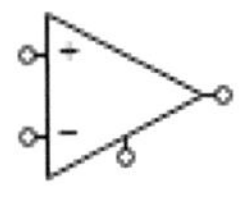

Op-Amp：
运算放大器

Op-Amp with Limited Output：
输出限幅的运算放大器

4.11 Model Settings/模型设置

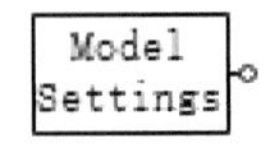

Electrical Model Settings：
电气模型设置

五、Thermal/热模型类

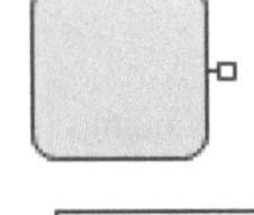

Heat Sink：
散热器

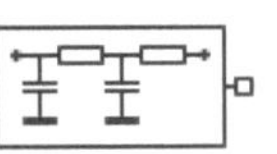

Thermal Chain：
热链

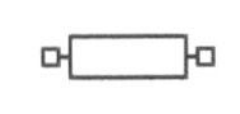

Thermal Resistor：
热阻

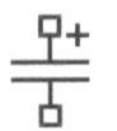

Thermal Capacitor：
热容

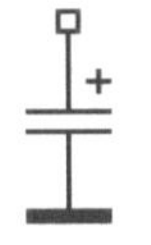

Thermal Capacitor（Grounded）：
热容（接地）

Controlled Temperature：
可控温度

Controlled Temperature （Grounded）：
可控温度（接地）

Constant Temperature：
恒温

Constant Temperature（Grounded）：
恒温（接地）

Controlled Heat Flow：
受控热流

Constant Heat Flow：
恒定热流

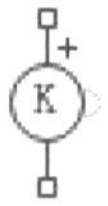

Thermometer：
温度计

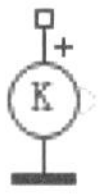

Thermometer（Grounded）：
温度计（接地）

Heat Flow Meter：
热流计

Thermal Grounded：
热接地

Ambient Temperature：
环境温度

Thermal Port：
热端口

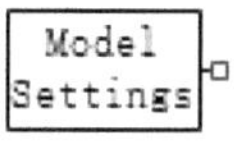

Thermal Model Settings：
热模型设置

六、Magnetic/磁模型类

Winding：
绕组

Magnetic Permeance：
磁导率

Linear Core：
线性磁芯

Air Gap：
气隙

Leakage Flux Path：
漏磁通路径

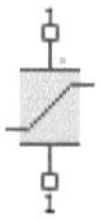

Saturable Core：
饱和磁芯

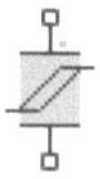

Hysteretic Core：
磁滞磁芯

Variable Magnetic Permeance：
可变磁导率

Magnetic Resistance：
磁阻

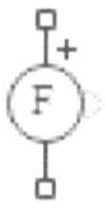

MMF Meter：
磁动势表

Flux Rate Meter：
磁通变化率

MMF Source（Controlled）：
磁动势信号源（可控）

MMF Source（Constant）：
磁动势信号源（恒定）

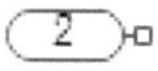

Magnetic Port：
磁端口

七、Mechanical/机械模型类

7.1 Translational/平动

7.1.1 sources/信号源

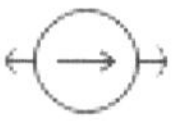

Force（Constant）：
力（常数）

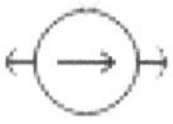

Force（Controlled）：
力（可控）

Rotational Speed（Constant）：
平动速度（恒定）

Rotational Speed（Controlled）：
平动速度（可控）

7.1.2 Sensors/传感器

Force Sensor：
力传感器

Translational Speed Sensor：
平动速度传感器

Position Sensor：
位置传感器

7.1.3 Components/元件

Translational Frame：
平动参照点

Translational Port：
平动端口

Mass：质量（点）

Translational Spring：
平动弹簧

Translational Damper：
平动减振器

Translational Clutch：
平动离合器

Translational Friction：
平动摩擦

Translational Hard Stop：
平动硬停止

Translational Backlash：
平动齿隙

Rack and Pinion：
齿轮齿条

Algebraic Component：
平动代数环元件

7.1.4 Model Settings/模型设置

Translational Model Settings：
平动模型设置

7.2 Rotational/转动

7.2.1 Sources/信号源

Torque （Constant）：
转矩（恒定）

Torque （Controlled）：
转矩（可控）

Rotational Speed（Constant）：
转速（恒定）

Rotational Speed（Controlled）：
转速（可控）

7.2.2 Sensors/传感器

Torque sensor：
扭矩传感器

Rotational Speed sensor：
转速传感器

Angle sensor：
角度传感器

7.2.3 Components/元件

Rotational frame：
旋转参照点

Rotational Port：
旋转端口

Inertia：
转动惯量

Torsion Spring：
扭矩弹簧

Rotational Damper：
旋转阻尼器

Rotational Clutch：
旋转离合器

Rotational Friction：
转动摩擦力

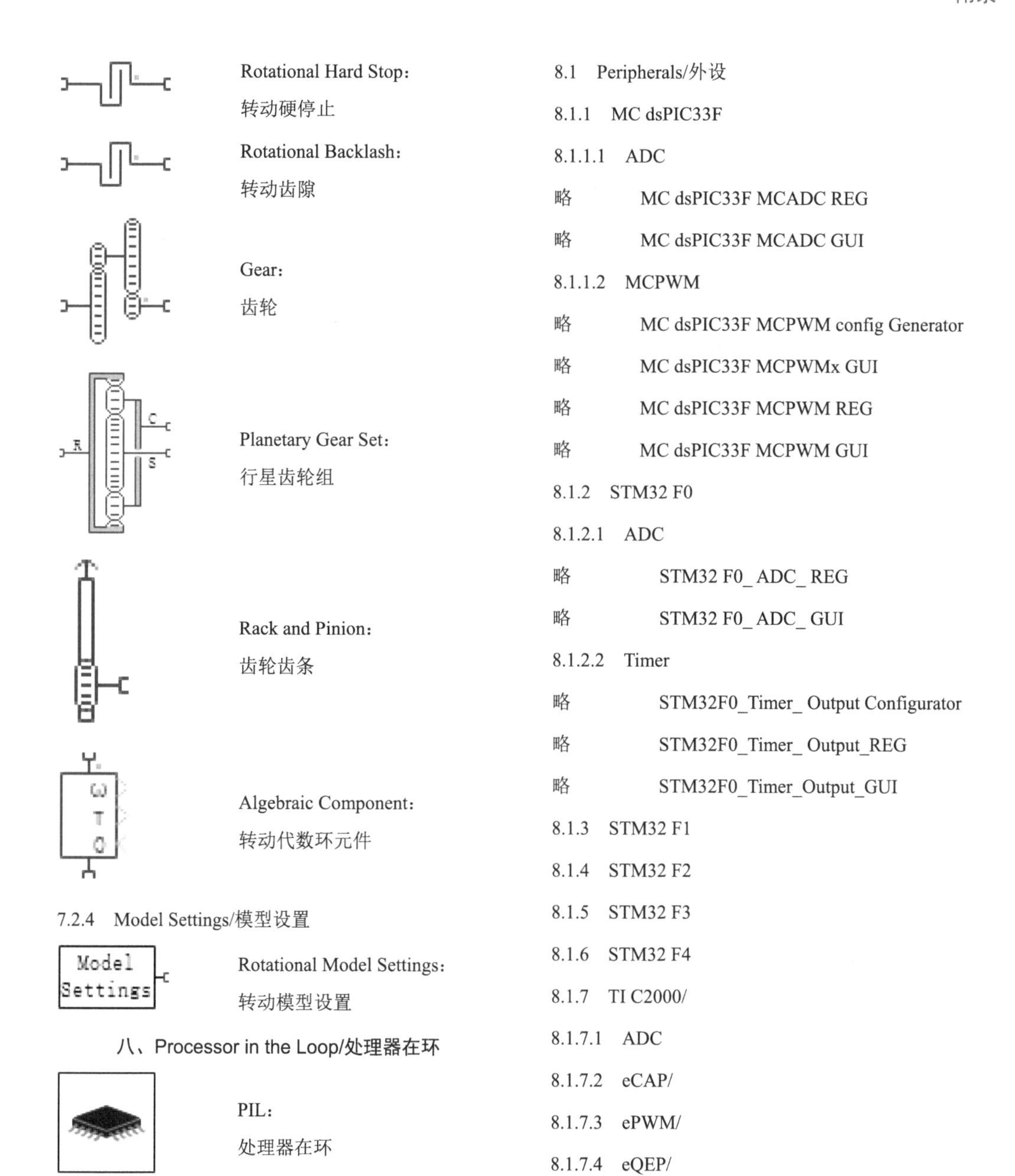

Rotational Hard Stop：
转动硬停止

Rotational Backlash：
转动齿隙

Gear：
齿轮

Planetary Gear Set：
行星齿轮组

Rack and Pinion：
齿轮齿条

Algebraic Component：
转动代数环元件

7.2.4 Model Settings/模型设置

Rotational Model Settings：
转动模型设置

八、Processor in the Loop/处理器在环

PIL：
处理器在环

8.1 Peripherals/外设

8.1.1 MC dsPIC33F

8.1.1.1 ADC

略 MC dsPIC33F MCADC REG

略 MC dsPIC33F MCADC GUI

8.1.1.2 MCPWM

略 MC dsPIC33F MCPWM config Generator

略 MC dsPIC33F MCPWMx GUI

略 MC dsPIC33F MCPWM REG

略 MC dsPIC33F MCPWM GUI

8.1.2 STM32 F0

8.1.2.1 ADC

略 STM32 F0_ ADC_ REG

略 STM32 F0_ ADC_ GUI

8.1.2.2 Timer

略 STM32F0_Timer_ Output Configurator

略 STM32F0_Timer_ Output_REG

略 STM32F0_Timer_Output_GUI

8.1.3 STM32 F1

8.1.4 STM32 F2

8.1.5 STM32 F3

8.1.6 STM32 F4

8.1.7 TI C2000/

8.1.7.1 ADC

8.1.7.2 eCAP/

8.1.7.3 ePWM/

8.1.7.4 eQEP/

参考文献

[1] Plexim GmbH．PLECS—THE SIMULATION PLATFORM FOR POWER ELECTRONIC SYSTEMS—User Manual Version 4.4[EB/OL]，www.plexim.com/download/documentation.

[2] ALLMELING J H，HAMMER W P．PLECS—piece-wise linear electrical circuit simulation for Simulink[C]．Proceedings of the IEEE 1999 International Conference on Power Electronics and Drive Systems．1999（1）：355–360.

[3] 王兆安，刘进军．电力电子技术 5 版[M]．北京：机械工业出版社，2009.

[4] 洪乃刚．电力电子和电力拖动控制系统的 MATLAB 仿真[M]．北京：机械工业出版社，2006.

[5] 张润和．电力电子技术及应用[M]．北京：北京大学出版社，2008.

[6] 林渭勋．现代电力电子电路[M]．浙江：浙江大学出版社，2002.

[7] 野村弘，藤原宪一郎，吉田正伸，等．使用 PSIM 学习电力电子技术基础[M]．胡金库，贾要勤，王兆安，等译．西安：西安交通大学出版社，2009.

[8] 刘贤兴．电力拖动与控制[M]．北京：机械工业出版社，2001.

[9] 安徽皖南电机股份有限公司，Z4 系列直流电动机样本手册[EB/OL]，http://www.wndjc.com/h-col-101.html.

[10] Plexim GmbH．TI C2000 Target Support User Manual[EB/OL]，https://www.plexim.com/sites/default/files/c2000manual.pdf.

[11] Plexim GmbH．RT Box User Manual[EB/OL]，https://www.plexim.com/sites/default/files/rtboxmanual.pdf.